碳酸盐岩缝洞型油藏酸压理论及工程应用

王世洁 赵海洋 编著

中国石化出版社

图书在版编目(CIP)数据

碳酸盐岩缝洞型油藏酸压理论及工程应用/王世洁，赵海洋编著．—北京：中国石化出版社，2020.11
ISBN 978-7-5114-6028-8

Ⅰ.①碳… Ⅱ.①王…②赵… Ⅲ.①碳酸盐岩油气藏-油藏工程-研究 Ⅳ.①TE34

中国版本图书馆 CIP 数据核字（2020）第 216006 号

未经本社书面授权，本书任何部分不得被复制、抄袭，或者以任何形式或任何方式传播。版权所有，侵权必究。

中国石化出版社出版发行
地址：北京市东城区安定门外大街 58 号
邮编：100011 电话：(010)57512500
发行部电话：(010)57512575
http://www.sinopec-press.com
E-mail:press@sinopec.com
北京柏力行彩印有限公司印刷
全国各地新华书店经销

*

787×1092 毫米 16 开本 17 印张 375 千字
2020 年 12 月第 1 版 2020 年 12 月第 1 次印刷
定价：136.00 元

前　言

　　塔河油田是我国在塔里木盆地发现的唯一大型海相碳酸盐岩油田，位于塔里木盆地北部沙雅隆起阿克库勒凸起南部。缝洞是其主要的油气储存空间，且分布随机、不均匀。开发实践表明，75%以上的油井需要酸压建产，该类储层改造的目的是建立和完善缝洞与井眼的流动通道，实现井周油气的高效开采。主要的工程难题是以油气储集区为目标，如何有效地构建酸压裂缝通道。自1998年S23井酸压建产以来，酸压改造技术经过了引进、探索、提高、工艺配套、深化研究到不断完善的过程，在工艺技术、设备能力、液体体系、设计优化、效果评价手段等方面均有长足进步，缝洞型碳酸盐岩酸压技术成为塔河油田奥陶系油藏勘探开发的核心技术之一。前期酸压技术实现了沟通距离井筒120m储集体的目标，为加快塔河油田开发，提高塔河油田油气采收率和开采经济效益作出了巨大贡献。随着勘探开发的深入推进，当前技术已不能满足建产、增产的要求，需要开发沟通距离更远的酸压技术。总体上主要面临以下技术挑战：①储层缝洞发育，非均质性强，导致地应力分布状态及酸压裂缝形态预测难，给高效酸压设计带来困难。实践证明，岩石力学参数和地应力场参数是油田开发过程的重要基础参数，是制定钻井、完井与油气开发方案的重要依据。在酸压改造方面，储层地应力场分布对酸压裂缝的延伸方向及最终扩展形态有决定性的影响，同时也是酸压裂缝导流能力评价的重要参数，裂缝扩展形态预测是酸压工程目标能否实现的关键前提。②塔河油田储层具有超深（>5000m）、高温（>120℃）特点，随着油田开发的继续进行，储层越来越差，要实现高产就要求酸压形成的裂缝长且具有较高的酸蚀导流能力，而当前缺少针对不同改造对象的长效酸液体系。③酸液大量滤失，酸蚀裂缝延伸距离减小。碳酸盐岩储层基质孔隙与天然裂缝网络交错纵横，酸压过程中大量酸液滤失进入储层天然裂缝，裂缝溶蚀扩展，造成酸液大量滤失并形成CO_2气体，使滤失速度难以控制，酸蚀主裂缝延伸距离受限，酸压效果降低。④缺少针对缝洞型碳酸盐岩储层酸压的选井选层评价方法体系。酸压前的选井选层可有效减少酸压的无效井次，随着油田开发难度增加，选井选层的难度也越来越大。⑤常规酸压配套技术有效酸蚀缝长短，沟通储集体距离短。开展酸压工艺方案优化、规模优化、施工参数优化等配套技术，形成适合碳酸盐岩油气藏开发的深穿透复合酸压技术，增加有效酸蚀缝长迫在眉睫。⑥储层与下部水层距离小，层间应力差小，裂缝纵向扩展高度难以有效控制，易压穿水层。⑦裂缝诊断是评价压裂、酸压等储层改造技术效果的重要手段，缝洞形成的储层非均质性给监测定位带来极大的不确定性。

针对上述技术难题，形成如下储层改造酸压对策：①建立考虑断层、溶洞的局部应力场计算模型与计算方法，以及裂缝扩展数值模拟方法；②建立针对酸压技术方案的酸液配方体系；③形成考虑CO_2效应的裂缝-孔隙储层酸液滤失计算模型；④建立酸压选井选层方法，为酸压效果预测提供计算方法和判断依据；⑤创建深穿透复合酸压新方法，提升酸蚀裂缝长度15%以上；⑥形成四优化复合控缝高酸压技术方法，实现储层的小跨度控缝改造；⑦建立酸压地层、裂缝变形场数值分析模型，形成超深储层酸压微地震监测设计和解释方法，准确获取裂缝参数及动态延伸过程。

本书由塔河油田储层改造的工程实践出发，围绕远端造长缝、纵向控缝高理论、酸液材料、监测评价，系统阐述了在当前工程实践中得到应用的技术方法。不同于一般的油藏增产著作，本书的体系以工程应用为目标，以实验、理论、数值模拟、现场应用多维度融合为基础，推动提升油气勘探开发的效益。形成的储层改造增产方法，进一步解决了常规压裂改造工艺在深层碳酸盐岩油气开发中应用的不足，2001~2019年在塔河油田提升原油产量近4000万吨，有效推动了该类油气藏开发工艺技术的创新和发展，构建的酸压工程体系对同类型油气藏的增产开发具有重要借鉴意义。

本书共分8章。第1章主要介绍了塔河油田碳酸盐岩储层的基本特征，第2章介绍了储层岩石力学及地应力特点，裂缝扩展模拟方法，第3章介绍了适用于深层碳酸盐岩酸压的酸液体系及性能，第4章介绍了考虑天然裂缝、溶蚀孔缝的滤失机理，第5章介绍了酸压工艺的层位选择方法，第6章、第7章介绍了远端深穿透酸压、纵向控缝高酸压的机理与工艺，第8章介绍了酸压裂缝的监测理论与现场应用。

本书的出版得到了中国石油化工股份有限公司西北油田分公司、中国石化出版社有限公司的大力支持，在此表示感谢。由于编者水平有限，书中不免有不妥之处，希望广大读者批评和指正。

目 录

第1章　碳酸盐岩储层特征 ·· 1
  1.1　油气藏分布类型 ··· 2
  1.2　缝洞分布特征 ··· 5
  1.3　储层物性 ··· 9

第2章　碳酸盐岩地质力学特征及裂缝扩展机理 ·························· 11
  2.1　储层岩石力学实验 ·· 11
  2.2　储层地应力测试 ·· 15
  2.3　缝洞型复杂介质地应力场反演 ···································· 21
  2.4　缝洞型复杂介质裂缝扩展数值模拟 ································ 34

第3章　高效酸液体系及性能评价 ······································ 40
  3.1　碳酸盐岩酸岩反应动力学 ·· 40
  3.2　胶凝酸及性能评价 ·· 46
  3.3　地面交联酸及性能评价 ·· 50
  3.4　变黏酸及性能评价 ·· 57
  3.5　新型乳化酸及性能评价 ·· 62
  3.6　自生酸及性能评价 ·· 67
  3.7　清洁转向酸及性能评价 ·· 72
  3.8　pH 响应型高效酸及性能评价 ····································· 78
  3.9　表面活性剂缓速酸及性能评价 ···································· 86

第4章　碳酸盐岩储层酸液滤失机理 ···································· 91
  4.1　酸蚀蚓孔引起的酸液滤失模型 ···································· 91
  4.2　考虑 CO_2 效应的酸液滤失模型 ································· 96
  4.3　裂缝形态对滤失的影响 ··· 110
  4.4　酸液滤失影响因素 ··· 113
  4.5　酸液滤失实验测试 ··· 119
  4.6　降滤失剂降滤失 ··· 126

第 5 章　选井评层方法 136

5.1　选井选层标准 136
5.2　酸压选井评层方法选择 137
5.3　酸压效果影响分析方法 142
5.4　酸压效果影响因素 145
5.5　酸压辅助决策模型建立 148
5.6　酸压辅助设计模型 157
5.7　酸压选井人工智能系统 159

第 6 章　深穿透复合酸压机理及工艺技术 163

6.1　酸蚀裂缝导流能力形成机理 163
6.2　酸蚀裂缝导流能力预测模型 167
6.3　酸蚀裂缝导流能力实验 170
6.4　有效酸蚀缝长的影响因素 182
6.5　酸液有效作用距离计算 187
6.6　深穿透复合酸压工艺技术 190
6.7　深穿透复合酸压现场应用 201

第 7 章　酸压缝高控制机理及工艺技术 204

7.1　碳酸盐岩缝高扩展模型 204
7.2　控缝高压裂模拟实验 215
7.3　碳酸盐岩控缝高工艺技术 223
7.4　碳酸盐岩控缝高现场应用 228

第 8 章　超深井酸压裂缝监测 230

8.1　裂缝监测技术对比及其适应性 230
8.2　酸压过程中地面和井下变形场模型 234
8.3　测斜仪裂缝监测技术应用 239
8.4　微地震监测技术应用 245

参考文献 261

第1章 碳酸盐岩储层特征

加里东早期，塔里木盆地阿克库勒凸起处于伸展作用下的拉张盆地演化背景中，发育东西、北北东和北西三组基底正断裂，整体呈现西北高、东南低的水下斜坡形态。由于加里东中期的早幕运动，塔里木克拉通周缘由大陆伸展环境向聚敛构造背景转变，阿克库勒凸起早期正断裂停止发育，中奥陶统一间房组顶部遭受微弱剥蚀，晚奥陶世末，具有继承性活动的一些早期正断层开始反转逆冲；晚奥陶世良里塔格组沉积末期，受加里东中期Ⅱ幕影响，地壳再度抬升，阿克库勒凸起格架开始形成，整体呈西北高、东南低，向东南倾伏的斜坡形态更加明显；加里东中期晚幕，在近南北向弱挤压应力作用下，早期正断裂大规模反转逆冲，同时在塔河主体部位发育北北西（NNW）向、北北东（NNE）向两组断裂，沙雅隆起开始形成隆坳交替的构造格局，整体上北部抬升，向西南倾伏。加里东晚期，为持续时间较长的稳定沉积阶段，构造形变微弱，新生断裂不多，发育少数东西、北西和近南北向断裂，同时抬升幅度小，继续保持宽缓的鼻状凸起形态，整体为北高南低。

海西早期，在北西-南东向的压扭应力作用下，由于早期断裂继承性活动，轮台断裂带、阿克库木断裂带逆冲幅度较大，同时由于发育的次级北西向褶皱作用，形成一系列北西向的纵张断裂和裂缝成为这一时期断裂活动的主要特点；海西晚期，运动使该凸起进一步抬升出露水面，断裂进一步活动，同时由于海西期的剧烈抬升运动，总体上继承了海西早期的"北高南低"特点，在南北向挤压作用下断裂活动强烈，部分加里东中期-海西早期运动中形成的断裂再次活动，大部分凸起长期暴露并经受了风化剥蚀和淋滤溶蚀作用，形成大量的岩溶缝洞型储集体。

印支-燕山运动为海西晚期的继承发展，以稳定的升降为特征，印支期阿克库勒凸起受到北东-南西向挤压应力作用，鼻状凸起整体依然体现为北高南低的斜坡形态，但是鼻状凸起隆升范围逐步缩小，宏观上主要呈现了一组"X"形共轭剪切断裂带及北西向、北北西向低幅度挤压背斜。

喜马拉雅晚期，库车前陆盆地沉降中心向塔里木盆地腹地迁移，前陆坳陷急剧沉降，阿克库木断裂以北的沉降量相对较大，使得上、下古生界顶面由早期的鼻状凸起转为大型背斜。轮台断裂再次发生逆反转，形成第四系正断层，以北部沉降、南部抬升为特征，使古构造面貌再一次发生了倾覆性的变化，阿克库勒凸起由早期北高南低的构造面貌转变为南高北低的北倾单斜构造格局，奥陶-寒武系为复背斜构造形态，奥陶系顶面古鼻状凸起成为主轴向北东、西南倾没的大型凸起，中-新生代时期，盆地内以沉降活动为主，沉积了巨厚的地层，不同层位地层超覆在奥陶系潜山之上，使潜山得到保存。

塔河油田位于阿克库勒凸起南斜坡区西部，构造变形强烈，加之大气淡水下渗、溶蚀与流动，在下奥陶统顶面(部分为上奥陶统顶面)形成大量岩溶残丘、岩溶丘丛，构造类型多以岩溶残丘、断块残丘为主。本章对在该油藏背景下的油气藏分布特征及储层特性进行阐述。

1.1 油气藏分布类型

1.1.1 储集体类型

塔河油田奥陶系碳酸盐岩缝洞型油藏，具有埋藏深(>5300m)、非均质性强、储集空间多样、油水关系复杂的特点。油藏主要储集空间以构造变形产生的构造裂缝与岩溶作用形成的缝、孔、洞为主(表 1-1)，储集空间往往由缝、孔、洞穿层组合，具有储层连通网络多变、裂缝切割、展布规律复杂的特点。

表 1-1 塔河油田奥陶系碳酸盐岩储集空间分类

类别	形态	大小（直径或宽度）/μm	地质成因
洞	巨洞	$>100\times10^3$	溶蚀
	大洞	$(10\sim100)\times10^3$	
	中洞	$(5\sim10)\times10^3$	
	小洞	$(2\sim5)\times10^3$	
孔	裂缝充填孔	几十~几百	充填
	砾间、砾内孔	几十~几百	风化、构造、溶蚀
	基质溶孔	几十~几百	溶蚀
	晶间孔	几~几十	沉积、成岩
	粒内孔	几~几十	成岩
	晶间溶孔	几十~几百	溶蚀
缝	构造溶蚀缝	大小不等	构造溶蚀
	构造缝	几~几十	构造
	收缩缝	几~几十	成岩
	压溶缝	几~几十	成岩

1) 裂缝

裂缝主要指压溶缝、构造缝及溶蚀缝等，是塔河油田油气显示十分活跃的有效储集空间。压溶缝(缝合线)多数与层面平行，呈锯齿状，多数缝合线已被方解石、泥质或沥青不同程度充填或溶蚀扩大，据荧光薄片资料，部分缝合线有较强的荧光显示，存在有效储集空间。构造缝主要表现为剪切缝,其次为张性裂缝,以立缝和微裂隙最为发育,早期形成的各种裂缝,多数已被方解石、泥质或沥青充填或半充填,局部区域多期不同产状的裂缝相互交切形成网状裂缝。溶蚀缝主要是沿着早期的裂缝系统产生的溶蚀扩大、改造,缝宽一般大于1mm,表现为破裂面的不规则溶蚀扩大,沿断裂面生长粒状、透明、白色、晶形完好的方解石晶体或晶簇。

2)孔隙

孔隙包括晶间孔与晶间溶孔、粒内溶孔、粒间孔与粒间溶孔等类型,一般直径由数微米至数百微米,是塔河奥陶系储层普遍存在的储集空间。其中,晶间孔与晶间溶孔主要发育在白云石灰岩段,TW5井等井岩心晶间孔和晶间溶孔发育,同时可见原油外渗现象。粒间与粒内溶孔在TW1井、TW2井、TW3井、TW4井等井一间房组非常发育,TW1井一间房组5590~5595m岩心段针状溶蚀孔隙十分发育,孔隙度3.1%~6.4%,岩心呈现整体均匀含油特征。

3)孔洞

孔洞分为溶蚀孔洞和大型洞穴。溶蚀孔洞指沿裂缝、微裂隙或缝合线发生溶蚀作用形成的孔洞。直径几百微米至一百毫米,有的也部分或全部被泥质充填,或密集分布或孤立发育。大型洞穴指直径大于一百毫米的溶洞,往往表现出充填岩溶角砾岩、巨晶方解石、溶积砂泥岩、钻井放空、钻井液大量漏失、钻时加快等现象。

塔河奥陶系储集层由上述基本储集空间类型,按不同的方式及规模组合成三类主要储集类型:溶洞型、裂缝-孔洞型、裂缝型。由于地质条件的复杂性,基质孔渗性极差,难以构成有效的储集空间,只能作为储集体的封堵体(或隔层、夹层),分隔和遮挡各类储集空间。钻井、测井、酸压、测试及各类动态资料表明,塔河地区奥陶系碳酸盐岩储集体的特殊性在于溶洞是缝洞型油藏最有效的储集空间类型,裂缝是次要的储集空间,基质部分不具有储油能力,决定储集体储渗性能的主要是溶洞型储集体,目前在塔河油田主体区及外围地区共钻遇识别溶洞中,岩心上发现的最大的全充填溶洞高度达20m,根据测井资料识别的最大全充填溶洞视高度达72m,其中最大的未充填溶洞视高度达30m。

塔河主体区海西早期古岩溶残丘与T_7^4的构造叠合部位,尤其是继承性发育的古岩溶残丘高部位、残丘的翼部受褶皱体系控制,缝洞体发育多呈蜂窝状和网状分布,多位于风化壳的浅层部位,缝洞体的展布范围广,不同深度层的溶洞之间连通性较好,连通规模大,油井产能高,底水能量强。

主体区岩溶斜坡及沟谷区岩溶缝洞不发育,浅层多以不规则的孤立单体形式存在(或落水洞),平面呈椭圆形、不规则形态,储集体横向连通较差,开发动态多表现为定容特征,在地震剖面上主要表现为串珠状反射,并且大量发育组合呈串珠状,圈定这些以串珠状反射为主的强反射类型并结合钻井,认为此类储集体与外界的物质和能量交换较差,多以孤立的落水洞发育为主,深层、浅层的缝洞体连通性较差,推断为不同岩溶期的产物。

塔河外围区的南部、西北部受岩溶断裂和古地貌发育影响,现存线状构造体系与岩溶洞穴类型、岩溶体系之间具有较好的对应关系,缝洞体的发育主要受控于断裂、构造变形,沿断裂带发育的缝洞体控制了油水的分布,平面呈条带状、树枝状分布,沿断裂带的钻井放空、漏失较多,单井产能高,含油溶洞段主要分布于一间房组,鹰山组水洞逐渐发育。

1.1.2 油气藏特征

碳酸盐岩岩溶缝洞型油气藏是受构造-岩溶旋回作用形成的缝洞系统控制，由多个缝洞单元在空间上叠合形成的复合油气藏，具有独立的油、气、水系统和不规则的形态。这种缝洞单元(又称单个油气藏)以不同的方式叠加，一般形成在平面上叠合连片含油、空间上不均匀富集的特征。

油气藏高度不受局部残丘圈闭的控制。塔河油田奥陶系残丘圈闭幅度很小，只有20~50m，个别为90~100m，但油气藏高度远大于残丘圈闭幅度，可达200~300m。同时，含油气范围也不受局部残丘圈闭的控制，塔河油田奥陶系残丘圈闭面积很小，一般仅为几平方千米，而油气藏面积则远大于残丘圈闭面积。

油气藏受储集体发育程度控制，储集体发育则含油或形成油气藏，储集体不发育则不含油。因此，在同一残丘圈闭上高产、稳产井与干井交叉分布，高产、稳产井与非稳产井同时并存。例如，TW6井5405~5409m、5415~5428m、5434~5446m井段测井解释为一类储层，经酸压获170m^3/d的高产油流，而在其以西1km处的TW7井未解释出一类储层，5408~5414m经酸压未获油气流；再向西1km处的TW8井5532~5539m井段测井解释为一类储层，5516~5540m井段经酸压获100m^3/d的高产油流。可见，油气分布不受残丘构造的控制，也不受层位的控制，而与储集体的发育程度密切相关。

单个缝洞储集体即是一个相对独立的油气藏。储集体的分布严格受岩溶-构造旋回控制，平面上叠加、纵向上分层。

1.1.3 油、水分布特征

塔河油田碳酸盐岩缝洞型油藏，缝洞单元是油田开发的基本单元，缝洞单元具有相对统一的压力系统及相对统一的油水界面。但整个油气藏的底水不统一。

根据前期各类对缝洞单元的油水界面研究成果，提出了塔河油田主要缝洞单元的油、水关系概念模型(图1-1)，从某种角度来说是一个大的由溶洞和裂缝组成的储集体，油气充注进入储层后选择高部位聚集，并向下排出储层中的水。通过地质历史时期的演化与平衡，油藏中的油、水压力处于相对平衡状态，形成原始的油水界面。实钻、测井资料、生

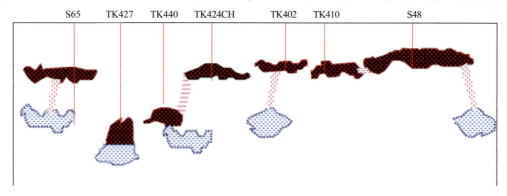

图1-1 塔河油田主要缝洞单元的油、水关系概念模型

产测井资料、流体分析及开发特征表明，塔河油田奥陶系不同缝洞单元油水界面存在差异，油藏没有统一的油水界面，相邻的缝洞单元油水界面可以存在很大差别，同一缝洞单元内具有相对统一的油水界面。

1.1.4 油气藏类型

塔河油田奥陶系油藏储层特征为"碳酸盐岩岩溶缝洞型"，储层结构总体上为视均质"块状"，局部具"层状结构"，流体性质为"中-超重质油"，为"高度未饱和原油"（单相原油），油、水关系为"底水接触关系"，压力、温度均属"正常温度和压力"。属于以弹性驱动及水压驱动为主，但随着油藏开发的不断深入，天然驱动类型由早期的弹性驱动转化为底水驱动。

综合以上特征，塔河油田奥陶系油藏为"碳酸盐岩岩溶缝洞型中-超重质未饱和底水油藏"。

1.2 缝洞分布特征

塔河油田奥陶系碳酸盐岩储层成岩阶段及埋藏阶段所形成的基质类孔隙几乎全部为方解石所胶结而丧失储集能力。目前，储层的主要储集空间为后期暴露地表条件下岩溶或喀斯特作用形成的溶洞、溶孔及经过溶蚀扩大的裂缝系统，因此岩溶作用控制了有利储层的分布，掌握岩溶的发育规律及控制因素对于储层改造具有重要意义。

1.2.1 溶洞分布特征

1）溶洞垂向发育规律

与岩溶作用有关的大气水成岩环境主要包括渗流带和潜流带。渗流带距离地表近，并可以分为上部渗流带和下部重力渗流带；潜流带位于渗流带之下，其界面为潜水面，潜流带也可分为浅部潜流带和深部潜流带。渗流带与潜流带之间的界面为淡水和盐水的混合带。岩溶作用过程主要为大气淡水携带具有溶解性的CO_2在重力及其他因素影响下沿着裂缝或孔隙运移，并溶解碳酸盐岩的过程。流体在向下流动过程中，随着CO_2含量降低，流体的溶解能力降低，同时伴随条件的改变可能有新的沉淀过程发生，因此岩溶垂向发育局限在距离古风化壳一定距离以内。理论上，溶洞最发育的是混合带，这是因为混合带水流最强，加上淡水和海水混合，化学性质发生变化，引起较强的溶蚀作用，因此任何一个古风化壳，大规模的溶洞都发育于渗流带与潜流带之间的过渡带。图1-2表明塔河油田岩溶垂向发育规律也遵循这一模式。

国内相关研究表明，溶洞的垂向发育可以用铁、锰含量来指示。岩溶作用是大气水改造碳酸盐岩最为重要的地质过程，该过程造成岩溶带相对高的铁、锰含量，因而成为识别岩溶作用、判断古岩溶发育的有效方法。塔河油田高铁、锰带距离不整合面110~130m，在阿克库勒凸起古气候、古构造和岩性条件下，岩溶的有效深度范围在距

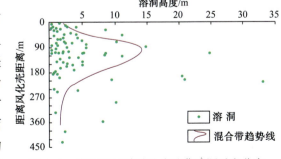

图1-2 塔河油田碳酸盐岩油藏溶洞垂向分布

离不整合面110~130m，该结果与实钻溶洞一致。

根据统计，在塔河油田前期完钻的1411口井，T_7^4下120m内放空漏失的井有377口（占27%），120~180m的井有56口（占4%），180m以下井有28口（占2%），多数放空漏失井位于上部溶蚀带内，表层岩溶段厚度120m左右，中部溶蚀段厚度180m左右（图1-3）。

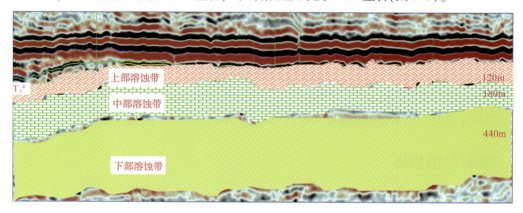

图1-3 塔河油田岩溶作用垂向分布

2) 溶洞平面分布规律

随着塔河油田开发的不断深入、细化，近年来陆续开展了高精度地震采集，使得地震资料品质有了大幅提高，为开展精细岩溶分布规律研究提供了资料基础。研究表明，塔河油田碳酸盐岩溶洞平面分布主要受断裂和古地表水系的双重控制，其中断裂对岩溶的控制作用强于地表水系。

断裂控制岩溶发育的典型代表为托甫台区（图1-4），井区主要发育北东-南西向主控断裂和北西-南东向次级断裂，岩溶作用在地震属性上主要表现为强反射特征，沿着断裂条带岩溶发育明显较强。同时，图1-4(b)表明，在主控断裂带上，单井产量大，随着远离主断裂，单井产能明显降低。

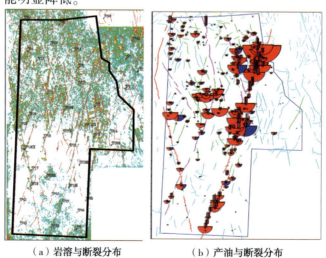

（a）岩溶与断裂分布　　　　（b）产油与断裂分布

图1-4 塔河油田岩溶与断裂分布及产油与断裂分布

古河道控制岩溶发育模式如图 1-5 所示，在塔河油田各区均有发现古河道控制溶洞的现象，但主要集中在 10 区及 12 区部分单元(图 1-6、图 1-7)。

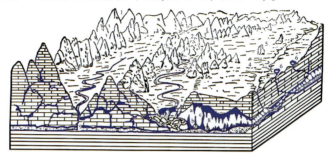

图 1-5　古河道控制岩溶发育模式

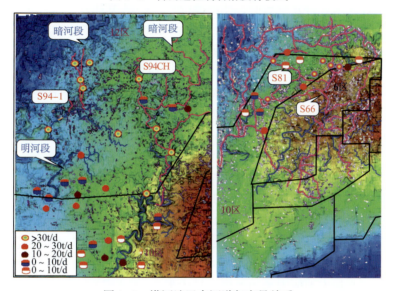

图 1-6　塔河油田古河道与产量关系

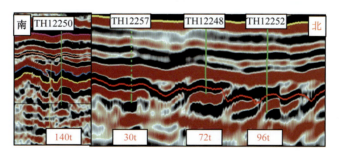

图 1-7　塔河油田古河道岩溶发育剖面

前期酸压实践证实古河道对溶洞发育和改造具有两面性：一方面，古河道岩溶发育，是储集体发育的有利区域，改造后单井产量普遍较高(图 1-7)。另一方面，部分河道泥质充填严重或底水沿着古河道推进易导致酸压井含水，生产过程中控水难度大。利用目前的物探技术还不能对河道充填介质进行比较可靠地判断，因此位于河道上或附近的井进行酸压投产存在一定风险。

1.2.2 天然裂缝分布特征

裂缝为塔河油田另一主要的储集空间类型。根据岩心观察，裂缝可划分为非构造裂缝（包括成岩收缩微裂缝、沿裂缝溶蚀的溶蚀扩大缝、压溶缝合线等）及构造裂缝（包括剪裂缝、张裂缝）两大类。裂缝的规模（长度、张开度）和裂缝的密度纵、横向变化很大。

根据塔河10区的产能建设方案，从14口井的岩心裂缝统计分析，一间房组主要以中-小型水平裂缝、斜裂缝为主，局部地区发育大裂缝、立缝，部分裂缝半-全充填泥质、方解石。鹰山组裂缝主要是中-小型斜缝，并且大多被泥质、方解石半-全充填。总体来看，大缝占4%，中缝占44%，小缝占52%，从裂缝形态统计，立缝占36%，斜缝占42%，平缝占22%。

岩心观察结合成像资料分析表明，压溶缝（缝合线）缝宽几微米至几十微米不等，以近水平状为主，少量呈斜交或垂直，缝合线在岩心中普遍发育，多数缝合线中充填次生油质沥青或胶质沥青，其中一部分缝为方解石或泥质充填，其储集意义不大。构造缝以高角度裂缝为主，裂缝的规模（长度、张开度）变化较大，以溶蚀缝的张开度最大，据取心观察，最大可达厘米级，张开度小于0.1mm的裂缝约占70.47%，0.1~1mm的裂缝占23.5%，大于1mm的裂缝占6.03%。早期形成的裂缝被方解石充填较严重，晚期充填程度低或未充填。镜下微裂隙的宽度在0.004~0.4mm范围内变化，多数在0.005~0.02mm，约占65.12%，其中以构造溶蚀缝宽度较大，说明微裂隙具有一定的储集意义。

半充填裂隙和未充填裂隙在各井中均有发育，但不同层段均有差异，大部分充填原油，是油气有效储集空间和渗流通道。同时，FMI成像测井显示裂缝走向以NE向或NNE向为主，还有少量SN向、EW向。裂缝的倾向主要有NW向、NNW向、W（或NWW）向、S（或SSE）向等，大部分井以中、高角度缝为主，裂缝倾角普遍在50°~80°。

根据塔河油田8区、10区天然裂缝与水平最大地应力方向对比图（图1-8），以及塔河油田天然裂缝与水平最大地应力夹角范围统计表来看（表1-2），塔河油田奥陶系油藏天然裂缝与水平最大地应力夹角在0~45°，87.6%的井小于30°。

图1-8 塔河油田8区、10区天然裂缝与水平最大地应力方向对比

表 1-2 塔河油田奥陶系天然裂缝与水平最大地应力夹角范围统计

区 块	夹角/(°)	0~30°比例/%	30°~45°比例/%
4	0~35	88.1	11.9
6	0~32	87.2	12.8
7	0~40	86.4	13.6
8	0~31	92.1	7.9
9	0~39	86.7	13.3
10	0~42	87.5	12.5
11	0~43	85.8	14.2
12	0~45	83.7	16.3
TP	0~44	82.6	17.4
总体	0~45	87.6	12.6

1.3 储层物性

1.3.1 储层岩性及矿物含量

塔河地区奥陶系除上统桑塔木组有较多碎屑岩之外，其余各组均为碳酸盐岩，但各组的岩石组合和沉积序列明显不同（表 1-3）。区内除蓬莱坝组较全外，其余各组均遭受不同程度的剥蚀，残留厚度从老到新、从南到北越来越少。大量岩石薄片鉴定统计表明，其矿物成分主要为方解石，一般含量占到 99% 以上，其次分布相对较广的矿物有黄铁矿、硅质、白云质和自生石英等，总含量多小于 1%，少部分岩石的白云石含量较高，此外部分岩石含陆源碎屑，陆屑成分主要为石英、泥质、玉髓和长石，可见云母、酸性喷发岩岩屑等。

表 1-3 井下奥陶系碳酸盐岩石分类

岩石 地层单元	碳酸盐岩成分、结构成因分类				岩石类型
	颗粒成分	生物碎屑	填隙物	水动力	
一间房组	鲕粒、藻鲕 礁块灰砾岩	角石、腕足 三叶虫、骨屑	亮晶、泥晶 杂基	牵引流	碳酸盐岩
鹰山组	藻鲕、藻屑 藻灰岩砾块	介形虫、腕足 海百合茎	泥晶、亮晶 杂基		
蓬莱坝组	砂屑、藻屑	腕足屑	亮晶、泥晶		

据岩石的成分、结构和成因特征，塔河油田奥陶系碳酸盐岩可分为颗粒灰岩（包括亮晶颗粒灰岩及泥微晶颗粒灰岩）、微晶灰岩（包括含颗粒微晶灰岩）、（含）云灰岩、生物

（屑、藻）灰岩、白云岩、岩溶岩六大类。岩石出现频率反映出，中、下奥陶统主要岩石类型为颗粒灰岩类、微晶灰岩类，其次为（含）云灰岩类、岩溶岩类。白云岩只在下奥陶统蓬莱坝组呈厚层状发育，生物屑灰岩、藻黏结及礁灰岩发育相对较局限，主要发育于一间房组。

1.3.2 储层孔隙度及渗透率

塔河油田油气藏储集体为岩溶-构造作用所形成的缝洞储集体，基质致密，物性差，单个缝洞储集体（缝洞单元）周围的基岩基本不具备储、渗性能。一间房组全直径孔隙度分布范围 0.1%~6.8%，平均值 1.93%，渗透率分布范围 $(0.001~38.7) \times 10^{-3} \mu m^2$，平均值 $0.88 \times 10^{-3} \mu m^2$；鹰山组全直径孔隙度分布范围 0.3%~7.3%，平均值 2.23%，渗透率分布范围 $(0.01~211) \times 10^{-3} \mu m^2$，平均值 $5.5 \times 10^{-3} \mu m^2$。大缝、大洞发育的储集体物性由于大缝、大洞段取心及测井难，必须根据钻井放空、漏失及建产后的生产情况判断。

1.3.3 储层温度及压力

塔河油田奥陶系油藏地层压力监测情况如图 1-9 所示，压力系数一般为 1.06~1.09，按其原油密度分别折算到 5600m 处，地层压力在 59.87~60.92MPa。由于流体分布和多期成藏、油水界面和底水分布等关系造成塔河油田奥陶系油藏内地层压力在各井区（或各缝洞系统）和同一口井不同层段间存在细微差异。塔河油田奥陶系油藏内地层静温与深度基本呈线性关系，地温梯度 2.26℃/100m（图 1-10），属深层、正常压力系数、低温异常油藏。

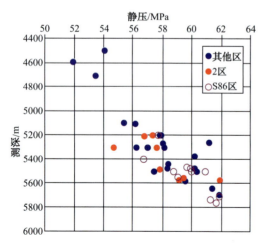

图 1-9 地层压力与深度关系

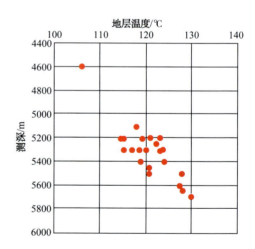

图 1-10 地层温度与深度关系

塔河油藏埋藏深（5400~7200 m），温度高（120~160℃），远高于东部油田 100℃ 左右的水平，这对储层改造工作液的性能提出了更高要求。对酸压而言，要求酸液缓速和耐温性能好，压裂液不但要求有较高的抗温性能，还要求摩阻要低。

第2章 碳酸盐岩地质力学特征及裂缝扩展机理

储层应力环境是决定裂缝扩展形态的重要因素,而地应力预测是压裂设计的关键环节和重要前提。通过建立地质模型,采用矿场及实验测得的单井地质力学参数,进行未知区域的地应力反演计算。本章针对碳酸盐岩储层非均质性特点,采用回归分析方法反演区域地应力大小和方向,并在此基础上阐述裂缝扩展延伸机理。

2.1 储层岩石力学实验

地层弹性参数包括弹性模量和泊松比,这两个参数反映了地层的弹性特性,是压裂设计中裂缝几何形态预测不可缺少的数据。弹性模量与泊松比的大小反映了地层在一定的受力条件下弹性变形的难易程度,弹性模量越大,地层越硬、刚度越大,地层不易变形,泊松比小;反之,弹性模量越小,地层越软、刚度越小,地层容易变形,泊松比大。对于压裂层段,希望产层的地应力及弹性模量小,隔层的地应力及弹性模量大,阻挡水力裂缝垂向扩展,同时在产层能形成较宽的裂缝,防止砂堵,增加压裂作业的成功率。

井壁围岩处于三向地应力状态,测定岩石力学强度参数时不能采用简单的单轴压缩实验,测试过程中须加载一定围压 $\sigma_3 = p_c$,然后逐渐增大轴向载荷,测出岩石破坏时的轴向应力 σ_1(抗压强度),绘出应力-应变关系曲线。实验岩样一般取自现场,实验岩心尺寸如图 2-1 所示,将岩样两端磨平,使岩样的长径比 ≥ 1.5。

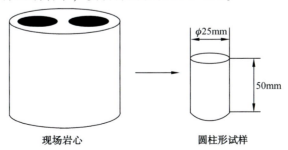

图 2-1 岩心取样

实验设备采用美国 GCTS 公司 RTR-1000 三轴岩石力学参数测试系统（图 2-2、图 2-3），实验过程按照国家标准《工程岩体实验方法标准》（GB/T 50266—1999）执行。

图 2-2　高温高压三轴岩石强度实验装置

图 2-3　计算机采集和控制系统

2.1.1　岩石强度

根据实验测得的应力-应变曲线，确定岩样的抗压强度（岩石破坏前能承受的最大载荷应力）、弹性模量及泊松比。弹性模量计算：

$$E = \frac{\Delta P \cdot H}{A \cdot \Delta H} \quad (2-1)$$

式中　ΔP——载荷增量；

　　　H——试样高度；

　　　A——试样面积；

　　　ΔH——轴向变形增量。

泊松比计算：

$$\mu = \frac{H \cdot d_L}{\pi \cdot D \cdot H_{轴向}} \quad (2-2)$$

式中　H——试样高度；

　　　d_L——径向变形；

　　　D——试样直径；

　　　$H_{轴向}$——轴向变形。

测试岩石力学参数的典型曲线如图 2-4 所示。

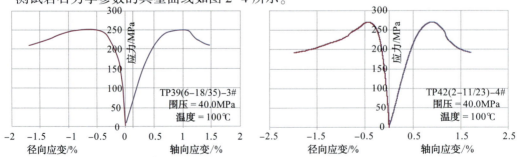

图 2-4　岩石力学性质实验测试曲线

结合实验测试获得的抗压强度、弹性模量、泊松比及前期油田测试结果，分区分层位对比岩石力学参数特征如图 2-5 所示。

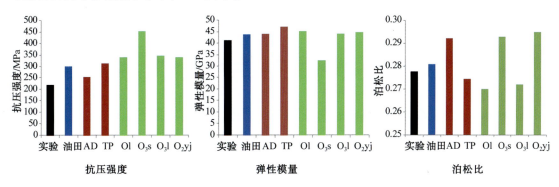

图 2-5 碳酸盐岩岩石力学性质对比

实验值与前期测量结果基本一致，不同区块、层位上存在一定差异。

2.1.2 黏聚力与内摩擦角

井壁岩石的破坏，对于软而塑性大的泥岩，表现为塑性变形而缩径，对于硬脆性的页岩、砂岩，一般表现为剪切破坏而坍塌扩径。剪切破坏如图 2-6 所示，剪切面的法向和 σ_1 的夹角为 θ，法向正应力为 σ，剪应力为 τ。根据摩尔-库仑的研究，岩石破坏时剪切面上的剪应力必须克服岩石的固有剪切强度值 S_o（称为黏聚力）加上作用于剪切面上的摩擦阻力（图 2-7）。

$$\tau = S_o + \mu\sigma \quad (2-3)$$

式中　μ——岩石的内摩擦系数，$\mu = \tan\varphi$；
　　　φ——岩石的内摩擦角。

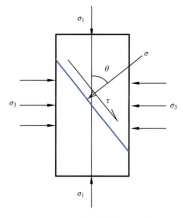

图 2-6 岩石的剪切破坏

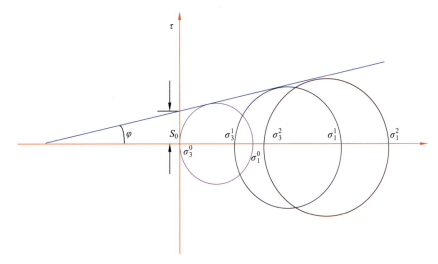

图 2-7 莫尔-库仑准则包络线

式(2-3)用主应力 σ_1 和 σ_3 改写成：

$$\sigma_1 = \sigma_3 \cot^2\left(45° - \frac{\varphi}{2}\right) + 2S_o \cot\left(45° - \frac{\varphi}{2}\right) \quad (2-4)$$

当岩石孔隙中有孔隙压力 p_p 时，用有效应力可表示为：

$$\sigma_1 - \alpha P_p = (\sigma_3 - \alpha P_p)\cot^2\left(45° - \frac{\varphi}{2}\right) + 2S_o \cot\left(45° - \frac{\varphi}{2}\right) \quad (2-5)$$

岩石的黏聚力和内摩擦角可用两个以上不同围压的三轴压缩强度实验进行确定。塔河油田碳酸盐岩储层岩石围压与轴压的关系如图 2-8 所示。

依据 24 组实验得到的数据，分类平均后的摩尔强度包络线如图 2-9 所示。基于应力包络线数据处理分析得到奥陶系碳酸盐岩岩石内聚力 18MPa，内摩擦角 38°。

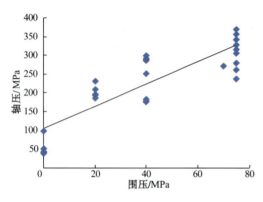

图 2-8 碳酸盐岩岩石围压与轴压关系

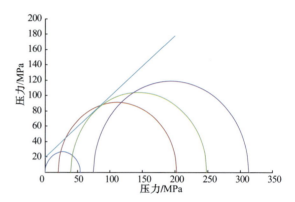

图 2-9 碳酸盐岩岩石强度包络线

2.1.3 体积压缩系数

塔河油田测得的岩石压缩系数如图 2-10 所示，从实验数据来看，体积压缩系数为 $7.35 \times 10^{-5} \mathrm{MPa}^{-1}$，骨架压缩系数为 $3.38 \times 10^{-5} \mathrm{MPa}^{-1}$。

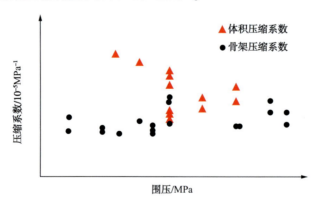

图 2-10 碳酸盐岩压缩系数实验测试结果

2.2 储层地应力测试

2.2.1 地应力方位实验测试

采用波速各向异性和古地磁方法测试塔河油田碳酸盐岩储层的原地应力方位。

1）波速各向异性测地应力方位

在原地应力场作用下,岩石在水平最大地应力方向上受的压缩程度最大,而在水平最小地应力方向上压缩程度最小。岩心钻取过程中将应力卸载,岩心内的孔隙在水平各个方向上的恢复程度不同。沿原水平最大地应力方向上恢复程度高,声波速度最小,而沿原水平最小地应力方向上声波速度最大。实验测试获得的归一化波速各向异性实验曲线如图2-11所示。

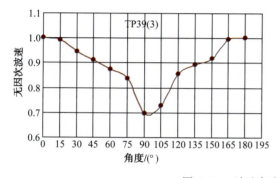
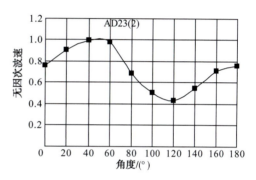

图2-11 波速各向异性测试结果

2）古地磁测地应力方位

采用磁力仪系统,分离出稳定的磁化强度方向,确定岩心各自的地理北极方向,结合声波各向异性测试确定水平最大地应力方位。如图2-12所示为两口井的黏滞剩磁Fisher统计结果。

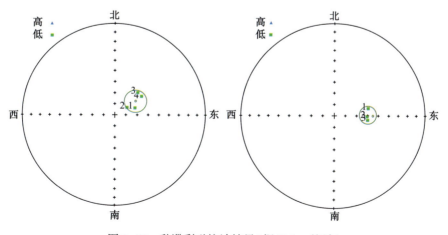

图2-12 黏滞剩磁统计结果(据Fisher统计)

塔河油田地应力方位测试结果见表 2-1。

表 2-1　塔河油田水平最大地应力方位

井　号	取样深度/m	标志线方位/(°)	磁倾角/(°)	置信度(α_{95})	水平最大地应力方位(NE)/(°)
TW9	6548.87~6549.03	94.7	62.7	2.7	94.7
TW10	6492.09~6492.20	50.6	68.4	8.6	50.6
TW11	6844.39~6844.54	65.4	64.6	6.4	65.4
TW12	6274.38~6275.53	78.2	42.5	9.1	78.2
TW13	6158.44~6158.55	81.1	60.1	7.8	81.1
TW14	6362.99~6363.14	60.5	60.3	5.6	60.5

据不完全统计，塔河油田 12 区碳酸盐岩地层水平最大地应力方位为 NE60°~NE81°，托甫台区的水平最大地应力方位为 NE50°~NE94°。

2.2.2　地应力大小实验测试

1) 差应变测地应力大小

岩心在地层深处由于地应力作用处于压缩状态，天然裂隙处于闭和状态，将岩心取到地面后，由于应力释放引起岩心膨胀，产生新的微裂缝，微裂缝的密度、张开程度和分布方向与岩心所处地应力环境有关。实验过程中，对岩心加压，针对不同方向的差应变进行分析，得到最大与最小主应力在空间中的方向，这种方法称为差应变分析(DSA)。差应变分析法的测试基于下列假设：①所有的微裂缝都是由地应力的释放产生的，并与最大主应力方向一致；②如果地层是各向同性的，则当可以独立地获得主地应力值时，主应变比值可用来获得地应力值。

在实验室中，对岩样进行静水加压，由于应力释放而产生的微裂缝将首先闭合。裂缝闭合后继续加载，这时产生的变形是岩石固体变形(骨架压缩)而引起的。差应变测试地应力大小的典型曲线如图 2-13 所示，测试结果见表 2-2。

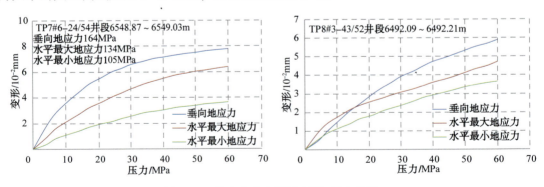

图 2-13　差应变室内测试变形-压力曲线

表 2-2 差应变法测试地应力大小结果

井 号	取样深度/m	上覆应力梯度/(MPa/100m)	水平最大地应力梯度/(MPa/100m)	水平最小地应力梯度/(MPa/100m)
TW9	6548.87~6549.03	2.50	2.05	1.60
TW10	6492.09~6492.20	2.50	2.00	1.52
TW11	6844.39~6844.54	2.50	1.84	1.39
TW12	6274.38~6275.53	2.50	2.06	1.55
TW13	6158.44~6158.55	2.50	2.05	1.48
TW14	6362.99~6363.14	2.50	2.09	1.57

2）声发射凯塞尔（Kaiser）效应测地应力大小

岩石的声发射活动能够"记忆"岩石所受过的最大应力，这种效应为凯塞尔效应。凯塞尔效应表明，声发射活动的频率或振幅与应力有一定的关系，在单调增加应力作用下，当应力达到过去已施加过的最大应力时，声发射明显增加。凯塞尔效应的物理机制认为，岩石受力后发生微破裂，微破裂发生的频率随应力增加而增加。破裂过程是不可逆的，但是由于已有破裂面上摩擦滑动也能产生声发射信号，因而加载时应力低于已加过的最大应力时也有声发射出现。当应力超过原来加过的最大应力时，又会有新的破裂产生，以致声发射频率突然提高。声发射凯塞尔效应实验可以测量野外曾经承受过的最大压应力。该类实验一般要在压机上进行，在轴向加载过程中，声发射频率突然增大的点对应的轴向应力是沿该岩样钻进方向曾经受过的最大压应力。

当所取岩心井深大于 2000m 时，若按照常规声发射方法对岩样进行单轴压缩实验，岩样常常在凯塞尔效应出现之前就发生破坏，采集到的信号是岩样的破裂信号，而不是凯塞尔效应信号，因此无法用声发射凯塞尔效应来测定岩心所在地层的原地应力大小。为此，提出了围压下的声发射凯塞尔效应实验，旨在提高岩样的抗压强度，让凯塞尔点出现在岩样破坏点之前。声发射凯塞尔效应法测定地应力实验装置如图 2-14 所示。

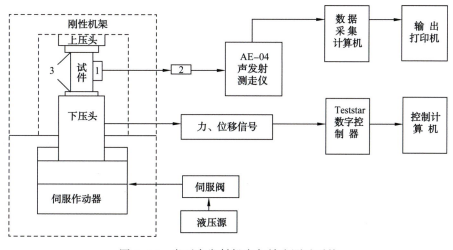

图 2-14 岩石声发射凯塞尔效应测试系统

根据上述的凯塞尔效应原理,在声发射信号随荷载变化的关系曲线上找出声发射突然明显增加处,记录下此处荷载大小,即为岩石在地下该方向上所受的地应力。

实验得到如图 2-15 所示的地应力与时间关系曲线,实验测试结果见表 2-3。

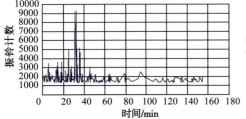
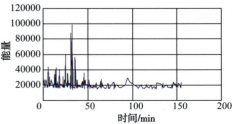

图 2-15 地应力-时间关系曲线

表 2-3 岩心声发射凯塞尔效应地应力大小测试结果

井 号	取样深度/m	上覆应力梯度/(MPa/100m)	水平最大地应力梯度/(MPa/100m)	水平最小地应力梯度/(MPa/100m)
TW12	6274.38~6275.53	2.50	2.06	1.55
TW13	6158.44~6158.55	2.50	2.05	1.48
TW14	6362.99~6363.14	2.50	2.09	1.57
TW15	6985.21~6985.32	2.50	1.97	1.44
TW15	7062.44~7062.54	2.50	2.01	1.66
TW16	6946.80~6947.21	2.50	1.73	1.39
TW16	6952.01~6952.33	2.50	1.80	1.41
TW16	6951.02~6951.58	2.50	2.09	1.42

2.2.3 地应力现场资料解释

1)拟合压裂压力数据解释水平最小地应力大小

TW17 井拟合的闭合应力梯度为 1.30MPa/100m,闭合应力(水平最小地应力)为 76.8MPa。TW18 井拟合的闭合应力梯度为 1.26MPa/100m,闭合应力为 77.4MPa(图 2-16)。

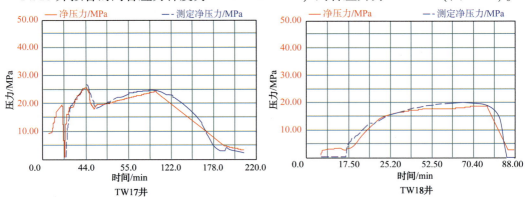

图 2-16 塔河 12 区施工净压力拟合结果

TW19井拟合的闭合应力梯度1.37MPa/100m，闭合应力为84.7MPa。
TW20井拟合的闭合应力梯度1.40MPa/100m，闭合应力为90.1MPa(图2-17)。

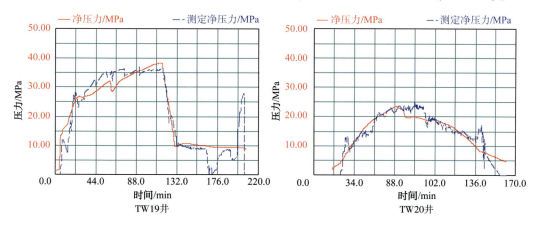

图2-17 托甫台区施工净压力拟合结果

2) 压降数据G函数拟合结果

分别对裂缝型、裂缝-孔隙型和溶洞型三类油藏压降数据进行拟合(图2-18)。不同类型油藏的闭合压力梯度有一定差异。裂缝-孔隙型储层闭合压力梯度(平均1.46MPa/100m)>裂缝型储层闭合压力梯度(平均1.39MPa/100m)>溶洞型储层闭合压力梯度(平均1.25MPa/100m)。

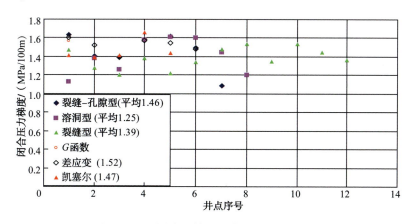

图2-18 不同类型储层闭合压力梯度对比

2.2.4 水平最大地应力分布特征

1) 平面分布特征

综合应用室内实验及现场微地震监测，获得如图2-19所示的地应力平面分布图。水平最大地应力为126~133MPa，水平最大地应力方位NE60°~NE81°(12区)，NE50°~NE94°(托甫台区)。

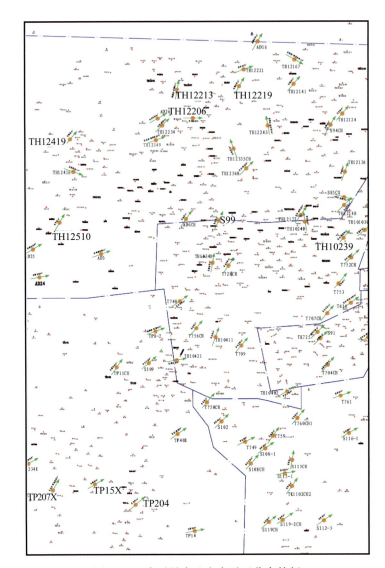

图 2-19 水平最大地应力平面分布特征

2）纵向分布特征

通过声波测井数据计算塔河油田托甫台区的地应力，典型实例井如图 2-20 和图 2-21 所示。测井曲线计算的 TW9 井在 6500m 附近的水平最小地应力与室内实验得到的水平最小地应力（105MPa）接近。

2.2.5　地应力测试与解释方法的适用性选择

研究地应力的方法有较多，从理论方法的科学性及实际成果的可靠性综合分析，采用波速各向异性及古地磁实验确定岩心地应力方位，采用凯塞尔效应测量地应力大小。综合前述地应力研究成果，鉴于各井所处地理位置和构造位置差异，进行地应力梯度对比，如图 2-22 所示。

第 2 章 碳酸盐岩地质力学特征及裂缝扩展机理

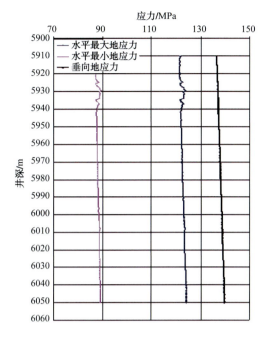

图 2-20 TW21 井地应力解释成果　　图 2-21 TW9 井测井解释地应力值

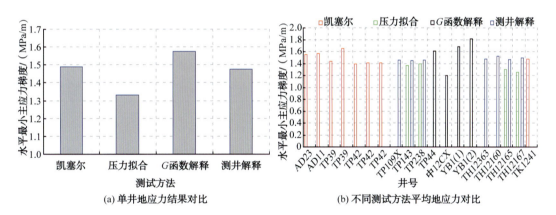

(a) 单井地应力结果对比　　(b) 不同测试方法平均地应力对比

图 2-22 地应力梯度对比

(1) G 函数拟合结果(1.58MPa/100m)>凯塞尔实验结果(1.49MPa/100m)≥测井解释数值(1.48MPa/100m)>压裂压力拟合结果(1.33MPa/100m)。

(2) 凯塞尔实验结果和测井解释结果与所有四种方法测试的平均值较为接近(1.47MPa/100m)。

2.3　缝洞型复杂介质地应力场反演

2.3.1　地应力场反演基本理论

线弹性力学理论即胡克定律,是弹性力学理论中的一条基本定律,表述为固体材料受力之后，材料中的应力与应变（单位变形量）呈线性关系，满足胡克定律的材料称为线弹性或胡克型材料。从物理角度看，胡克定律源于多数固体（或孤立分子）内部的原子在无外载作用下处于稳定平衡的状态。许多实际材料，如一根长度为 L、横截面积 A 的棱柱形棒，在力学上都可以用胡克定律来模拟，即：

$$\sigma = E\varepsilon \tag{2-6}$$

或

$$\Delta L = \frac{1}{E} \cdot L \cdot \frac{F}{A} = \frac{1}{E} \cdot L \cdot \sigma \tag{2-7}$$

式中　σ ——加载应力，MPa；

　　　E ——弹性模量，MPa；

　　　ε ——变形量，mm；

　　　ΔL ——总伸长（或缩减）量，mm。

本章根据线弹性力学理论，确认材料处于线弹性阶段时，材料受力可按照平行四边形原理叠加。

1）多元回归理论

在统计学中，线性回归是利用称为线性回归方程的最小二乘函数对一个或多个自变量和因变量之间关系进行建模的一种回归分析。这种函数是一个或多个称为回归系数的模型参数的线性组合。只有一个自变量的情况称为简单回归，大于一个自变量情况的叫多元回归。

线性回归是回归分析中广泛使用的一种类型。这是因为线性依赖于其未知参数的模型比非线性依赖于其未知参数的模型更容易拟合，而且产生的估计的统计特性也更容易确定。

线性回归有很多实际用途，分为以下两大类：

（1）如果目标是预测或者映射，线性回归可以用来对观测数据集和 X 的值拟合出一个预测模型。当完成这样一个模型以后，对于一个新增的 X 值，在没有给定与它相配对的 Y 值的情况下，可以用这个拟合模型预测出一个 Y 值。

（2）给定一个变量 Y 和一些变量 X_1，…，X_p，这些变量有可能与 Y 相关，线性回归分析可以用来量化 Y 与 X_j 之间的相关性强度，评估出与 Y 不相关的 X_j，并识别出哪些 X_j 的子集包含了关于 Y 的冗余信息。

线性回归模型经常用最小二乘逼近来拟合，但也可用其他方法来拟合，这里不进行阐述。

2）理论模型

给一个随机样本 $(Y_i, X_{i1}, \cdots, X_{ip})$，$i = 1, \cdots, n$，线性回归模型假设回归值 Y_i 和回归量 X_{i1}，…，X_{ip} 之间的关系是除了受 X 的影响以外，还有其他的变量存在。我们加入一个误差项 ε_i（也是一个随机变量）来捕获除了 X_{i1}，…，X_{ip} 之外任何对 Y_i 的影响。所以，多变量线性回归模型表示为以下形式：

$$Y_i = \beta_0 + \beta_1 X_{i1} + \beta_2 X_{i2}, \cdots, \beta_p X_{ip} + \varepsilon_i \quad i = 1, \cdots, n \tag{2-8}$$

3）数据和估计

区分随机变量和这些变量的观测值是很重要的。通常来说，观测值或数据（以小写字母标记）包括了 n 个值 $(y_i, x_{i1}, \cdots, x_{ip})$，$i = 1, \cdots, n$，我们有 $p+1$ 个参数 β_0，β_1，β_2，$\cdots$，β_p 需要确定，为了估计这些参数，使用矩阵标记。

$$Y = X\beta + \varepsilon \tag{2-9}$$

其中，Y 是一个包括了观测值 Y_1，$\cdots$，Y_n 的列向量，ε 包括了未观测的随机成分 ε_1，$\cdots$，ε_n 以及回归量的观测值矩阵 X：

$$\begin{pmatrix} 1 & x_{11} & \cdots & x_{1p} \\ \vdots & & \ddots & \vdots \\ 1 & x_{n1} & \cdots & x_{np} \end{pmatrix} \tag{2-10}$$

X 通常包括一个常数项。如果 X 列之间存在线性相关，那么参数向量 β 就不能以最小二乘法估计，除非 β 被限制，比如要求它的一些元素之和为 0。

4）古典假设

样本是在母体之中随机抽取出来的。因变量 Y 是连续的，残差项是独立随机的，且服从高斯分布。这些假设意味着残差项不依赖自变量的值，所以 ε_i 和自变量 X（预测变量）之间是相互独立的。在这些假设条件下，建立一个显示线性回归作为条件预期模型的简单线性回归，可以表示为：

$$E(Y_i \mid X_i = x_i) = \alpha + \beta x_i \tag{2-11}$$

5）最小二乘法分析

回归分析的最初目的是估计模型的参数，以便达到对数据的最佳拟合。在决定一个最佳拟合的不同标准之中，最小二乘法是非常优越的。这种估计可以表示为：

$$\hat{\beta} = (X^T X)^{-1} X^T y \tag{2-12}$$

6）回归推论

对于每一个 $i = 1, \cdots, n$，我们用 σ^2 代表误差项 ε 的方差。一个无偏误的估计是：

$$\hat{\sigma}^2 = \frac{S}{n - p} \tag{2-13}$$

式中，$S = \sum_{i=1}^{n} \hat{\varepsilon}_i^2$ 为误差平方和（残差平方和）。估计值和实际值之间的关系是：

$$\hat{\sigma}^2 \cdot \frac{n - p}{\sigma^2} \sim \chi_{n-p}^2 \tag{2-14}$$

式中，χ_{n-p}^2 服从卡方分布，自由度是 $n-p$。

对普通方程的解可以为：

$$\hat{\beta} = (X^T X)^{-1} X^T y \tag{2-15}$$

表示估计项是因变量的线性组合。进一步地说，如果所观察的误差服从正态分布，参数的估计值将服从联合正态分布。在当前的假设之下，估计的参数向量是精确分布的。

$$\hat{\beta} \sim N(\beta, \sigma^2 (X^T X)^{-1}) \tag{2-16}$$

式中，$N(\ )$ 表示多变量正态分布。

参数估计值的标准差是：

$$\hat{\sigma}_j = \sqrt{\frac{S}{n-p}\left[(X^{\mathrm{T}}X)^{-1}\right]_{jj}} \qquad (2-17)$$

参数 β_j 的 $100(1-\alpha)\%$ 置信区间可以表示为：

$$\beta_j \pm t_{\frac{\alpha}{2},\,n-p}\hat{\sigma}_j \qquad (2-18)$$

误差项表示为：

$$\hat{r} = y - X\hat{\beta} = y - X(X^{\mathrm{T}}X)^{-1}X^{\mathrm{T}}y \qquad (2-19)$$

7）方差分析

在方差分析中，总平方和分解为两个或更多部分。总平方和 SST 为：

$$SST = \sum_{i=1}^{n}(y_i - \bar{y})^2$$

其中，

$$\bar{y} = \frac{1}{n}\sum_i y_i \qquad (2-20)$$

同样地，

$$SST = \sum_{i=1}^{n} y_i^2 - \frac{1}{n}\left(\sum_i y_i\right)^2 \qquad (2-21)$$

回归平方和 SSReg 也可写作模型平方和：

$$SSReg = \sum(\hat{y}_i - \bar{y})^2 = \hat{\beta}^{\mathrm{T}}X^{\mathrm{T}}y - \frac{1}{n}(y^{\mathrm{T}}uu^{\mathrm{T}}y) \qquad (2-22)$$

残差平方和 SSE：

$$SSE = \sum_i (y_i - \hat{y}_i)^2 = y^{\mathrm{T}}y - \hat{\beta}^{\mathrm{T}}X^{\mathrm{T}}y \qquad (2-23)$$

总平方和 SST 又可写作 SSReg 和 SSE 的和：

$$SST = \sum_i (y_i - \bar{y})^2 = y^{\mathrm{T}}y - \frac{1}{n}(y^{\mathrm{T}}uu^{\mathrm{T}}y) = SSReg + SSE \qquad (2-24)$$

回归系数 R^2：

$$R^2 = \frac{SSReg}{SST} = 1 - \frac{SSE}{SST} \qquad (2-25)$$

2.3.2 初始应力场的多元回归模型

实测的初始应力及其所反映的初始应力场为 σ 的函数：

$$\sigma = f(x, y, z, E, \mu, \gamma, \Delta, U, V, W, T, \cdots) \qquad (2-26)$$

式中　σ——初始应力值，二维问题代表三个应力分量；

x、y、z——地形和地质体空间位置的坐标系，由地质资料获得；

E、μ、γ——岩体的弹性模量、泊松比和容重。

不同点之间各不相同，但其不随应力大小及加载过程的变化而变化，可用测试方法求得。

式中的待定因素，Δ 为自重因素；U、V、W 为地质构造作用的因素；T 为温度因素。这些待定因素是由给定的边界条件构成的。在各自待定因素的边界条件作用下，使计算域

内产生 σ_Δ, σ_U, σ_V, σ_W, σ_T, …, 并称为基本初始应力。将基本初始应力乘以系数即为实际初始应力。因此, 采用弹性工作状态下的线性叠加原理写出各点的初始应力场表达式为:

$$\sigma = b'_1 \sigma_\Delta + b'_2 \sigma_U + b'_3 \sigma_V + b'_4 \sigma_{\Delta W} + b'_5 \sigma_{\Delta T} + \cdots + \varepsilon_k \tag{2-27}$$

式中　　b'_1、b'_2、b'_3——回归系数;
　　　　ε_k——观测误差。

当有几个观测值时, 则有: ①误差期望为零; ②各次观测误差分布满足正态分布; ③各次观测值互相独立, 并有相同的精度。

1) 回归系数确定

回归分析的主要内容是根据 n 组实测值和数学模型"观测"值, 给出各回归系数 b'_1, b'_2, b'_3, …的估值 b_1, b_2, b_3, …, 根据估值可以写出:

$$\sigma_\Delta = b_1 \sigma_{\Delta\Delta} + b_2 \sigma_{\Delta U} + b_3 \sigma_{\Delta V} + b_4 \sigma_{\Delta W} + b_5 \sigma_{\Delta T} + \cdots + e_k \tag{2-28}$$

式中　　e_k——ε_k 的估值, 取 σ'_Δ 为 σ_Δ 的估值。

$$\sigma'_\Delta = \sigma_\Delta + e_k \tag{2-29}$$

根据最小二乘法原理, 可以求出估值 b_i, 即选择的 b_i 使残差平方和最小, 它的解是唯一的, 为使残差平方和最小, 则

$$Q = \sum_k e_k^2 = \sum (\sigma_k - \sigma'_k)^2 \tag{2-30}$$

式中, $k = 1, 2, 3, \cdots$ 代表 Δ, U, V, W, $T \cdots$, 达到最小, 则对 b_i 的偏导数应都为零。

$$\frac{\partial Q}{\partial b_1} = 0, \quad \frac{\partial Q}{\partial b_2} = 0, \quad \cdots \tag{2-31}$$

整理后可得法方程式组为:

$$\begin{cases} S_{11} b_1 + S_{12} b_2 + \cdots + S_{1m} b_m = S_1 \\ S_{21} b_1 + S_{22} b_2 + \cdots + S_{2m} b_m = S_2 \\ \vdots \\ S_{m1} b_1 + S_{m2} b_2 + \cdots + S_{mm} b_m = S_m \end{cases} \tag{2-32}$$

式中,
$$\left. \begin{array}{l} S_{ij} = \sum_k \sigma_{ki} \sigma_{kj} \\ S_{i\sigma} = \sum_k \sigma_{ki} \sigma_k \end{array} \right\} i, j = 1, 2, 3, \cdots, m$$

当保持观测值的组数 n 大于选入回归方程的基本应力因素的个数 $m (n > m)$, 而且选入的因素之间是相互线性独立时, 方程有唯一解。

$$b_i = \sum_{j=1}^m C_{ij} S_{i\sigma}, \quad i = 1, 2, 3, \cdots, m \tag{2-33}$$

式中, C_{ij} 为法方程式系数矩阵的逆矩阵元素。

2) 优化检验

用有限元方法模拟地层应力场, 确定区块的边界受力是在建模中首先要解决的问题。将区域外围的应力状态称为远场应力状态。根据远场应力状态确定目标区域的应力边界条件, 构成自平衡的外力系统。利用现场实测地应力资料, 借助地质模型的反演理论和方

法，用目标井的地应力值作为目标函数，以边界力载荷值为参数，反演出远场应力边界条件，从而可以计算出储层应力场。

对于地质构造应力场的反演分析，因为地层实际外围的应力状态是不确定的，在数学上，将会有多个结果。这就要求我们统筹考虑目标地层的构造特点，从众多解中优选出一组最符合地层应力的边界条件。要综合考虑地层的应力大小和方向，经过多种假设在模型中多次调试，反复对比验证才能最终得到确定的数值。同时，地层的边界条件反演的过程就是对地层地质构造运动的再认识。经过一系列的反复调试来确定研究区内地质现象和构造规律较吻合的力学模型边界条件。确定边界载荷系数后，代入模型中进行迭代计算，正演地应力场。

2.3.3 地应力场数值模拟方法

在塔河油田奥陶系地应力岩心实验和现场资料分析的基础上，获得部分井的地应力方向和数值。利用 ABAQUS 有限元数值模拟软件进行地应力场的数值模拟，获得区块地应力方向及大小分布。

1）地质构造模型

在塔河油田 12 区及托甫台区块内，选择合适的已知数据井，将该区域看作一个完整的岩体作为计算对象，同时依据局部井点的地质资料和岩石力学实验所得的参数和地层资料，建立模拟计算的地质模型。

2）将关键井点和大断层的数据进行数值化处理

将目标层的关键井点进行数值化处理后，作为数值模拟的基础数据输入地应力反演软件中，为下一步的数值模拟做准备。

3）将建立的有限元地质模型进行精细划分，划分单元网格

在建立了宏观地质模型后，依据关键点的数据，对地质模型划分单元网格。

4）确定不同地质模型单元区域的岩石力学参数特性

出于对岩相变化的综合考虑，对不同地层赋予不同的岩石力学参数，包括弹性模量、泊松比、密度等，来反映地质体所造成的非均质性。同时，考虑地层深度对力学参数的影响，然后将相同的岩石力学参数赋予相同的单元体，作为模拟地应力场的力学参数的依据。

5）确定反演目标的约束条件和边界条件

在现场实测地应力资料的基础上，运用地质模型的反演理论和方法，将目标井的地应力值设定为目标函数，以每次施加的边界荷载作为参数，反演出区块应力的边界条件，为计算地应力场做准备。

6）进行地应力场反演，确定地应力的大小和方向

在进行有限元数值模拟时，以正应力及剪应力值为反演目标，进行有限元数值模拟。通过优化计算可得到已有井的应力数据和邻近其他井的应力数据，计算获得反演后的边界条件，从而确定出该地区应力场的数值大小和应力方向，完成地应力场的反演。

2.3.4 天然裂缝局部应力场分布

采用弹性力学理论得到图 2-23 所示模型的二维垂直裂缝所诱导的应力场为：

$$\Delta\sigma_x = p\left\{\frac{r}{\sqrt{r_1 r_2}}\left(\cos\theta - \frac{\theta_1 + \theta_2}{2}\right) + \frac{c^2 r}{\sqrt{(r_1 r_2)^3}}\sin\theta\sin\left[\frac{3}{2}(\theta_1 + \theta_2) - 1\right]\right\}$$

$$\Delta\sigma_z = p\left\{\frac{r}{\sqrt{r_1 r_2}}\left(\cos\theta - \frac{\theta_1 + \theta_2}{2}\right) - \frac{c^2 r}{\sqrt{(r_1 r_2)^3}}\sin\theta\sin\left[\frac{3}{2}(\theta_1 + \theta_2) - 1\right]\right\} \quad (2-34)$$

$$\Delta\tau_{zx} = p\left\{\frac{c^2 r}{\sqrt{(r_1 r_2)^3}}\sin\theta\cos\left[\frac{3}{2}(\theta_1 + \theta_2)\right]\right\}$$

式中 c——半缝高，m；
p——作用于裂缝壁面的压力，MPa；
r、r_1、r_2——某一点到裂缝中心、底部和顶部的距离，m；
θ、θ_1、θ_2——某一点到裂缝中心、底部和顶部连线的夹角，(°)；
$\Delta\sigma_x$、$\Delta\sigma_z$、$\Delta\sigma_{zx}$——x 方向、z 方向诱导应力及 z-x 平面诱导剪应力，MPa。

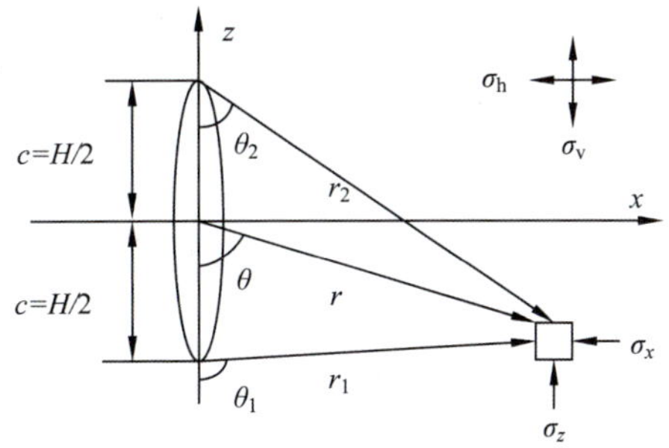

图 2-23 裂缝诱导应力物理模型

结果表明（图 2-24）：①诱导应力大小随到裂缝面的距离增大而减小。②在最小地应力方向上的诱导应力要大于在最大地应力方向上的诱导应力。③裂缝面受到张应力作用下产生的诱导应力为压应力。

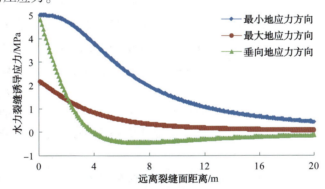

图 2-24 裂缝诱导应力变化规律

2.3.5 溶洞局部应力场分布

采用有限元方法，以奥陶系碳酸盐岩为目标层，椭球形溶洞中心坐标（250，250，250），椭圆尺寸长轴、短轴、中轴长分别取 $2a=100\text{m}$，$2b=60\text{m}$，$2c=80\text{m}$。计算模型如图 2-25 所示。

有限差分计算模型共划分 127476 个单元，

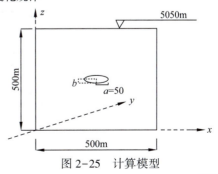

图 2-25 计算模型

135488个节点。图2-26为溶洞形成后典型剖面在z方向上应力场重新分布图。

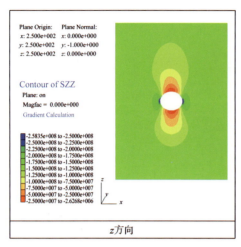
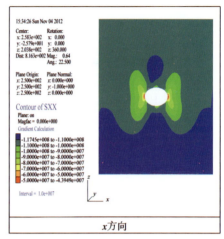

| z方向 | x方向 |

图2-26 溶洞z方向应力场重新分布云图

z方向应力在长轴两端点表现为切应力，应力在端点附近约$0.7a$范围内，应力集中效应明显；在短轴两端点则表现为径向应力，径向应力远小于切向应力。

x方向应力在长轴两端点表现为径向应力，端点附近约$1.18a \times 3.6a$范围内应力集中效应明显；在短轴两端点表现为切向应力，作用范围较小，即$0.39b$。

2.3.6 区域地应力场反演

1）塔河油田12区

以塔河油田12区块为对象，计算所选取区域的模型面积为$375 km^2$。

把区域内地层划分为4层，选择研究区内18条大断裂带（编号自F1起）及4个未填充的洞穴（编号D1~D4），单个平均尺寸约为600m。三维有限差分计算模型如图2-27所示，采用4节点4面体单元进行网格划分，共167642个单元、156081个节点，其中奥陶系即断裂带模型如图2-28所示。

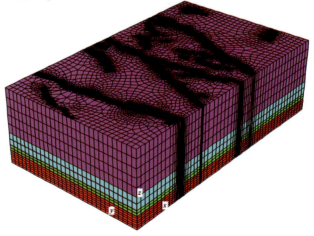

图2-27 三维有限元离散模型

图 2-29 为该区块三维水平最大地应力及水平最小地应力，水平地应力随油藏埋深增加而增加，近似有 $\sigma_h = 0.825\sigma_v$，$\sigma_h = 0.719\sigma_v$。且在模型边界的断裂带无论是最大还是最小地应力，均呈现出凹形，表现为应力降低。

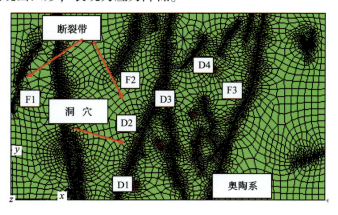

图 2-28 含断裂带及洞穴岩层顶面模型

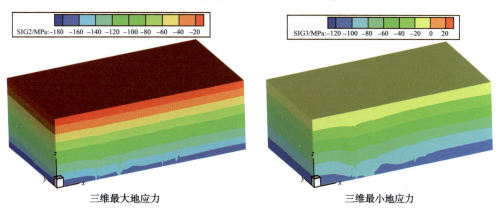

图 2-29 三维最大及最小地应力分布

（1）区域应力分布。

奥陶系顶面以下 200m（地表下 6000m）处，由于断裂带及洞穴的存在，应力出现应力异常现象，如图 2-30 所示。

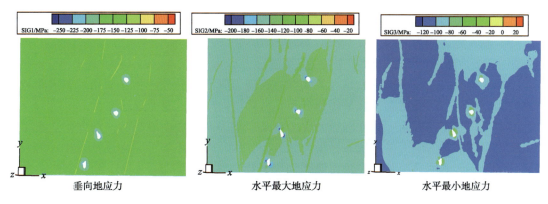

图 2-30 奥陶系顶面以下 200m 处垂向、水平最大及最小地应力分布

地表以下6000m奥陶系岩层垂向地应力为125~175MPa，水平最大地应力为125~175MPa，水平最小地应力为80~120MPa。断层附近应力表现为减弱，洞穴附近表现为应力集中。

（2）断裂带应力分布。

图2-31为断裂带的应力分布图。断裂带主应力与断裂带深度密切相关，深度越大，主应力越大。

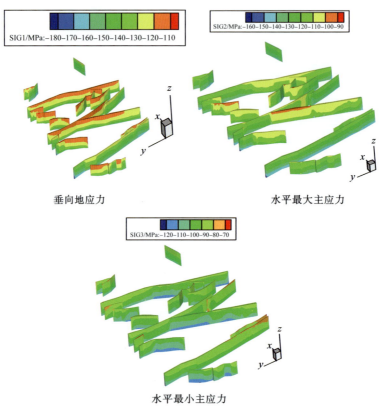

图2-31　断裂带主应力平面分布

垂向主应力为113~189MPa，水平最大主应力范围为100~150MPa，由于受边界效应影响，断层在模型边界出露部位应力达到165MPa（F1、F2、F3与$y=15000$），水平最小主应力范围为70~125MPa。

（3）洞穴围岩应力分布。

图2-32为断裂带与洞穴水平主应力平面图。

断裂带与洞穴的最小主应力具有关联性，表现为应力影响范围相互交错。洞穴附近应力出现明显的应力降低现象，且呈环状分布，从环内向环外，应力逐渐增大。

沿着断裂带走向方向，洞穴围岩的应力在某一范围内有减小的趋势。洞穴附近水平最大主应力出现明显的应力集中现象，呈环状分布，从环内向环外，应力逐渐减小。洞穴形状对应力分布影响明显，洞穴棱角越锋利，应力集中效应越明显。如D2洞穴NW方向及SE方向的应力集中最为明显，影响范围约为洞穴外$2d$（d为洞穴的平均直径）以内。

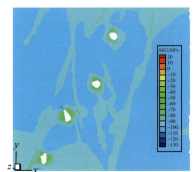
水平最小主应力

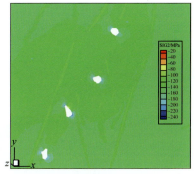
水平最大主应力

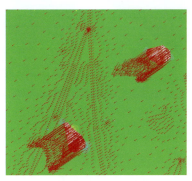
水平最大主应力方向矢量

图 2-32 断裂带与洞穴水平主应力分布

如图 2-28 所示，由 D2 及 D3 洞穴、F2 断层附近最大地应力方向矢量图可知，该区的最大地应力方向约为 NE62°。

塔河油田 12 区应力分布特征如下：

(1) 结合裂缝走向趋势及数值模拟技术，得到塔河油田 12 区最大地应力方位为 NE62°左右。

(2) 通过数值模拟反演分析，塔河油田 12 区垂向应力平均梯度为 2.57MPa/100m，水平最小应力平均梯度为 1.85MPa/100m，水平最大应力平均梯度为 2.17MPa/100m。

(3) 受断裂带强度降低及洞穴临空效应影响，洞穴及断裂部位发生应力异常现象，水平最大主应力出现明显的应力集中现象。

2) 塔河油田托甫台区

塔河油田托甫台区块对应模型面积为 1008km²。三维有限差分计算模型如图 2-33 所示，采用 4 节点 4 面体单元进行网格划分，共 80700 个单元、86560 个节点，模型底面高程为 0m，顶面高程为 7500m，其中奥陶系（含断裂带及洞穴）模型如图 2-34 所示。

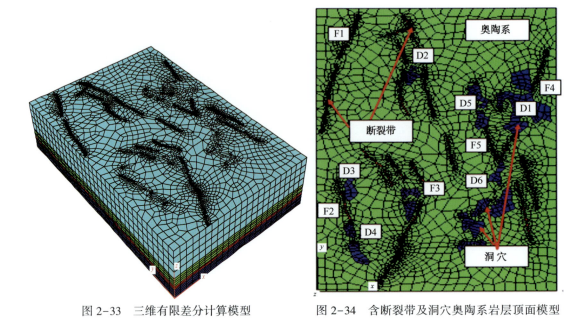

图 2-33　三维有限差分计算模型　　　　图 2-34　含断裂带及洞穴奥陶系岩层顶面模型

（1）区域应力分布。

奥陶系顶面以下 300m 处（即地表下 6400m），由于断裂带及洞穴的存在，出现应力异常现象，如图 2-35 所示。除断层及洞穴附近外，奥陶系岩层垂向地应力为 120~175MPa，水平面最大地应力为 125~200MPa，水平面最小地应力为 75~125MPa。断层处最大地应力有明显减弱趋势，洞穴附近围岩应力集中效应明显。

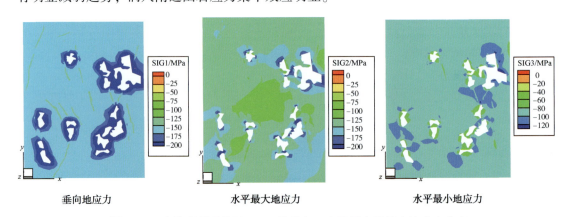

垂向地应力　　　　　　　　水平最大地应力　　　　　　　水平最小地应力

图 2-35　奥陶系顶面以下 300m 处垂向、水平最大及最小地应力分布

（2）断层带应力分布。

图 2-36 为断裂带的应力分布图。断裂带主应力与断裂带深度密切相关，深度越大，主应力越大。垂向主应力为 120~200MPa，但断层与洞穴交叉部位达到 240MPa（如 F4 与 D1 交会处、F4、F5 与 D6 交会处、F2 与 D4 交会处等）；水平最大主应力范围为 80~180MPa，但断层延伸方向端点与上覆岩体（如 F3）或下部模型底边界交叉部位（如 F2）达到 200MPa 左右；水平最小主应力范围为 60~120MPa，但断层与模型底边界处应力出现下降现象。

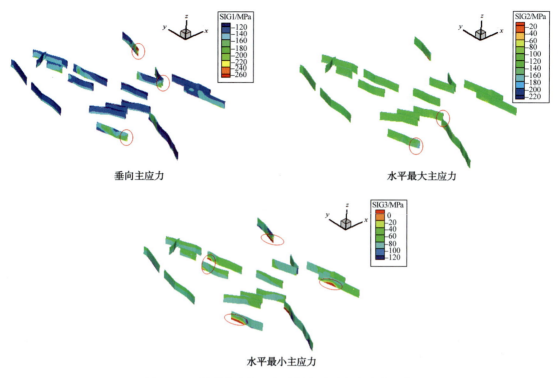

图 2-36　断裂带垂向、水平最大及最小主应力分布

（3）洞穴围岩应力分布。

图 2-37 为断裂带与洞穴水平最小主应力平面图，可知断裂带与洞穴的最小主应力具有关联性，表现为应力影响范围相互交错。洞穴附近应力出现明显的应力降低现象，且呈环状分布，从环内往环外，应力逐渐增大。

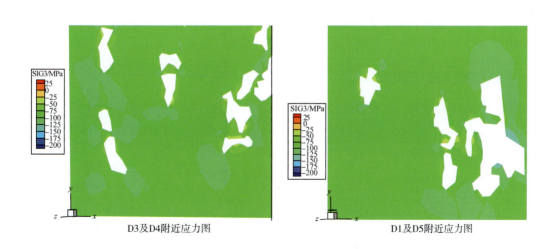

图 2-37　断裂带与洞穴水平最小主应力分布

图 2-38 为洞穴水平最大主应力平面图，可知洞穴附近应力出现明显的应力集中现象，且呈不规则包裹状分布，从内往外，应力逐渐减小；洞穴形状对应力的重分布影响明显，洞穴棱角越锋利，应力集中效应越明显。由远离洞穴及断层带某处最大主应力方向矢量图获得该区最大主应力方向约为 NE65°。

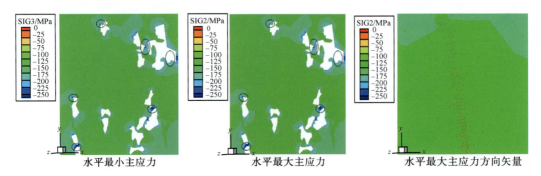

图 2-38 断裂带与洞穴水平最大地应力分布

托甫台区三维应力特征如下：

（1）结合裂缝走向趋势及数值模拟，塔河托甫台区水平最大地应力方位为 NE65°左右。

（2）通过数值模拟反演分析，托甫台区垂向应力平均梯度为 2.57MPa/100m，水平最小地应力平均梯度为 1.72MPa/100m，水平最大地应力平均梯度为 2.01MPa/100m。

（3）受断裂带强度降低及洞穴临空效应影响，洞穴及断裂部位发生应力突变现象，水平最大主应力出现明显的应力集中现象。

2.4 缝洞型复杂介质裂缝扩展数值模拟

碳酸盐岩储层由于天然裂缝、地应力差及不同形态缝洞体的存在，酸压裂缝在扩展过程中表现出较大的差异性，采用数值模拟方法即根据酸液的性质、地层流体性质、地层岩石的力学性质、施工参数及缝中流体流动特征等，在流体力学及岩石力学基础上，分析流体与固体相互耦合的力学行为，应用数值模型确定裂缝的几何形状及其动态延伸规律。

2.4.1 扩展有限元法控制方程

扩展有限元弹性场方程，根据能量平衡定理，得到离散方程的弱形式方程如下：

$$\int_\Omega \sigma \delta\varepsilon \mathrm{d}\Omega = \int_\Omega f_\mathrm{b} \delta u \mathrm{d}\Omega + \int_{\Gamma_\mathrm{t}} f^\mathrm{t} \delta u \mathrm{d}\Gamma + \int_{\Gamma_\mathrm{c}} f^\mathrm{c}(\delta u^+ - \delta u^-)\mathrm{d}\Gamma \tag{2-35}$$

单元节点的位移逼近函数如下所示：

$$u^h(x) = \sum_{I \in N} N_I(x)u_I + \sum_{I \in N^{cr}} \tilde{N}_I(x)[H(x) - H(x_I)]a_I + \sum_{I \in N^{TIP}} \tilde{N}_I(x) \sum_{K=1}^{4}[F^K(r,\theta) - F^K(x_I)]B_I^K \tag{2-36}$$

2.4.2 缝内压力分布方程及压降方程

裂缝延伸过程中裂缝壁面上的压力方程如下：

$$P = -12\frac{\mu qLx}{h_\mathrm{f} w^3 \sqrt{L^2-x^2}} + P_0 \tag{2-37}$$

式中 P——缝内压力，Pa；

P_0——缝口压力，Pa。

其他物理量意义同前。

裂缝延伸过程中的压降方程如下：

$$\Delta P = -\frac{\partial P}{\partial x} = 12\frac{\mu q}{h_\mathrm{f} w^3} \tag{2-38}$$

由此可以看出，缝内压降与缝内流体黏度、流体排量成正比，与缝高、裂缝宽度成反比。

2.4.3 裂缝扩展准则

对于酸压裂缝扩展，在给定外载荷的条件下，岩石的应力强度因子 K 存在一个临界值 K_c，当 K 达到这个临界值时，裂纹扩展。临界值 K_c 表示材料抗脆性起裂的能力，又称断裂韧度。

裂缝扩展延伸模拟考虑 Ⅰ 型裂缝扩展，判断准则如下：

$$K_\mathrm{f} > K_\mathrm{Ic} \tag{2-39}$$

2.4.4 裂缝扩展的影响因素

1) 天然裂缝对裂缝扩展延伸的影响

假设天然裂缝与水平最大地应力方向的夹角分别为 30°、45° 和 60° 时，天然裂缝的长度取值为 5m、10m 和 20m，模拟一系列水平地应力差，研究天然裂缝对人工裂缝延伸的影响。

图 2-39 表示天然裂缝角度 30°、天然裂缝长度 10m、水平地应力差值 5MPa 时，酸压人工裂缝遇到天然裂缝后的延伸情况。图 2-40 表示天然裂缝角度 30°、天然裂缝长度 10m、水平地应力差值 15MPa 时，酸压人工裂缝遇到天然裂缝后的延伸情况。由图可知，水平地应力差值的大小会影响裂缝走向，当水平地应力差值较小时，人工裂缝沿天然裂缝方向延伸；当水平地应力差值较大时，人工裂缝发生转向，从天然裂缝方向转到最大地应力方向延伸。

图 2-39　天然裂缝角度 30°、水平地应力差 5MPa 时酸压裂缝走向

通过模拟一系列水平地应力差值下的裂缝走向，发现当裂缝角度 30°、天然裂缝长度 10m 时，裂缝发生转向的水平地应力差值为 15MPa。

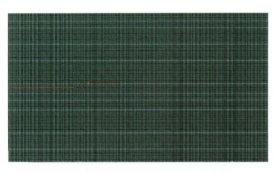

图 2-40　天然裂缝角度 30°、水平地应力差 15MPa 时酸压裂缝走向

通过模拟不同天然裂缝角度、裂缝长度和不同地应力差值下的裂缝延伸方向，得到人工裂缝发生转向的临界水平地应力差值，如图 2-41 所示，表明裂缝发生转向时的临界水平地应力差值随天然裂缝角度和长度的增加而增加。

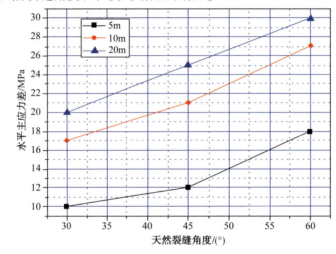

图 2-41　裂缝发生转向时的临界水平地应力差值随天然裂缝角度、长度的变化

2）缝洞组合体对裂缝扩展延伸的影响

缝洞结合体对人工裂缝扩展的影响主要取决于缝洞体的大小、滤失性及洞内液体压力的高低。当缝洞体体积较大，滤失性较高时，通过人工裂缝充注到洞内的液体不足以将洞充满，人工裂缝的扩展将会终止于该缝洞体。相反，当缝洞体体积不大，滤失性不高，通过人工裂缝充注到洞内液体的压力超过其破裂压力时，人工裂缝将会穿过该缝洞体继续扩展，此时该缝洞体相当于一个新的井眼，人工裂缝再次遵循前面的规律进行起裂、扩展，而破裂洞壁所需的压力要高得多。

人工裂缝遇到缝洞组合体时，裂缝走向同样受到溶洞尺寸、天然裂缝方向和天然裂缝长度的影响。假设天然裂缝与主裂缝的夹角分别为 30°、45°和 60°，天然裂缝的长度取值为 5m，溶洞尺寸分别取 2m 和 4m，水平地应力差变化时分析缝洞组合体对人工裂缝延伸的影响。

图 2-42 和图 2-43 表示水平地应力差分别为 5MPa、25MPa 时，溶洞尺寸 4m、天然裂缝长度 5m、角度 30°的人工裂缝走向。由图可知，水平地应力差为 5MPa 时，裂缝沿天然裂缝方向延伸；水平地应力差为 25MPa 时，裂缝发生转向，沿最大地应力方向延伸。

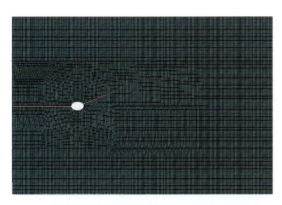
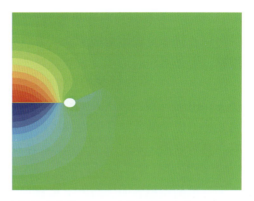

图 2-42　溶洞直径 4m、天然裂缝角度 30°、水平地应力差 5MPa 时酸压裂缝走向

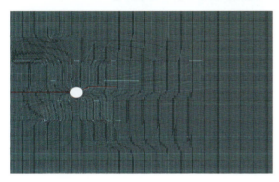

图 2-43　溶洞直径 4m、天然裂缝角度 30°、水平地应力差 25MPa 时酸压裂缝走向

通过模拟一系列水平地应力差值下的裂缝走向，得到裂缝发生转向的临界地应力差为 23MPa。

模拟其他裂缝角度和溶洞尺寸下的裂缝走向，得到裂缝发生转向的临界地应力差值，如图 2-44 所示。由图可知，人工裂缝延伸方向发生转向的临界水平地应力差值随溶洞尺寸增大而增大，随天然裂缝角度和长度增加而增加。

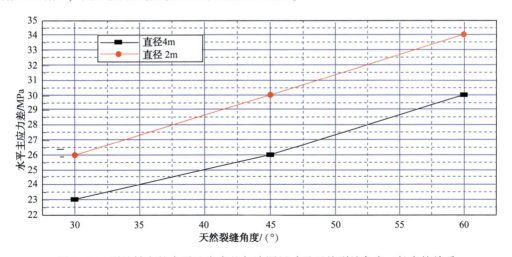

图 2-44　裂缝转向的水平地应力差与溶洞尺寸及天然裂缝角度、长度的关系

3) 溶洞-多裂缝组合体对裂缝延伸的影响

当裂缝延伸过程中遇到溶洞、多裂缝组合体时，开始产生多裂缝现象，随着注入时间的推移，人工多裂缝形成一条缝宽较大的主裂缝。

图 2-45~图 2-48 为溶洞-两条天然裂缝、溶洞-三条天然裂缝在不同情况下的裂缝延伸情况。由图可知，酸压人工裂缝遇到溶洞-天然裂缝后，人工裂缝首先沿每条天然裂缝方向延伸，但是随着酸压的继续进行，最终只形成了一条有效的人工裂缝，其他裂缝延伸一段距离后逐渐失效。

4) 断层对裂缝延伸的影响

通过数值模拟表明，当人工裂缝遇到断层时，人工裂缝发生转向，最终平行于断层，而水平地应力差越小时，人工裂缝转向的位置离断层越近(图 2-49)。

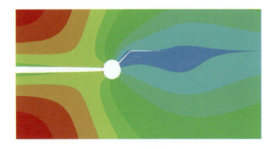
图 2-45　遇到溶洞-两条裂缝延伸(600s)

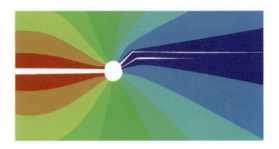
图 2-46　遇到溶洞-两条裂缝延伸(最终)

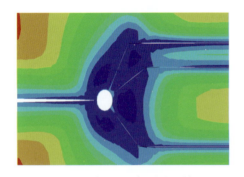
图 2-47　遇到溶洞-三条裂缝延伸(600s)

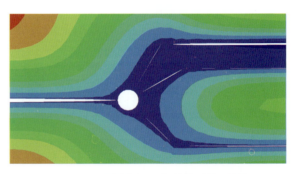
图 2-48　遇到溶洞-三条裂缝延伸(最终)

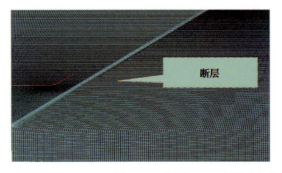
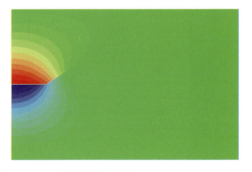
图 2-49　断层 45°、水平地应力差为 27MPa 时酸压裂缝走向

5) 酸液滤失对裂缝延伸的影响

图 2-50、图 2-51 是酸压裂缝扩展过程中酸液滤失的分布图。由图可以看出，滤失系数大，液体在裂缝周围扩散的范围大，作用在裂缝壁面上的力小，从而裂缝延伸的长度就短；滤失系数小，液体在裂缝周围扩散的范围小，作用在裂缝壁面上的力大，因此裂缝延伸的长度就相对比较长。

 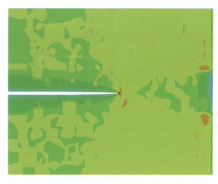

图 2-50　滤失系数 1×10^{-5}、1×10^{-4} 与裂缝半长的关系

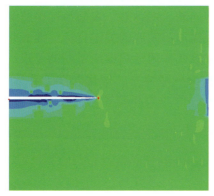 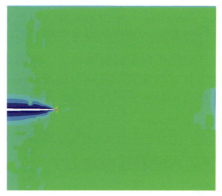

图 2-51　滤失系数 1×10^{-5}、1×10^{-4} 与裂缝半长的关系

图 2-52 反映了滤失系数与裂缝半长的定量关系。酸压过程中酸液滤失对裂缝延伸长度影响的数值模拟表明，当酸液滤失系数在 $10^{-5}\sim10^{-4}$ 时，裂缝延伸长度的变化很小；当酸液滤失系数大于 10^{-4} 时，酸液滤失对裂缝延伸长度的影响逐渐增加。

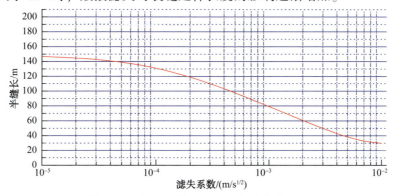

图 2-52　滤失系数与裂缝半长的关系

第3章 高效酸液体系及性能评价

塔河油田储层属缝洞型致密碳酸盐岩储层，温度高、埋藏深，常规盐酸存在滤失量大、酸岩反应速度快、酸蚀作用距离短等问题。针对该储层特点及深度酸压要求，油田开发初期形成了以胶凝酸、地面交联酸、VES类转向酸、变黏酸、表面活性缓速酸及乳化酸等酸液体系。随着勘探开发的深入，增产稳产成为油田发展的关键目标，而酸化压裂为其首要手段，对酸压过程中的酸液滤失、酸液效率及其作用距离提出了新的要求。通过研究实践，完善了具有低滤失、缓速、能携砂的地面交联酸体系，优化开发了具有良好缓速、耐高温特点的自生酸体系，以及具有良好的缓速、低滤失和高导流特性的新型pH响应型长效酸体系。

3.1 碳酸盐岩酸岩反应动力学

3.1.1 酸岩反应动力学参数测定方法

碳酸盐岩储层系统反应速率在高温条件下大多受传质速率控制，通过增加酸液黏度来降低传质速率及系统反应速率。目前，国内外用于酸岩反应模拟实验研究的方法主要包括静态实验、动态实验（旋转圆盘实验）和流动实验（平行板流动、空岩心釜流动实验、环流反应器流动实验）。酸岩反应动力学实验是在一定条件下，利用旋转岩盘实验仪（图3-1），让酸液与岩心反应，通过酸液反应前后浓度的变化来测定反应动力学方程和酸岩反应活化能，以及H^+有效传质系数，分析各种因素对反应速度的影响，为酸化设计提供数据。

1）酸岩反应动力学参数的确定

针对碳酸盐岩储层，其主要矿物成分为碳酸钙

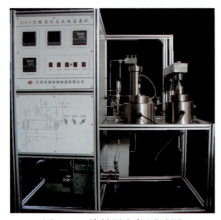

图3-1 旋转圆盘仪测试图

和碳酸钙镁。碳酸盐岩储层通常用盐酸酸化(酸压)，其酸岩反应方程式为：

灰岩： $2HCl+CaCO_3 = CaCl_2+CO_2\uparrow+H_2O$

白云岩： $4HCl+MgCa(CO_3)_2 = CaCl_2+MgCl_2+2CO_2\uparrow+H_2O$

酸岩反应速度可用单位时间内酸液浓度的降低值来表示。根据质量作用定律：当温度、压力恒定时，化学反应速度与反应物浓度的适当次方的乘积成正比。由于酸岩反应为复相反应，面容比对酸岩反应速度的影响较大，因此，在实际进行实验数据处理时，采用面容比校正后的反应速度：

$$J = \left(-\frac{\partial C}{\partial t}\right) \cdot \frac{V}{S} = KC^m \tag{3-1}$$

式中　J——反应速度，表示单位时间流到单位岩石面积上的物流，$[mol/(s \cdot cm^2)]$；

　　　V——参加反应的酸液体积，L；

　　　S——岩盘反应表面积，cm^2；

　　　K——反应速度常数，$[(mol/L)^{-m} \cdot mol/(s \cdot cm^2)]$；

　　　C——t 时刻的酸液内部酸浓度，mol/L；

　　　m——反应级数，无因次。

对式(3-1)两边取对数，得：

$$\lg J = \lg K + m\lg C \tag{3-2}$$

反应速度常数 K 和反应级数 m 在一定条件下为常数，因此在定温度条件下，测试不同酸液浓度下酸岩反应速率，用 $\lg J$ 和 $\lg C$ 作图得一直线，此直线的斜率为 m，截距为 $\lg K$。根据实验取得酸岩反应浓度和反应时间数据，采用线性回归法，对 $\lg J$ 和 $\lg C$ 进行线性回归处理，求得 m 和 K 值，从而确定酸岩反应动力学方程。

2) 酸岩反应活化能的确定

温度对反应速率的影响很大，温度越高，反应速率越快。在深井高温酸压施工方案优化设计时，常常更需要利用不同温度条件下的动力学参数，来对施工井进行酸压模拟。因此，必须确定酸岩反应系统的反应活化能，建立更为实用的酸压反应动力学模型。

根据阿伦尼乌斯(Arrhenius)理论，反应速度常数和温度的变化规律可表示为：

$$K = k_0 e^{-E_a/(RT)} \tag{3-3}$$

将式(3-3)代入式(3-1)得：

$$J = k_0 e^{-E_a/(RT)} C^m \tag{3-4}$$

式中　k_0——频率因子；

　　　E_a——反应活化能，J/mol；

　　　R——气体常数，8.314J/(mol·K)；

　　　T——绝对温度，K。

式(3-4)描述了不同温度、不同浓度下酸岩反应速度的变化规律。对式(3-4)两边取自然对数可得：

$$\ln J = \ln(k_0 C^m) - (E_a/R)/T \tag{3-5}$$

从式(3-5)得知，使用同一浓度的酸液在不同温度下进行反应，可得到不同温度下的反应速度。在半对数坐标中对 $\ln J$ 和 $1/T$ 进行线性回归，绘制的关系曲线为一直线，直线的斜率为$-E_a/R$,截距为$\ln(k_0 C^m)$,从而可求出E_a、k_0值。

3)H^+有效传质系数的确定

酸压时,在流动反应过程中,随着酸液在裂缝中流过距离的不断增加,酸液中反应物(氢离子)浓度不断降低,而反应产物(钙离子和碳酸根离子)的浓度则不断升高,氢离子活度和离子间的相互干扰作用也将不断地变化,氢离子有效传质系数D_e必然会受到影响,不断发生变化。氢离子有效传质系数是酸压设计的重要参数,要科学地模拟酸压施工设计,优化酸压方案,必须确定氢离子有效传质系数。

岩盘做旋转运动时,将带动反应釜内的酸液以一定的角速度旋转,紧靠岩面处的酸液几乎和盘面一起旋转,远离盘面的酸液将不发生转动,仅向岩面流动,即发生对流传递;另一方面,由于岩盘表面反应降低了H^+的浓度,使岩盘表面与酸液内部间存在离子浓度差,H^+受扩散作用不断向岩盘表面传递。方程式为:

$$J = D_e \left(\frac{\partial C}{\partial y}\right)_y = 0.62 D_e^{2/3} \cdot v^{-1/6} \cdot \omega^{1/2} \cdot C_t \tag{3-6}$$

式中 D_e——H^+有效传质系数,cm^2/s;

v——酸液平均运动黏度,cm^2/s;

ω——旋转角速度,s^{-1};

C_t——时间为t时酸液内部浓度,mol/L。

由(3-6)可得:

$$D_e = (1.6129 v^{\frac{1}{6}} \cdot \omega^{\frac{-1}{2}} \cdot C_t^{-1} \cdot J)^{3/2} \tag{3-7}$$

由式(3-7)可知,H^+有效传质系数与旋转角速度ω有关,即与酸液流态有关。实验时,在给定的岩盘直径下,测定J、C_t、v和ω,利用式(3-8)可求出D_e值。

3.1.2 酸岩反应速度影响因素

由斐克定律可知,酸岩反应速度与酸岩系统的面容比、边界层内传质、岩面的酸浓度梯度和H^+传质系数有关。影响酸岩反应速度的主要因素有温度、酸岩系统的面容比、酸液浓度、同离子效应、酸液流速、酸液类型、岩石类型及压力等,这些因素综合作用于酸压反应过程中,每种因素受到不同条件限制,影响程度不同。

1)温度的影响

温度对酸岩反应速度的影响主要体现在温度对酸岩反应速度常数的影响上。根据阿伦尼乌斯理论[式(3-4)],温度对化学反应速度的影响表示为$J = k_0 \cdot \exp -[E_a/(RT)] C^m$。

从表3-1和图3-2可以看出,温度变化对反应速度影响很大,在低温条件下,影响相对较小,地层温度越高,酸岩反应速度越快,160℃反应速率为130℃的1.3倍左右,200℃反应速率为130℃的1.8倍左右。可见,随着温度升高,反应速度增加的幅度加大。因此,温度越高,反应速度越快,其原因是:①分子运动速度加快。②普通分子获得能量变为活化分子。③H^+向岩面的传质速度加快,岩面上的Ca^{2+}、Mg^{2+}离开岩面向酸液中的扩散也加剧。④温度的升高,还使扩散边界层的黏度降低,从而减小离子传质过程中的阻力,进而加快传质速度。

表 3-1 两种酸液不同温度下的酸岩反应速率对比

温度/℃	反应速率/[10^{-6}mol/(cm²·s)]			
	酸液浓度 15%		酸液浓度 20%	
	交联酸	胶凝酸	交联酸	胶凝酸
110	2.82	4.11	4.97	6.47
120	3.16	4.55	5.57	7.18
130	3.51	5.02	6.20	7.92
140	3.89	5.51	6.86	8.68
150	4.29	6.02	7.56	9.49
160	4.70	6.56	8.30	10.33
170	5.14	7.11	9.06	11.20
180	5.59	7.68	9.86	12.09
190	6.06	8.27	10.69	13.02
200	6.55	8.87	11.55	13.98

2) 面容比的影响

面容比表示酸岩系统中岩石的反应面积与参加反应的酸液体积的比值：

$$S_\varphi = S/V \quad (3-8)$$

式中 S_φ——面容比，cm²/cm³；

S——与酸液接触的岩石面积，cm²；

V——酸液体积，cm³。

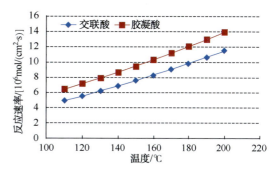

图 3-2 不同温度下 20% 地面交联酸与胶凝酸反应速率对比

从图 3-3 可以看出，面容比越大，一定体积的酸液与岩石接触的分子就越多，发生反应的机会就越大，反应速度就越快。在小直径孔隙和窄裂缝中，酸岩反应时间是很短的。在较宽的裂缝和较大的孔隙中，反应时间较长，面容比小。

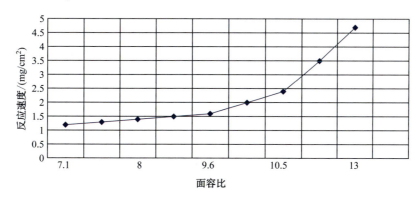

图 3-3 面容比对酸岩反应速度的影响

3) 酸液浓度对反应速度的影响

酸液浓度对反应速度的影响关系如图 3-4 所示，从图中可以看出，在同一温度条件下，浓度小于 20% 时，反应速度随浓度的增加而加快；当盐酸浓度超过 20% 时，这种趋势变慢。当盐酸的浓度达到 24% 时，反应速度达到最大值；当浓度超过 24% 时，反应速度随浓度的增加反而下降。

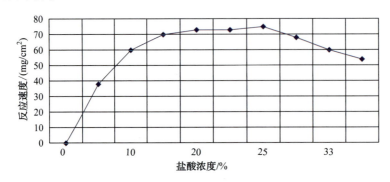

图 3-4 酸浓度对酸岩反应速度的影响

如在 130℃ 条件下，选择 10%、15%、20% 三种酸浓度的地面交联酸，研究其与酸岩反应速率的关系，其中三种浓度的酸液均为鲜酸，从表 3-2 可以看出，反应速率随着酸液浓度的增加而加快。

表 3-2 130℃ 条件下两种酸液不同浓度下的反应速率对比

酸液浓度/%	温度/℃	转速/(r/min)	反应速率/[10^{-6} mol/($cm^2 \cdot s$)]	
			交联酸	胶凝酸
10	130	110	1.72	2.69
15			3.51	5.02
20			6.20	7.91

4) 同离子效应对酸岩反应速度的影响

余酸比鲜酸反应速度低，这一规律可由同离子效应解释。当酸液经过一定时间反应后，酸液中已存在大量的 $CaCl_2$、$MgCl_2$，Ca^{2+}、Mg^{2+}、Cl^- 浓度升高，酸液中离子浓度增大，致使离子间的相互牵扯作用加强，离子的运动变得更加困难，盐酸的表观电离度降低，使 H^+ 浓度下降，反应速度变慢，鲜酸与余酸反应速度对比情况见表 3-3。

表 3-3 鲜酸与余酸反应速度对比数据

鲜酸浓度/%	反应速度/(mg/cm²)	余酸浓度/%	反应速度/(mg/cm²)
28	72	15	33
22	73	15	46

5) 酸液流速对反应速度的影响

酸岩的反应速度随酸液流速增大而加快。图 3-5 为盐酸与白云岩裂缝流动反应时，酸液流速与反应速度的实测数据曲线（实验温度 80℃、压力 7.0MPa、裂缝初始宽度 1.0mm）。

由曲线可知，在酸液流速较低时，对反应速度影响不大，当流速较高时，由于酸液液流的搅拌作用，离子的强迫对流作用大大加强，H^+ 的传质速度显著加强，致使反应速度随流速增加而显著加快。

但是，随着酸液流速的增加，酸岩反应速度增加的倍比小于酸液流速增加的倍比，酸液来不及反应完，已经流入地层深处，因此提高注酸排量可以增加活性酸深入地层的距离。

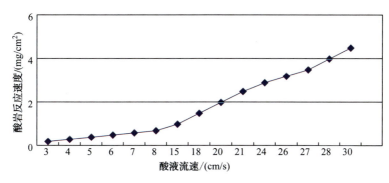

图 3-5 酸液流速对反应速度的影响

6）酸液类型对酸岩反应速度的影响

不同类型的酸液由于黏度差异，酸岩发应速度也相差很大。从表 3-4 可以看出，同一温度条件下（130℃），交联酸的反应速率比胶凝酸慢，因此地面交联酸具有更好的缓速效果。

表 3-4 130℃条件下两种酸液的酸岩反应动力学方程

实验岩心	酸液类型	反应动力学方程
奥陶系灰岩	交联酸	$J = 2.01222 \times 10^{-5} e^{-14100.53/(RT)} C^{1.6591}$
	胶凝酸	$J = 2.71277 \times 10^{-5} e^{-12888.52/(RT)} C^{1.4548}$

7）地层岩石对反应速度的影响

灰岩与盐酸的反应速度比白云岩与盐酸的反应速度快。这是因为 Ca^{2+} 的离子半径（1.0Å）比 Mg^{2+} 的离子半径（0.72Å）大 40%。在碳酸盐岩中泥质含量较高时，反应速度相对较慢。

8）压力对酸岩反应速度的影响

实验结果表明，反应速度随压力的增加而减缓，当压力高于 7MPa 后，压力对反应速度的影响较小，可以不考虑。

由此可知，影响酸岩反应速度的因素有很多且复杂。为此，延缓酸岩反应速度的方法和途径是多方面的，如造宽缝降低面容比、采用高浓度盐酸、降低井底温度、提高注酸排量等。

3.2 胶凝酸及性能评价

胶凝酸是指通过加入一种高分子聚合物(稠化剂),使酸液稠化,形成一种具有较高黏度的酸液体系。常用的胶凝酸配方主要有主体酸液、稠化剂、缓蚀剂、铁离子稳定剂、黏土防膨剂及助排剂等。胶凝酸酸液体系的主要性能指标是酸液的黏度和耐温性,在地层温度条件下,酸液黏度越高,酸液氢离子传质速度越小,与岩石的反应速度越小,酸液的有效作用距离越大;酸液黏度越高,降滤性能越好,可有效限制酸液在动态裂缝中流动时的对流,提高酸液的作用距离。随着塔河油田勘探开发的深入,对胶凝酸体系中胶凝剂的耐温性能要求越来越高,须开展更高温度条件下胶凝剂的研发及胶凝酸酸压技术的实验,提高酸压改造效果。

3.2.1 胶凝剂研制与优选评价

胶凝酸性能主要由酸液稠化剂决定。目前,常用的酸液稠化剂以合成聚合物中的聚丙烯酸胺(PAM)类产品的研究和应用最多,但存在溶解性能差、加量高等问题,通过查阅相关文献,结合新型胶凝剂的性能要求,室内利用丙烯酸、二乙基氨基乙醇、溴乙烷合成了一种阳离子型水溶性聚合物,具有黏度较高、溶解性能好的特点,使胶凝剂由最初的 10% 的乳剂加量,到 2%~2.5% 粉剂加量,发展到目前 0.8%~1.0% 粉剂加量,聚合物的加量进一步降低。

酸和氨基醇生成酯的反应如下:

$$CH_2=CH-\overset{\overset{O}{\|}}{C}-OH + HOCH_2CH_2N(C_2H_5)_2 \longrightarrow CH_2=CH-\overset{\overset{O}{\|}}{C}-OCH_2CH_2-N(C_2H_5)_2 + H_2O$$
丙烯酸二乙基氨基乙酯

胺的烷基化

$$CH_2=CH-\overset{\overset{O}{\|}}{C}-O-CH_2CH_2-N(C_2H_5)_2 \xrightarrow{C_2H_5Br} CH_2=CH-\overset{\overset{O}{\|}}{C}-OCH_2-CH_2-N^+(C_2H_5)_3Br^-$$
丙烯酰氧乙基三乙基氯化铵(DEAEAA)

单体的均聚反应

$$\left[CH_2-\underset{\underset{COOC_2H_4\overset{\oplus}{N}(C_2H_5)_3\overset{\ominus}{Cl}}{|}}{CH} \right]_n$$

对合成的胶凝剂进行酸溶解性能评价,在加量 0.8% 的情况下,该胶凝剂可以将酸液的黏度提高到 36mPa·s 以上,同低黏度胶凝酸相比,缓速率降低 20%,其溶解速度如图 3-6 所示。

由图 3-6 可以看出,胶凝剂具有较好的酸溶性能,30min 基本能够完全溶解,形成均一酸液液体,无分层、沉淀,能够满足现场施工需要。

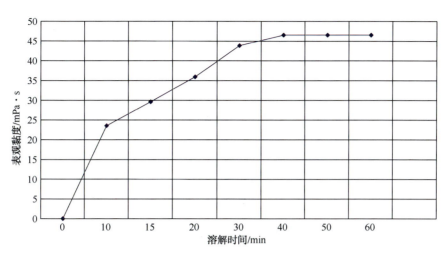

图 3-6　胶凝剂在 20% 盐酸中的溶解速度

3.2.2　胶凝酸耐温耐剪切性能评价

通过性能调试，形成了不同温度条件下的胶凝酸体系的室内配方，室内通过测定普通胶凝酸和高温胶凝酸高温流变性能（图 3-7），考察其耐温耐剪切性能。

120~140℃普通胶凝酸配方：20%HCl+0.8%胶凝剂+2.0%高温缓蚀剂+1.0%铁离子稳定剂+1.0%助排剂+1.0%破乳剂。

140℃高温胶凝酸配方：20%HCl+1.0%胶凝剂+2.0%高温缓蚀剂+1.0%铁离子稳定剂+1.0%助排剂+1.0%破乳剂。

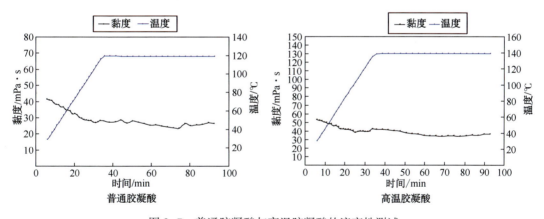

图 3-7　普通胶凝酸与高温胶凝酸的流变性测试

由图 3-7 可以看出，研究形成的胶凝酸高温性能稳定，普通胶凝酸在 120℃下剪切 90min 后，黏度保持在 20~30mPa·s。高温胶凝酸在 140℃下剪切 90min 后，黏度保持在 25mPa·s，满足现场施工要求。

3.2.3　胶凝酸酸岩反应动力学评价

将碳酸盐岩露头制成 2.5cm×4cm 的标准岩心，利用酸岩反应旋转岩盘仪进行实验，并在对数坐标系中确定酸液浓度与酸岩反应速度的关系曲线，确定胶凝酸的反应级数、酸岩反应动力学方程、反应活化能和传质系数。

1）胶凝酸反应级数和反应速率常数的测定

利用旋转岩盘实验仪测定了浓度为 0.8% 的普通胶凝酸酸液在温度为 60℃，转速为 500r/min、压力 7MPa 的条件下的反应速率、速率常数及反应级数，实验结果见表 3-5。

表 3-5 普通胶凝酸与灰岩系统反应动力学实验数据

序 号	初始浓度/(mol/L)	出口浓度/(mol/L)	岩盘直径/cm	反应时间/s	转速/(r/min)	酸液体积/L	酸岩反应速率/[mol/(cm²·s)]
1	6.9142	6.8024	2.5	120	500	0.91	4.3180×10⁻⁵
2	5.5174	5.4056	2.5	120	500	0.853	3.2014×10⁻⁵
3	4.1671	4.0973	2.5	120	500	0.91	2.6973×10⁻⁵
4	3.4454	3.3896	2.5	120	500	0.88	2.0867×10⁻⁵

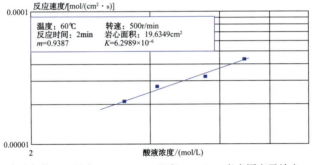

实验条件：P（压力）= 7MPa，T（温度）= 60℃，考虑同离子效应。

由表 3-5 回归处理求得 20% 普通胶凝酸反应级数 $m = 0.9387$、反应速率常数 $K = 6.2989 \times 10^{-6}$、反应动力学方程 $J = 6.2989 \times 10^{-6} C^{0.9837}$。

2）酸岩系统反应活化能测定

测定了浓度为 0.8% 的普通胶凝酸酸液在不同温度、转速为 500r/min 的条件下的反应活化能，见表 3-6。

表 3-6 普通胶凝酸与灰岩系统反应活化能测定实验数据

序 号	初始浓度/(mol/L)	出口浓度/(mol/L)	温度/℃	反应时间/s	转速/(r/min)	酸液体积/L	酸岩反应速率/[mol/(cm²·s)]
1	6.8536	6.8210	20	120	500	0.84	1.165×10⁻⁵
2	6.7605	6.7046	40	120	500	0.89	2.110×10⁻⁵
3	6.9142	6.8024	60	120	500	0.91	4.318×10⁻⁵
4	6.7745	6.6115	80	120	500	0.935	6.432×10⁻⁵

注：1. P（压力）= 7MPa，转速 = 500r/min，d（岩盘直径）= 5cm。
2. 酸液为 20%HCl+0.8%XR-140+2.0%HS-6+1.0%LT-5+1.0%PR-7+1.0%FB-1+1.0%JM-4。

由表 3-6 可知，20% 普通胶凝酸在不同温度下反应动力学方程：

$$J = 0.3524 e^{-\frac{25.166}{RT}} C^{0.9837}$$

反应活化能 $E_a = 25166$J/mol，频率因子 $k_0 = 3.524 \times 10^{-4}$[(mol/L)$^{-m} \cdot$ mol/(cm$^2 \cdot$ s)]。

3）胶凝酸氢离子有效传质系数测定

测定了浓度为0.8%的普通胶凝酸酸液在温度为60℃、压力7MPa的条件下，改变岩盘转速，测定不同雷诺数（Re）下的酸岩反应速率，计算出氢离子有效传质系数，见表3-7。同时，在双对数坐标上作出给定实验条件下的 D_e-Re 关系曲线，如图3-8所示。

表3-7　普通胶凝酸与岩石反应传质系数实验数据

序号	初始浓度/(mol/L)	岩盘转速/(r/min)	反应时间/s	角速度/s^{-1}	酸液体积/L	雷诺数(Re)/无因次	传质系数/(cm^2/s)
1	6.7977		0				
2	6.7339	300	120	31.41	0.98	11871	1.231×10^{-5}
3	6.6486	500	240	52.36	0.96	19785	1.177×10^{-5}
4	6.5402	700	360	73.30	0.94	27699	1.290×10^{-5}
5	6.4139	900	480	94.25	0.92	35613	1.337×10^{-5}
6	6.2588	1100	600	115.19	0.90	43527	1.618×10^{-5}

注：1. P（压力）=7MPa，T（温度）=60℃，d（岩盘直径）=5cm，v（酸液黏度）=0.9527mPa·s。
2. 酸液为20%HCl+0.8%XR-140+2.0%HS-6+1.0%LT-5+1.0%PR-7+1.0%FB-1+1.0%JM-4。

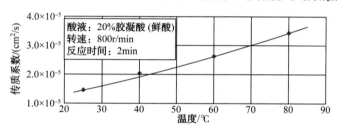

图3-8　20%胶凝酸反应温度与氢离子传质系数关系

对表3-7实验数据进行曲线拟合，可得到该反应条件下，20%普通胶凝酸的氢离子传质系数与温度的关系：

$$D_e = 1.3306 \times 10^{-9} T^2 + 2.2045 \times 10^{-7} T + 8.1403 \times 10^{-6}$$

式中　T——温度，℃。

3.2.4　胶凝酸综合性能

对胶凝酸缓速率、腐蚀速度等其他综合性能进行了评价，见表3-8。

表3-8　胶凝酸室内实验综合性能

酸液性能	20%HCl胶凝酸	酸液性能	20%HCl胶凝酸
黏度/mPa·s(20℃)	≥42	溶蚀率/%	≥95%
黏度/mPa·s(90℃)	≥20	残酸表面张力/(mN/m)	≤33
酸液密度/(g/cm^3)	1.10	腐蚀速度(120℃)/[g/(m^2·h)]	≤20
残酸黏度(90℃)/mPa·s	7.8	配方配伍性	透明稳定
缓速率/%	82.5		

3.2.5 胶凝酸在塔河油田的应用

2003年5月16日，对塔河油田6区TH-1井5507.22~5580.00m裸眼井段进行了普通胶凝酸酸压完井，施工最高泵压92MPa，注酸期间最大排量6.5m³/min，挤入地层总液量490m³（压裂液250m³+普通胶凝酸240m³），停泵测压降泵压由21.7MPa下降到13.5MPa，开井自喷排液40m³后见油，并建产。普通胶凝酸现场大样检测结果见表3-9，施工曲线如图3-9所示。

表3-9 TH-1井普通胶凝酸现场大样检测结果

序号	项目	检测结果
1	表观	均匀、透明、棕色黏稠液体，无分层、鱼眼
2	密度/(g/cm³)	1.10
3	黏度(20℃，170s⁻¹)/mPa·s	45
4	90℃缓速率/%	85

胶凝酸在塔河油田酸压现场应用表明，该酸液体系具有用量小、配液方便、黏度高、施工摩阻小的良好性能；酸液胶凝剂为白色固体粉末，在配液灌内的溶解时间为30min，配制出的酸液清亮透明，酸液的配伍性与乳剂胶凝剂配制的酸液相比大幅改善。普通胶凝酸主要在前置液酸压、复合酸压工艺中使用，针对基质欠发育型储层。高温胶凝酸主要在前置液酸压、闭合酸压工艺中使用，针对140℃以上的基质欠发育型储层。

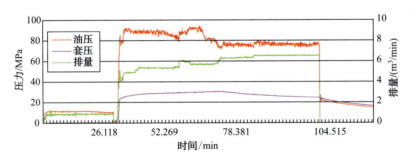

图3-9 TH-1井酸压施工曲线

3.3 地面交联酸及性能评价

交联酸主要由酸用稠化剂及酸用交联剂和其他配套的添加剂组成，通过聚合物稠化剂与交联剂的配合使液体形成三维网状分子链，达到增黏的目的。该体系的黏度较高，一般能达到冻胶状态，具有良好的降滤失、耐温耐剪切性能，具备优良的携砂能力，其性能优于常规的胶凝酸体系。

依据交联酸交联发生的位置，可划分为地面交联酸和地下交联酸。地面交联酸是在地下交联酸基础上发展起来的新型交联酸，地下交联酸在储层内发生交联，而地面交联酸在地面或井筒内发生交联，在井筒内交联时，具有一定的延迟交联的作用。地下交联酸的应用范围及效果受地层条件的影响较大，因此其应用受到了一定的限制，现在油田上应用较多的是地面交联酸。

地面交联酸除了具有地下交联酸所有的优良性能外，功能更全面，具体表现为：①地面交联酸的交联时间与交联程度具有可控性和预见性。②地面交联或井筒内交联，适应了不同条件下的泵注技术需求。③地面交联酸拥有耐高温、抗剪切、抗滤失的稳定性，适宜酸压造缝，有较好的携砂能力，对于碳酸盐岩地层，酸岩反应缝宽大，可防止脱砂和砂堵现象的发生。④利于降低泵注压力，提高泵注排量。⑤地面交联酸泵注时的摩阻低，可增加井底造缝压力。⑥地面交联酸破胶前的缓蚀性较好，利于压裂作业安全。⑦酸岩反应的缓速性，利于深部地层酸化，提高酸蚀作用距离。⑧地面交联酸破胶较为彻底，无明显的残渣、残胶，不发生乳化反应，不存在明显的水敏和水锁损害，且酸敏可控制，因而排液速度较快、排液程度高，压裂后见效快、经济增产幅度高。

总之，交联酸体系的特点体现在：黏度高、滤失低、摩阻低、易泵送，酸岩反应速度慢、造缝效率高、易返排、流变性好、能携砂等一系列优点，从而可以起到增加酸液的穿透距离，提高酸蚀裂缝导流能力，扩大渗流面积，延长压后有效期，提高单井产能的目的。

随着塔河油田托甫台等超深碳酸盐岩储层勘探开发进程的加快，对耐温超150℃酸液体系的需求日益紧迫，目前国内地面交联酸仅能适应140℃以下的储层酸压改造。为此，需要进行高温条件下地面交联酸酸压技术的研究与实验，提高塔河外围储层勘探与开发效果。

3.3.1 地面交联酸稠化剂的优选评价

常规酸液稠化剂在应用中存在溶解困难、耐高温、耐剪切、耐盐性能差，以及二次污染的问题，通过对国内外相关文献的查阅，结合新型稠化剂所要求具有的特点，室内合成了一种丙烯酰胺（AM）/2-丙烯酰胺基2-甲基丙磺酸（AMPS）二元共聚物作为地面交联酸的酸液稠化剂，使聚合物的热稳定性明显提高。

酸液稠化剂酸溶时间的分析依据中华人民共和国石油天然气行业标准《酸液稠化剂评价方法》（SY/T 6214—1996）中的规定方法进行。对稠化剂分别进行了60℃、100℃和140℃的热稳定性评价。在20%盐酸条件下，稠化剂未交联时满足黏度值在25~50mPa·s的要求，见表3-10。

表3-10 不同浓度未交联稠化剂在20%HCl中黏度

稠化剂浓度/%	黏度/mPa·s（20%HCl）			
	第一次	第二次	第三次	均值
0.6	23.5	23.4	23.9	23.6
0.8	43.5	42.1	42.7	42.8
1.0	34.4	35.1	34.9	34.8

3.3.2 地面交联酸交联剂的优选评价

以乳酸为主要成分的交联延迟剂,主要的延迟机理为:交联延迟剂与交联剂混合后,形成了乳酸锆螯合物,结合较强,乳酸锆的解离过程减慢,控制了锆离子的形成速度,延缓了对胶凝剂的交联反应速度,使地面交联酸体系黏度缓慢增加。

通过室内性能测定显示,地面交联酸基液在放置 16h 以后与交联剂交联较好,其抗温抗剪切能力好。延迟交联地面交联酸室内配方的延迟交联性能评价:基液配制好后,放置溶胀 16h 后调节延迟交联的时间,实验室内温度 21℃。确定延迟交联地面交联酸体系的室内配方如下:

基液配方:20%HCl+1.0%稠化剂+5%高温缓蚀剂+2%铁离子稳定剂+2%助排剂+0.16%(0.17%)交联延迟剂。

交联比:100∶0.8。

酸液交联剂的优选评价依据中华人民共和国石油行业标准《压裂用交联剂性能测试方法》(SY/T 6216—1996)进行。将交联剂倒入已配好的基液中,在 $170s^{-1}$ 下测定其黏度,直至黏度不再发生变化为止,测定结果见表 3-11。

表 3-11 与交联剂的交联情况

交联剂	交联剂加量/%	交联时间/s	交联黏度/mPa·s	140℃抗温时间/min
CQJL-1	0.6	17	1123	68
	0.8	19	1367	91
	1.0	20	1398	98

稠化剂+交联剂在 20%盐酸中能够很好地交联,而且交联后形成的地面交联酸在室温中的黏度都在 1000mPa·s 以上,在 140℃条件下的黏度在 200mPa·s 的时间为 70~100min,满足现场施工要求。

3.3.3 地面交联酸缓蚀剂的优选评价

按照《酸化用缓蚀剂性能实验方法及评价指标》(SY/T 5405—1996)对不同种类缓蚀剂进行了缓蚀性能评价,筛选出耐 140℃高温的缓蚀剂。试片材料为 P110S 标准钢片,在丙酮中清洗除去油污,测量钢片尺寸,在无水乙醇中浸泡后取出风干,放入干燥器内待用称重。配制含不同种类缓蚀剂的地面交联液后将已称重的钢片放入其中,在测定温度(140℃)下反应 4h 后,依次用水、丙酮、乙醇清洗钢片,然后将钢片干燥称重,计算反应前后的质量差,即为腐蚀质量。

在温度 140℃、盐酸加量 20%的实验条件下,改变缓蚀剂的浓度,测定腐蚀速率随缓蚀剂浓度的变化情况。缓蚀剂浓度为 3%、4%的缓蚀速率小于 $50g/(m^2·h)$,达到一级标准。同时从成本考虑,在保证效果的前提下,尽可能减少缓蚀剂用量,推荐缓蚀剂最佳用量为 3%。

3.3.4 地面交联酸破乳剂的优选评价

地面交联酸破乳剂的优选参考中国石化企业标准《砂岩酸液性能评价方法》(Q/SH 10201693—2005)进行，结果如图3-10所示。

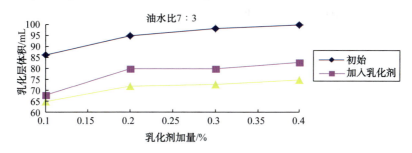

图3-10 不同加量的乳化液稳定性

结果显示，随着乳化剂加量的增加，乳化层体积逐渐增大，当加量增加到0.3%以后，乳化层体积相差不大，这主要是由于乳化剂分子在乳液液滴界面上的吸附达到饱和后，界面能降到了最低值，此时通过增加乳化剂用量来提高乳化效率已无多大意义，选择破乳剂加量为0.5%。

3.3.5 地面交联酸助排剂的筛选评价

助排剂的筛选及性能的评价依据中华人民共和国石油行业标准《压裂酸化用助排剂性能评价方法》(SY/T 5755—1995)进行。实验方法主要是采用全自动表(界)面张力仪测定酸液与空气之间的表面张力，以及酸液和原油间的界面张力来进行筛选。选用1.0%的助排剂浓度应用于耐高温地面交联酸体系。

3.3.6 地面交联酸铁离子稳定剂的筛选评价

铁离子稳定剂控铁能力按照行业标准《酸化用铁离子稳定剂性能评价方法》(SY/T 65571—2003)进行测定。随着铁离子稳定剂加量的增大，控铁能力逐渐增强。选择2%的加量时，铁离子稳定剂在140℃、4h的控铁能力均较好，且控铁能力均在2000mg/L以上，达到现场的施工要求。

3.3.7 地面交联酸破胶剂的筛选评价

破胶剂的选择原则是在使用温度下，施工时间为1.5h时冻胶黏度不低于初始黏度的50%，施工结束后破胶液黏度较小，通常以不大于5~10mPa·s为理想的破胶黏度，破胶后残渣含量越低越好。破胶性能依据《压裂用破胶剂性能实验方法》(SY/T 6380—2008)标准进行。使用破胶剂总量为0.01%时4h后压裂液黏度均高于10mPa·s，当破胶剂总量达到0.02%后即可完全破胶。压裂液破胶后近似于清水，黏度低于10mPa·s。体系的破胶液与地层水按其相对应的比例混合放置在温度为140℃下恒温24h后无明显的沉淀、絮状物和浑浊现象产生，破胶液与地层水配伍性较好。

3.3.8 地面交联酸高温流变性能与耐温耐剪切性能评价

在确定了延迟交联地面交联酸体系的室内配方后，对延迟交联地面交联酸室内配方进行了耐温耐剪切性能评价，如图 3-11 所示。

基液配方：20%HCl+1.0%胶凝剂+5%DM-HS 高温缓蚀剂+2%DM-SZ-3 高温破乳助排剂+2%DM-TS-04 高温铁离子稳定剂+0.16%交联延迟剂。

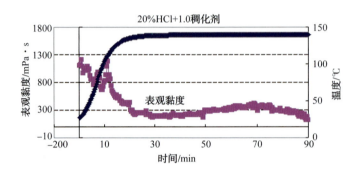

图 3-11 延迟交联地面交联酸室内配方耐温耐剪切性能评价结果

室内耐温耐剪切性能实验结果显示，延迟交联地面交联酸体系的延迟交联时间在 3½min，在 141℃条件下，用 $170s^{-1}$ 的剪切速率连续剪切 60min，液体最终黏度保持在 200mPa·s 左右，满足了现场酸压对交联地面交联酸体系黏度的要求。

3.3.9 地面交联酸携砂性能测试评价

压裂液的静态携砂性能主要通过考察支撑剂的沉降速度来评价。在交联冻胶压裂液中，压裂液的携砂能力主要取决于冻胶的结构和压裂液的黏度，冻胶结构越强挑挂性越好，或压裂液的黏度较高时，砂粒分布越均匀，受相邻颗粒的影响较小，从而使沉降速度变慢，砂粒就可以悬浮于其中，这对砂子在缝中的分布是非常有利的。评价结果表明，酸液的静态沉降速度小（0.16cm/min，120℃），携砂能力强。

3.3.10 地面交联酸抗酸渣性能测试评价

酸渣测定依据中华人民共和国石油天然气行业标准《油井增产水井增注措施用表面活性剂的室内评价方法》(SY/T 5753—1995) 中规定的方法进行。常温下的地面交联酸抗酸渣率达到 99.51%，具有良好的抗酸渣性能。

3.3.11 地面交联酸酸岩反应动力学参数测定

将碳酸盐岩露头制成 2.5cm×4cm 的标准岩心，利用酸岩反应旋转岩盘仪进行实验，并在对数坐标系中确定酸液浓度与酸岩反应速度的关系曲线，确定地面交联酸反应级数和传质系数。

1) 地面交联酸反应级数和传质系数的测定

利用旋转岩盘实验仪测定浓度为 0.8%、0.9%、1.0% 的地面交联酸酸液在温度为

140℃、转速为 100r/min、压力为 9MPa 的条件下的反应速率、速率常数 K 及反应级数 m，实验结果如图 3-12 所示。

浓度为 0.8% 的地面交联酸：$y=0.5149x-5.129$，$\lg K=-5.129$，$m=0.5149$。

浓度为 0.9% 的地面交联酸：$y=0.454x-5.0769$，$\lg K=-5.0769$，$m=0.454$。

浓度为 1.0% 的地面交联酸：$y=0.491x-5.1007$，$\lg K=-5.1007$，$m=0.491$。

地面交联酸的反应速率常数 K 和反应级数 m 见表 3-12。

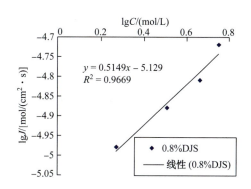

图 3-12　浓度 0.8% 的地面交联酸线性回归曲线

表 3-12　速率常数和反应级数

DJS-2 的浓度/%	K	m
0.8	7.43×10^{-6}	0.5149
0.9	8.38×10^{-6}	0.4540
1.0	7.93×10^{-6}	0.4910

浓度为 0.8% 的 DJS-2 对应的 K 值为 7.43×10^{-6}，m 值为 0.5149；浓度为 0.9% 的 DJS-2 对应的 K 值为 8.38×10^{-6}，m 值为 0.4540；浓度为 1.0% 的 DJS-2 对应的 K 值为 7.93×10^{-6}，m 值为 0.4910。

2）地面交联酸氢离子传质系数测定

测定了浓度为 0.8%、0.9%、1.0% 的地面交联酸酸液在温度为 140℃、转速为 100r/min 的条件下的氢离子传质系数，测定结果见表 3-13。

表 3-13　地面交联酸传质系数测定

样品浓度/%	浓度$(C)_t$/(mol/L)	反应时间(t)/s	酸液体积/L	反应速率(J)/[mol/(cm^2·s)]	黏度(ν)/(cm^2/s)	传质系数(D_e)/(cm^2/s)
0.8	5.634	300	0.5	1.901×10^{-5}	2.42×10^{-2}	1.903×10^{-8}
	5.704	300	0.5	1.896×10^{-5}	2.31×10^{-2}	1.904×10^{-8}
	传质系数 D_e 的平均值 1.904×10^{-8}					
0.9	5.667	300	0.5	1.946×10^{-5}	1.95×10^{-2}	1.894×10^{-8}
	5.622	300	0.5	1.939×10^{-5}	1.82×10^{-2}	1.819×10^{-8}
	传质系数 D_e 的平均值 1.857×10^{-8}					
1.0	4.703	300	0.5	1.603×10^{-5}	1.85×10^{-2}	1.050×10^{-8}
	4.613	300	0.5	1.597×10^{-5}	1.76×10^{-2}	1.002×10^{-8}
	传质系数 D_e 的平均值 1.026×10^{-8}					

注：实验条件为 140℃，压力大于 7MPa，角转速 ω 为 170s^{-1}。

3.3.12 地面交联酸酸蚀裂缝导流能力测试

用地面交联酸及胶凝酸对岩板进行酸蚀裂缝导流能力测试，观察在不同的实验条件下两种酸液对岩板裂缝的刻蚀程度及溶蚀形态，对比分析岩板裂缝壁面表现出的不同刻蚀形态，实验结果见表3-14。

表3-14 岩板溶蚀形态表

岩板编号	地面交联酸 DJS-2		不同闭合压力时导流能力/$\mu m^2 \cdot cm$		
	流量/(mL/min)	刻蚀形态	25MPa	40MPa	55MPa
1	2	线状支撑，沟槽明显	19.74	13.46	11.53
2	4	点状支撑，沟槽明显	28.72	18.91	14.76

岩板编号	胶凝酸 JN-5		导流能力/$\mu m^2 \cdot cm$		
	流量/(mL/min)	刻蚀形态	25MPa	40MPa	55MPa
3	2	较均匀刻蚀，沟槽不明显	8.60	3.94	2.37
4	4	沟槽不明显	7.12	3.41	1.93

由表3-14可知，地面交联酸刻蚀后产生了明显的沟槽，导流能力较强；胶凝酸刻蚀后产生的是较均匀的刻蚀，沟槽不明显。结果显示，无效的刻蚀形态为均匀刻蚀，而比较有效的刻蚀形态有点状支撑和线状支撑。

3.3.13 地面交联酸现场配液工艺

（1）先用工业盐酸溶解稠化剂，溶解时要缓慢加入稠化剂，边加入边搅拌，避免形成"鱼眼"，加完稠化剂后，再充分搅拌15min。

（2）搅拌完成后，依次加入高温缓蚀剂、高温破乳剂、助排剂、高温铁离子稳定剂，再充分搅拌10min后，溶胀24h左右，即可完成基液配制。

（3）施工中加入其他辅助剂的程序：先将交联剂按照0.8%的比例用混砂车加入地面交联酸的基液中，同时在混砂车上按照0.2%的比例加入破胶剂。

3.3.14 地面交联酸在塔河油田的应用

交联酸体系的性能与压裂液相仿，具有较高的黏度、良好的热稳定性能（在常温-160℃下，能够形成冻胶，且能够保持长时间的高黏度）、初始黏度可调、交联速度可控等特点，使得其滤失速率低、缓速性能明显。

2009年，在TH-2井首次进行了交联酸携砂技术的现场试验，并取得了成功。注入地层总液量510m³（其中交联酸220m³），陶粒50.7t，最高砂浓度为398kg/m³，平均砂浓度为169kg/m³，支撑裂缝半长可达173.7m，并为该工艺的进一步发展积累了经验。施工曲线如图3-13所示。

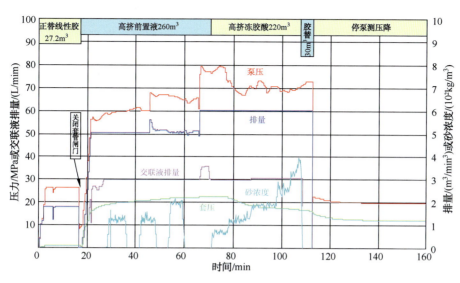

图 3-13　TH-2 井酸压携砂施工曲线

2010年9月8日，在TH-3井再次进行了交联酸酸压的现场试验，取得成功并建产。注入地层总液量 1010m³（其中交联酸 420m³），停泵压力 18.1MPa，20min 后压力为 16.8MPa，压降 1.3MPa，酸压施工曲线如图 3-14 所示。

该井酸压后 6mm 油管自喷，获得初期日产液 119t、日产油 104.4t、含水 12.26% 的效果。目前为无水生产。

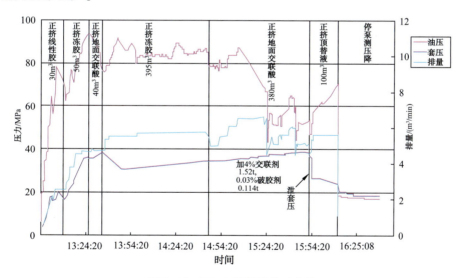

图 3-14　TH-3 井酸压施工曲线

3.4　变黏酸及性能评价

储层温度达到 150℃ 及以上后，酸岩反应快、酸液滤失量大、酸液作用距离较短，针对裂缝性储层，为此研究出了高温下具有较高黏度及降滤失效果较好的变黏酸体系。

变黏酸又称为滤失控制酸,国内也称为高效酸,是指在酸液中加入一种合成聚合物,能在地层条件下形成交联冻胶而增加黏度,在酸液消耗为残酸后能自动破胶降黏的酸液体系。变黏酸是在胶凝酸基础上发展起来的,其作用机理主要通过酸液黏度的变化来达到。其特点是酸液体系既保持了胶凝酸降阻、缓速等优良性能,而且在新酸向余酸的转变过程中,增加了一个黏度升高/降低的过程,又提高了酸液滤失的控制能力,可达到非牛顿流体的滤失水平,是目前最为有效的控制酸液滤失的手段,施工过程中酸液的效率及作用距离均有较大的改善。

变黏酸有两种体系:一种是受 pH 值控制的变黏酸体系;另一种是受温度控制的变黏酸体系。

1) pH 值控变黏酸

pH 值控变黏酸体系的黏度随 pH 值发生明显变化,是在酸液消耗为残酸后能自动破胶降黏的酸液体系。

pH 值控变黏酸的作用机理:该酸初始黏度为 20mPa·s 左右,酸液进入地层后,随着酸岩反应的进行,其 pH 值上升,当 pH 值上升至 2~4 时,酸液中的添加剂发生化学反应,液体由线性流体变成黏弹性的冻胶状(其外观类似于水基冻胶压裂液),黏度瞬间升至 1000mPa·s 左右。液体的这种高黏状态,使其在地层的微裂缝及孔道中的流动阻力变得很大,能有效地阻止酸蚀孔洞的形成,并延缓了活性酸向孔洞和天然裂缝内滤失,提高了液体的滤失控制能力,该酸液的滤失在同等条件下较胶凝酸减少 50% 以上,是目前酸化最为有效的控制酸液滤失的手段,通过提高酸液效率及酸蚀有效作用距离达到增产目的,同时减缓了酸液中 H^+ 向已反应的岩石表面扩散,使鲜酸继续向深部穿透和自行转向其他低渗透层流动,从而实现深穿透。随着酸液的进一步消耗,pH 值的进一步增大激活了酸液系统内的还原剂,液体中又发生另外一种反应即酸液破胶降解,液体又恢复原来的线性流体状况,黏度随之降低,利于返排。pH 值控变黏酸变黏过程及原理如图 3-15 所示。

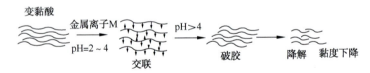

图 3-15 pH 值控变黏酸变黏过程及原理

变黏酸具有良好的降滤失性能,黏温性能稳定且残酸黏度较低,但对硫化氢(H_2S)较敏感。

2) 温控变黏酸

温控变黏酸体系是一种随着温度升高和反应的进行,酸液黏度先升高后降低的可变黏度酸液体系,从而达到酸液缓速、降滤、深度酸压的目的。

温控变黏酸的作用机理:其核心是利用温度来控制酸液黏度,在常温条件下,变黏酸体系中的胶凝剂呈单分子分散状态,体系黏度较低且易于泵送,当酸液进入储层裂缝后,会吸收储层岩石的热能,从而体系温度升高,在活化剂的作用下,体系中的胶凝剂分子间发生二次聚合反应,此时胶凝剂分子量增大,体系黏度升高,降低酸液在裂缝面上的滤失,使酸液可以推进到储层的深部,同时酸液黏度增大,控制酸液中 H^+ 向岩石(相界面)的传递速度,减缓 H^+ 与储层岩石的酸岩反应速率,同时还降低了酸岩反应产物向酸液中的扩散速率,反过来又抑制酸岩反应的进行,可以使鲜酸推进到储层的深部,形成长的有效酸蚀裂缝,沟通远井缝洞系统。另外,该体系中胶凝剂在储层高温条件下,2~3h 后胶凝剂分子链发生降解反应,使酸液黏度又开始降低,低黏度有利于残酸的返排。该技术可形成长的且有效的高导流酸蚀裂缝,并沟通远井地带储层中的缝洞系统,同时起到保护储层的作用。温控变黏酸变黏过程及原理如图 3-16 所示。

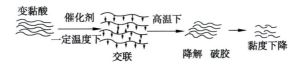

图 3-16 温控变黏酸变黏过程及原理

塔河油田碳酸盐岩储层所用的变黏酸体系为温控变黏酸(以下简称变黏酸),该变黏酸体系从 2004 年开始引进。变黏酸体系适宜于 140~150℃微细裂缝发育、高渗层、低压层、渗透率不高但滤失较大等储层或长裸眼井段、非均质储层的深穿透酸压改造,结合多级注入酸压工艺,来沟通 120m 范围内的缝洞储集体。国外现场试验效果表明,变黏酸对温度较高地层更具有滤失控制作用,对实施大型重复酸压改造效果更为明显。

3.4.1 变黏酸高温流变性能评价

塔河油田用变黏酸体系基本配方为:20%HCl+0.8%变黏酸胶凝剂+2%缓蚀剂+1%铁离子稳定剂+1%破乳剂+1%助排剂+0.5%变黏酸活化剂。

根据温控变黏酸的变黏机理,按照以上配方,使用 RS600 型高温流变仪,对变黏酸体系在不同温度条件下的变黏过程进行实验研究。变黏酸体系在 130℃下的高温流变性能如图 3-17 所示,黏温及剪切性能见表 3-15,140℃下高温流变性能如图 3-18 所示。

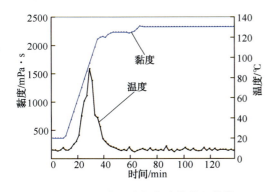

图 3-17 130℃下变黏酸的黏温曲线

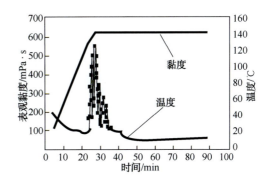

图 3-18 140℃下变黏酸的黏温曲线

表 3-15 变黏酸的黏温及耐剪切性能(130℃)

时间/min	0.37	3.0	8.0	8.34	20.47	26.55	30.25	37.0	42.00	50.69	60.74	70.12	80.17	90.55	100.9	110.6	115.0	120.0
温度/℃	21.6	21.6	21.7	21.7	71.6	104.1	115.3	119.3	120.7	121.2	132.9	130.0	130.0	126.6	130.0	129.7	130.0	130.0
表观黏度/mPa·s	45.64	43.24	41.37	190.8	180.1	1558	783.2	479.9	645.7	220.5	197.5	211.9	210.9	222.8	257.4	237.9	257	139.9
剪切速率/s^{-1}	170	170	170	10	10	10	10	10	170	10	10	10	10	10	10	10	10	170

从图 3-17、图 3-18 和表 3-15 可以看出,变黏酸体系在常温(20℃)酸性条件下未变黏前,其流变性能与胶凝酸一致,黏度较低,具有良好的可泵性和降阻性能。在 90℃ 以上、20~30min 内的高温酸性条件下,酸液体系黏度迅速升高到 80~100mPa·s 及以上并形成凝胶,造缝性能类似于交联前置液,运用变黏酸体系可适当降低前置液的用量。在 140℃、170s^{-1} 条件下、恒温剪切 60min 后,仍能保持 60mPa·s 左右的黏度,所以该变黏酸体系能够满足高温孔洞裂缝发育储层酸压改造时的性能要求。

3.4.2 变黏酸流变参数测定

用高温流变仪测得变黏酸体系的稠度系数 K 和流动行为指数 n 值见表 3-16。

表 3-16 变黏酸的流变参数测定

温度/℃	K	n
21.6	0.3478	0.5884
120	0.1746	0.7979

3.4.3 变黏酸残酸黏温性能测定

按变黏酸配方配制酸液,溶解均匀后,升温到 90℃ 让酸液完全变黏后,加入岩心粉充分反应制得残酸(pH = 4~7),测定室温到 120℃ 的残酸黏温性能,0~25min 剪切速率为 10s^{-1},25~120min 剪切速率为 170s^{-1}。残酸黏温性能测试数据见表 3-17。

表 3-17 变黏酸残酸黏稳性能测试

时间/min	0.34	10.47	20.27	25.33	30.68	40.05	50.09	60.12	80.19	90.09	100.9	120.0
温度/℃	19.6	61.3	116.8	120.2	117.8	118.3	119.3	119.3	119.3	119.6	119.3	119.3
表观黏度/mPa·s	223.7	272.4	286.4	37.87	31.25	24.47	23.9	21.86	20.36	19.87	18.34	18.01
剪切速率/s^{-1}	10	10	10	170	170	170	170	170	170	170	170	170

变黏酸的残酸黏度在 20mPa·s 左右,在能返排的同时,还可悬浮酸蚀裂缝内由酸化产生的各种细颗粒,增加酸蚀裂缝的导流能力。

3.4.4 变黏酸酸岩反应动力学评价

室内开展变黏酸和胶凝酸的酸岩反应速度评价实验。实验条件：压力 8.5MPa，温度 120℃，岩盘转速 500r/min，岩心来自塔河油田 S113 井 5848.57~5848.75m 井段。酸岩反应速度对比测定结果见表 3-18。

表 3-18 变黏酸、普通酸酸岩反应动力学方程

温度/℃	酸液类型	反应动力学方程
90	普通酸	$J = 9.18 \times 10^{-5} C^{0.4914}$
	胶凝酸	$J = 4.11 \times 10^{-5} C^{0.2296}$
	变黏酸	$J = 4.36 \times 10^{-5} C^{0.1729}$
120	普通酸	$J = 4.56 \times 10^{-4} C^{0.6269}$
	胶凝酸	$J = 1.29 \times 10^{-4} C^{0.2651}$
	变黏酸	$J = 4.86 \times 10^{-5} C^{0.1517}$

由表 3-18 可以看出，变黏酸在高温条件下反应速度比常规酸液体系低一个数量级以上，可有效减缓酸岩反应速度，进一步增加深穿透能力。

3.4.5 变黏酸在塔河油田的应用

变黏酸体系自 2004 年引入塔河油田开展现场试验，2005 年和 2006 年在现场共进行了 35 井次推广试验，从 2007 年开始获得大规模应用，大多采用前置液+变黏酸酸压+胶凝酸一级注入工艺。

2007 年 7 月，对塔河油田 TH-4 井进行酸压改造，改变了塔河油田碳酸盐岩缝洞型储层酸压改造的常规工艺模式。结合变黏酸的温控变黏特性，以及良好的降滤和造缝性能，对该井采用新型温控变黏酸造缝进行酸压改造。酸压施工曲线如图 3-19 所示。

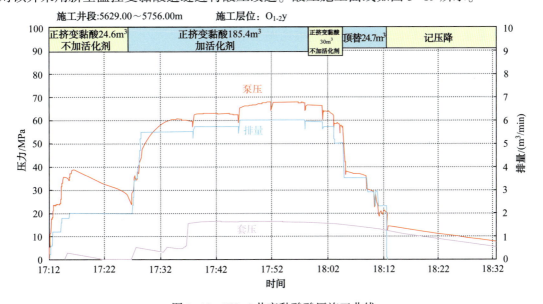

图 3-19 TH-4 井变黏酸酸压施工曲线

从酸压施工曲线可以看出，注入变黏酸后，泵压和套压逐渐上升，表明变黏酸注入地层后随温度升高，液体黏度增加，有助于降黏和造缝。停泵后，压降为7.3MPa，说明有明显的沟通缝洞储集体显示。该井酸压后获得初期日产液83.1t、日产油79.1t、含水4.8%的效果。

3.5 新型乳化酸及性能评价

乳化酸为W/O型的反相乳状液，外相为油相，内相为酸，其体积分数一般占到50%～80%。在乳化酸进入地层之初，外相油将酸液与岩石表面隔开，延缓酸液与岩石反应。随着乳化液向地层深部推进，乳化液温度随之升高，同时乳化液被地层流体稀释及乳化剂不断被地层岩石吸附，使乳化酸的稳定性不断减弱，乳化液逐渐破乳而释放出酸液与岩石反应，以实现深度酸化的目的。

乳化酸有以下主要优点：①酸岩反应速度低，酸液穿透距离深。②清洗并溶解地层重质原油、石蜡、胶质、沥青质，解除近井地带堵塞。③酸岩反应结束后，由于少量乳化剂的作用，残液具有一定的黏度，有利于返排出地层中的杂质，使地层能量得以尽快恢复。

3.5.1 乳化酸热稳定性能评价

由于常规乳化酸在常温下具有较大的黏度，且在高温、高速剪切条件下，酸液流态由层流变为紊流，使乳化酸的摩阻较高。为降低乳化酸摩阻，在室内合成了一种油溶性的增稠剂和降阻剂，并形成一种耐温、耐剪切性更好和摩阻更低的新型乳化酸。配方为：30%柴油+20%盐酸+2.5%乳化剂+0.5%助乳化剂+2.0%降阻剂+2.0%高温缓蚀剂+1.0%铁离子稳定剂。

将配好的乳化酸放入60℃、90℃的恒温水浴锅中，测定不同时间条件下一定量乳化酸中的析酸量来考察其热稳定性，测试结果见表3-19。

表3-19 乳化酸稳定性能测试

静置温度	室温		60℃			90℃		
静置时间/h	24	48	12	24	36	1	3	6
每100mL乳化酸中析酸量/mL	少量	少量	少量	少量	少量	少量	2	20

酸压施工时间一般为2～4h，因此在施工时间范围内，乳化酸在地面及井筒内是非常稳定的，进入地层后，由于温度升高，乳化酸变得不稳定，但此时乳化酸已经被挤入地层深部，达到了深度酸化的目的。

3.5.2 乳化酸缓速性能评价

将标准的大理石方块放入预热到90℃的常规酸、稠化酸和乳化酸酸液中，在规定的时间内测定其酸液的浓度，测试结果如图3-20所示。

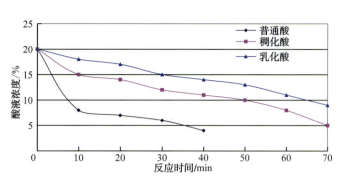

图 3-20　乳化酸缓速性能测试

从图 3-20 中可以看到，在 90℃的条件下，常规酸与标准大理石反应 10min 以后，其酸浓度降低到 8%左右，稠化酸浓度降低到 15%左右，而乳化酸浓度为 18%，反应 40min 后，普通酸的浓度非常低(<5%)，而稠化酸和乳化酸的浓度维持在相对较高的值。乳化酸具有较好的缓速性能，有利于对地层进行深穿透酸压改造。

3.5.3　乳化酸摩阻性能评价

利用大回路流变检测仪对加入 NT19 降阻剂的新型乳化酸进行摩阻分析，如图 3-21 所示室内实验结果：在 $4m^3/min$ 排量下，乳化酸摩阻相当于清水的 80%，可将乳化酸的排量提高到 $4m^3/min$ 以上。

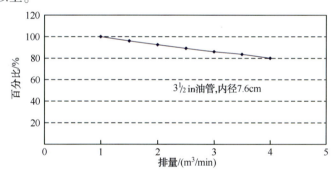

图 3-21　降阻乳化酸摩阻占清水百分比

3.5.4　乳化酸酸岩反应动力学测定

将碳酸盐岩露头制成 2.5cm×4cm 的标准岩心，利用酸岩反应旋转岩盘仪进行实验，并在对数坐标系中确定酸液浓度与酸岩反应速度的关系曲线，确定乳化酸的反应级数、酸岩反应动力学方程、反应活化能和传质系数。

1）乳化酸反应级数和反应速率常数的测定

利用旋转岩盘实验仪测定 20%乳化酸在温度为 80℃、转速为 500r/min、反应 3min 条件下的反应速率、速率常数及反应级数，实验结果见表 3-20。

根据表 3-20 中数据，采用最小二乘法线性回归得到酸岩反应动力学参数：反应级数 $m=0.8906$，反应速度常数 $K=4.5077×10^{-6}$，乳化酸反应动力学关系曲线如图 3-22 所示，得 80℃时乳化酸的反应动力学方程为 $J=4.5077×10^{-6}C^{0.8906}$。

表 3-20 乳化酸酸岩反应动力学实验结果

测 点	温度/℃	酸浓度/(mol/L)	ΔC/(mol/L)	反应时间/s	酸液体积/L	岩石直径/cm	反应速度/[mol/(cm²·s)]
1	80	5.3552	0.09898	180	0.70	5	1.9604×10⁻⁵
2		4.0624	0.07858	180	0.72		1.6008×10⁻⁵
3		2.7631	0.05436	180	0.74		1.1382×10⁻⁵
4		1.5607	0.02680	180	0.87		6.5971×10⁻⁶

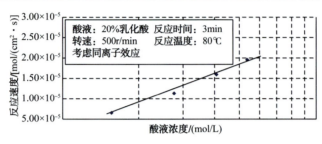

图 3-22 岩心与 20%乳化酸反应动力学关系

2) 酸岩系统反应活化能测定

20%乳化酸在不同温度、转速为 500r/min 条件下的反应活化能，结果见表 3-21。

表 3-21 乳化酸酸岩反应活化能测定结果

测 点	温度/℃	酸浓度/(mol/L)	ΔC/(mol/L)	酸液体积/L	反应速度/[mol/(cm²·s)]	反应活化能/(J/mol)
1	40	5.3579	0.02174	0.79	4.8594×10⁻⁶	33124
2	60	5.3626	0.03789	0.83	8.9000×10⁻⁶	
3	80	5.3552	0.09898	0.70	1.9604×10⁻⁵	
4	90	5.3614	0.12650	0.76	2.7518×10⁻⁵	

根据实验结果进行线性回归，得反应活化能 $E_a = 33124$ J/mol，频率因子 $k_0 = 0.3466$，乳化酸反应速度与温度关系曲线如图 3-23 所示，得变温度下的反应动力学方程为 $J = 0.3466 e^{-33124/(RT)} C^{0.8906}$。

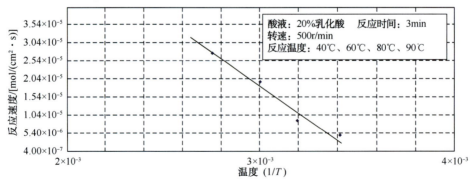

图 3-23 岩心与 20%乳化酸反应速度与温度关系

3）乳化酸氢离子有效传质系数测定

20%乳化酸在转速为500r/min条件下，不同温度时氢离子有效传质系数，结果见表3-22。

表3-22 乳化酸氢离子有效传质系数测定结果

测 点	温度/℃	酸浓度/(mol/L)	酸液体积/L	反应时间/s	H^+有效传质系数/(cm^2/s)
1	40	3.3579	0.79	180	1.4500×10^{-6}
2	60	3.3626	0.83	180	6.1506×10^{-6}
3	80	0.3552	0.70	180	1.0604×10^{-5}
4	90	3.3614	0.76	180	1.5841×10^{-5}

对实验数据进行拟合（图3-24），得到该反应条件下20%乳化酸的氢离子传质系数与温度的关系：

$$D_e = 2.5771 \times 10^{-9} T^2 - 601253 \times 10^{-8} T + 3.1702 \times 10^{-8}$$

式中 T——温度，℃。

根据上式，可求得不同温度条件下氢离子传质系数。

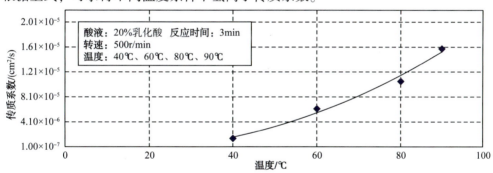

图3-24 岩心与20%乳化酸反应温度与氢离子传质系数

3.5.5 乳化酸残酸黏度及乳化倾向测定

为比较准确地测定乳化酸残酸黏度，用配制的乳化酸酸液与标准大理石反应，当残酸pH值为2~4时，残酸酸液黏度结果见表3-23。

表3-23 乳化酸残酸酸液黏度及破乳率

酸 液	测试温度/℃	黏度/mPa·s		破乳率/%	
		剪切速率/s^{-1}		静置时间/min	
		40	170	20	40
乳化酸	60	394	122		
乳化酸残酸	60	8	5	80	95

从表3-23中可以看出，在170s^{-1}、60℃的测试条件下，乳化酸残酸的黏度在不同的剪切速率条件下小于10mPa·s。另外，残酸的破乳率也比较高，从而减少了乳化对油藏的伤害。

3.5.6 乳化酸在塔河油田的应用

2003年5月13日，对塔河油田2区TH-5井5430.00~5500.00m裸眼井段进行酸压完井，施工采用新型乳化酸+胶凝酸前置液酸压工艺，在利用乳化酸深穿透作用的同时，注入胶凝酸提高近井地带导流能力。注乳化酸期间，最大排量5.5m³/min，挤入地层乳化酸液量160m³，停泵测压降，泵压由1.0MPa下降到0.83MPa，开井自喷排液77m³后见油并建产。施工曲线如图3-25所示。

新型乳化酸排量与摩阻关系(图3-26)：$P_{摩阻}=109.59\ln Q_{排}-89.755$，$R^2=0.9267$；普通乳化酸排量与摩阻关系(图3-27)：$P_{摩阻}=71.667\ln Q_{排}-18.373$，$R^2=0.9836$。通过对比(表3-24)，在3m³/min时，普通乳化酸摩阻为0.0093MPa/m，新型乳化酸为0.0056MPa/m；在4m³/min时，普通乳化酸摩阻为0.0164MPa，新型乳化酸为0.0114MPa，总体上新型乳化酸起到了一定的降阻作用。

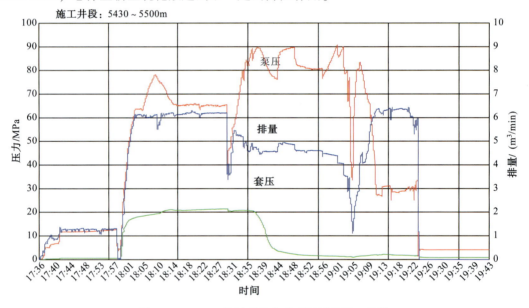

图3-25　TH-5井新型乳化酸现场试验施工曲线

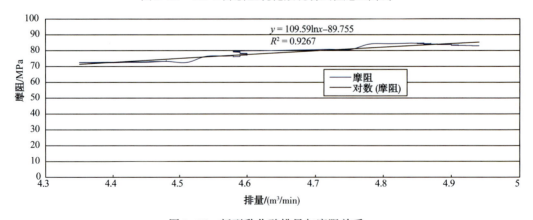

图3-26　新型乳化酸排量与摩阻关系

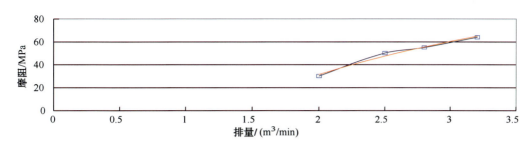

图 3-27 普通乳化酸排量与摩阻关系

表 3-24 新型乳化酸与普通乳化酸摩阻对比

酸液类型	排量/(m³/min)			
	3.0	3.5	4.0	4.5
普通乳化酸	60.36	71.4	80.98	89.42
新型乳化酸	30.64	47.55	62.17	75.1

目前，由于新型乳化酸在深井酸压施工中摩阻高，现场高排量泵酸困难，因而在2003年后已经不再使用。

3.6 自生酸及性能评价

自生酸是指在地层条件下能产生酸的物质，不同的自生酸可以产生盐酸、氢氟酸（HCl、HF）或两者的混合物，自生酸可用于常规油井设备作业，酸化高温油气层时，能有效延缓酸液对管柱、井下工具的腐蚀。自20世纪90年代以来，中国石油石油勘探开发研究院、吉林油田等先后开发出磷酸氢氟酸体系（A-924）、四氯化碳体系及LZR体系等自生酸工作液。在90年代中期，BJ公司研制开发出一种新型砂岩酸，它通过利用磷酸络合物（HV）替代HCl水解氟盐，产生磷酸胺和氢氟酸来酸化地层。该酸具有与黏土反应速度慢、溶解石英能力强的优点，且腐蚀程度小、使用安全，待酸耗尽后，还兼有分散剂和螯合剂的功能，能抑制近井地带沉淀物的生成。

3.6.1 自生酸配比优化

研究开发的自生酸体系由A剂和B剂两部分组成，A剂主要成分为羧酸基有机物+表面活性剂+甲醛，B剂为氯化物。在A剂和B剂中分别加入0.3%~0.4%的改性黄原胶作为增稠剂，调节生酸速度。根据化学反应配比，室内对自生酸的A剂和B剂配比进行优化，通过实验优选出自生酸主剂A剂和B剂的最佳配比，$V_{自生酸A剂}:V_{自生酸B剂}=1:1$。对优化后配方性能进行评价，工业配制方法见表3-25。

表 3-25 $V_{自生酸A剂}:V_{自生酸B剂}=1:1$ 工业配制法表

名称	容量/mL	粉末A剂/g	粉末B剂/g	改性黄原胶压裂液稠化剂/g	水/mL
自生酸A剂	300	112		0.3	195
自生酸B剂	300		120	0.3	220

3.6.2 90℃自生酸酸浓度测定

将自生酸 A 剂和自生酸 B 剂按照 1∶1 的比例配制成 800mL 酸液体系。搅拌 2min 后放入 90℃的恒温水浴锅中,测定反应液变透明后不同时间下的酸浓度。为降低实验的偶然性误差,再次将自生酸 A 剂和自生酸 B 剂按照 1∶1 的比例配制成 200mL 酸液体系,搅拌 1min 后放入 90℃的恒温水浴锅中,测定反应液变透明后不同时间下的酸浓度,实验结果见表 3-26,酸浓度曲线如图 3-28 所示。

表 3-26 酸浓度实验数据表

实验序号	反应时间	NaOH 体积/L	酸浓度/%	酸浓度/(mol/L)
测定一	45min	8.7	11.58	3.49
	60min	9.3	12.38	3.73
	6h	9.4	12.51	3.77
测定二	35min	7.2	9.59	2.89
	60min	7.8	10.38	3.13
	120min	8.7	11.58	3.49

注:反应前,A 剂 pH=5,B 剂 pH=6。

由表 3-26 可知,自生酸体系在 90℃条件下酸浓度最高达 12.51%,与 110℃条件下酸浓度相当。

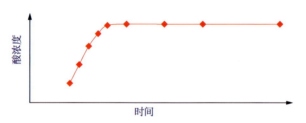

图 3-28 自生酸生酸浓度曲线(90℃)

将自生酸 A 剂、自生酸 B 剂分别加入 0.3%的改性黄原胶压裂液稠化剂后,充分搅拌,自生酸 A 剂和自生酸 B 剂分散良好。装入 100mL 量筒静置,1h 后底部无沉降,静置 4 天后有明显分层现象。

通过测定不同时间低温条件下的酸浓度来确定自生酸体系的低温稳定性能。将自生酸 A 剂和自生酸 B 剂按照 1∶1 的比例配制成 200mL 酸液体系两份,搅拌 2min 后分别置于室温(17℃)和 40℃的恒温水浴锅中,在室温(17℃)的条件下将自生酸体系放置 1 天后,酸浓度可达到 7.46%,放置 4 天后,酸浓度可达到 8.12%。在 40℃的恒温水浴锅中放置 1 天后,酸浓度可达到 9.31%。说明该自生酸体系的低温稳定性一般,现场施工时混液后最好立即使用,否则会对普通液罐造成一定的腐蚀。

3.6.3 自生酸酸岩反应过程中酸浓度测定

将自生酸 A 剂(羧酸基有机物+黄原胶+表面活性剂+甲醛)和自生酸 B 剂(氯化物+黄

原胶)按照1:1的比例配制成100mL酸液体系。配制100mL的普通胶凝酸，放置溶胀12h以上。与自生酸体系同时放入90℃的恒温水浴锅中，并缓慢加入100g的岩心，开始计时，测定不同时间下的酸浓度，实验结果见表3-27和图3-29。

表3-27 酸岩反应过程中体系的酸浓度实验数据

反应时间	自生酸体系		普通胶凝酸体系	
	酸浓度/%	酸浓度/(mol/L)	酸浓度/%	酸浓度/(mol/L)
15min	7.19	2.17	17.97	5.42
30min	10.12	3.05	13.97	4.21
45min	8.26	2.49	12.11	3.65
60min	7.06	2.13	5.46	1.65
90min	4.93	1.49	1.33	0.4
2h	4.13	1.24	—	—
2.5h	4.79	1.44	—	—

自生酸混合外观

90℃反应45min外观

90℃反应6h外观

室温冷却

图3-29 自生酸反应不同时间外观

反应3h后停止反应，将剩余的岩心取出用自来水进行冲洗，于105℃的干燥箱中烘干至恒重，再取出在干燥器内冷却至室温后称量，结果见表3-28。

表3-28 岩心反应数据表

酸体系	反应前岩心/g	反应后岩心/g	反应消耗岩心/g
自生酸	100	88.4	11.6
普通胶凝酸	100	78.9	21.1

结果显示，随着时间的延长，自生酸体系的酸浓度先增加后缓慢降低，2.5h后酸浓度还有4.79%；普通胶凝酸体系的酸浓度随时间的延长急剧降低，90min后酸浓度只有1.33%。在相同质量岩心条件下，酸岩反应相同时间后，自生酸反应消耗的岩心少于普通胶凝酸反应消耗的岩心。

3.6.4 自生酸酸岩反应时间测定

将自生酸A剂和自生酸B剂按照1:1的比例配制成200mL酸液体系。搅拌1min后放入90℃的恒温水浴锅中，并缓慢加入30g岩心，开始计时，记录岩心反应完全时的时间。当反应时间达3.5h后，普通胶凝酸体系中的岩心完全反应，而自生酸体系中的岩心反应不到50%，而纯的HCl在短暂的20min内就将30g岩心完全反应。表明自生酸与岩心的反应速度较普通胶凝酸缓慢，在一定程度上可增大酸蚀作用距离，提升酸压效果；但普通胶凝酸相对于纯HCl而言，酸岩反应速度也相当缓慢，原因在于前者的黏度较后者高得多，与岩心的接触面积受限。

3.6.5 自生酸导流能力及酸岩反应动力学

图3-30和图3-31显示，低闭合压力条件下自生酸导流能力较强，随着闭合压力增大，导流能力迅速减小，并趋于平缓。变温条件下自生酸反应动力学实验结果见表3-29，100℃时自生酸反应动力学及变温条件下自生酸反应动力学曲线如图3-32和图3-33所示。

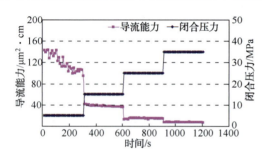

图3-30 自生酸导流能力

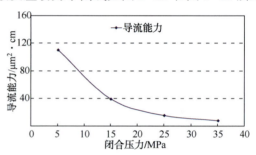

图3-31 自生酸导流能力随闭合压力变化

表3-29 变温条件下自生酸反应动力学实验结果

编号	温度/℃	反应后酸液浓度/(mol/L)	转速/(r/min)	黏度/mPa·s	密度/(g/cm³)	反应速度/[mol/(cm²·s)]	雷诺数 Re	H^+ 传质系数/(cm²/s)
1	100	6.06	500	3	1.156	$4.447×10^{-6}$	35.608	$2.652×10^{-6}$
2	120	5.91	500	3	1.147	$6.08×10^{-6}$	35.198	$4.411×10^{-6}$
3	140	5.72	500	3	1.136	$7.869×10^{-6}$	34.729	$6.838×10^{-6}$

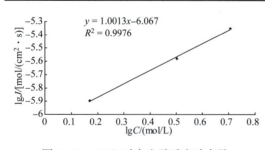

图3-32 100℃时自生酸反应动力学

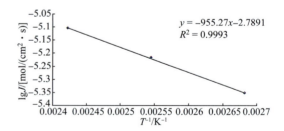

图3-33 变温条件下自生酸反应动力学

100℃和变温条件下反应动力学测定结果显示（图3-32、图3-33），100℃时自生酸反应动力学方程为 $J = 8.5704×10^{-7} C^{1.0013}$，变温条件下反应动力学方程为 $J = 3.199×10^{-4} e^{-18290.69/(RT)} C^{1.0013}$。

3.6.6 自生酸工艺优化设计及现场试验

为探索新型酸液的现场适应性,优选 TH-6 井做现场试验,评价自生酸提高人工裂缝中远端导流能力的性能。

1) 储层情况

TH-6 井酸压目的层段为奥陶系一间房组(5723.00~5803.00)m,岩性为黄灰色泥晶灰岩、灰色泥晶灰岩。井区压力系数为 1.10MPa/100m,温度梯度为 2.29℃/100m,为常温常压油藏,预计储层温度 132.0℃(5763m)。酸压井段无放空漏失现象,近井地带储层发育及油气显示一般。

2) 酸压思路

(1) 采用黄原胶压裂液+自生酸+普通胶凝酸酸压施工工艺进行现场试验并验证该项工艺的具体效果。前期采用深穿透的自生酸提高人工裂缝中远端裂缝导流能力,后期采用普通胶凝酸进行闭合酸化,提高近井地带导流能力。

(2) 采用 A 剂、B 剂独立供液系统进行自生酸的现场泵注,确保 A 剂、B 剂按照 1:1 的比例注入。

(3) 自生酸焖井时间确定:依据中古 502(地层温度 147℃)自生酸现场试验压后排液 pH 值监测情况(压后关井时间 135 min,开井返排液 pH 值均为 6,自生酸完全反应)。鉴于该井地层温度高于 TH-6 井,优化关井时间为 180min。

3) 施工过程

在酸压改造过程中挤入地层液量 656.5m³(356.5m³ 压裂液+270m³ 自生酸+30m³ 胶凝酸),最高泵压 78.4MPa,最大排量 6.3m³/min,停泵测压降由 3.4MPa 下降到 3.1MPa,施工曲线如图 3-34 所示。

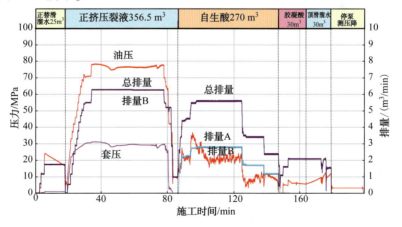

图 3-34 TH-6 井酸压施工曲线

注压裂液后期有提前沟通储集体显示,为保证改造后地层的导流能力,泵入 270m³ 自生酸。在排量 5.6m³/min 不变的情况下,泵压由 35.4MPa 下降到 20MPa 后稳定在 20MPa 左右,表明自生酸对储层有刻蚀作用。注酸期间,套压一直为 0,有明显沟通储集体显示。开井后环空一直有倒吸现象,进一步证明酸压过程中沟通储集体的判断。累计排酸 32m³

(含20%稠油)。从该井生产特征来看,自生酸在地层中生成盐酸,人工裂缝导流能力较高(表3-30),地层供液充足。

表3-30 TH-6井裂缝参数

缝长/m		酸蚀缝长/m		缝高/m		平均导流能力/$10^{-3}\mu m^2 \cdot m$	
实际	设计	实际	设计	实际	设计	实际	设计
100.9	98.1	89.7	87.2	65.3	65.9	141.9	89.3

4)返排液常规性能测试

现场分别取返排30~250m³后的500mL的返排液,测定其常规性能(外观、黏度、pH值和密度),由于自生酸在地层条件下(理论上最大生酸浓度约为15%)实测最大生酸浓度为12%,较常规酸液浓度20%低,且本井在施工结束3.5h后开井排液,比普通酸压施工关井时间2h长。酸液与地层反应更完全,故测定返排液pH值高。

5)现场试验认识

(1)经室内、现场性能检测结果表明,交联后的黄原胶压裂液易碎,现场摩阻高、不易泵送;未交联的黄原胶压裂液表观黏度低,液体滤失量大,造缝性能较冻胶压裂液差,建议作为滑溜水使用。

(2)从自生酸压前检测情况看,130℃生酸浓度为12.7%,返排原油中有机氯含量小于5μg/g,检测合格,达到自生酸预期各项指标。

(3)本次施工过程中,泵注黄原胶压裂液后期提前沟通有利储集体,从该井生产特征来看,地层供液充足,表明本次施工中自生酸在地层中生成盐酸,达到刻蚀储层、提高导流能力的目的。

(4)从返排液常规性能测试实验可以看出,当返排50m³后,返排液pH值为6,黏度、密度均与酸岩反应后的残酸性质相似,表明自生酸已完全反应。

(5)本井注压裂液期间沟通储集体,建议继续选井评价自生酸的深穿透及远端裂缝导流能力性能。

(6)自生酸体系(A剂与B剂1∶1比例混合)在90℃条件下酸浓度最高达12.51%。自生酸体系的酸浓度随反应时间延长先增加后缓慢降低,2.5h后酸浓度还有4.79%;普通胶凝酸体系的酸浓度随时间延长急剧降低,90min后酸浓度只有1.33%。在相同质量岩心、相同反应时间后,自生酸反应消耗的岩心少于普通胶凝酸反应消耗的岩心(10g左右)。自生酸与岩心的反应速度较普通胶凝酸缓慢,在一定程度上可增大酸蚀作用距离,加大酸压效果。

3.7 清洁转向酸及性能评价

针对非均质性强的长裸眼井段,特别是侧钻水平井(施工井段达200m以上),采用常规酸液进行酸压改造,酸液先进入高渗储层及裂缝带产生酸岩反应,高渗透层改造后渗透率增大,低渗透层和污染严重的层段液体难进入,改造程度弱。因此,需要开发一种针对不同储层发育特征，实现长裸眼井段储层均匀改造的酸液体系。

通过国内外文献调研，表面活性剂类清洁转向酸体系具有良好的暂堵转向功能，能有效解除非均质储层的污染，同时暂堵酸岩反应所形成的酸蚀蚓孔，对近井地带高渗透层能形成有效封堵，实现长裸眼井段储层均匀改造。

转向酸是利用黏弹性表面活性剂作转向剂的一种酸液体系，主要用来暂堵近井地带的微裂缝和高渗透层，再通过其他后续酸液对所需改造层进行大规模的改造。其主要特性为，在高浓度鲜酸中不能缔合成胶束，而以单个分子存在，不改变鲜酸黏度；酸液与储集层岩石发生化学反应后，生成大量的钙、镁离子，同时使酸液酸度大幅降低，导致表面活性剂分子在中间残酸液中首先缔合形成柱状或棒状胶束；由于大量钙、镁离子的存在，对极性亲水基团产生吸附，使柱状或棒状胶束形成集合体，并相互连接形成巨大的体型结构，从而导致中间残酸体系的黏度急剧增大。残酸黏度的大幅度增加，能够有效阻止后续鲜酸进入已经酸化的层段进一步酸化，而转向进入其他未被酸化的层段，提高鲜酸的波及范围，从而提高酸压效果。酸液返排时胶束与油或地层水接触，胶束结构被破坏，表面活性剂分子分散在酸液中，黏度降低，而从地层中返排出来。

3.7.1 表面活性剂研制与优选评价

两性离子表面活性剂的分子结构与蛋白质中的氨基酸相似，在分子中同时存在酸性基（阴离子）和碱性基（阳离子），易形成"内盐"。两性离子表面活性剂中的碱性基主要是氨基或季氨基，酸性基是羧基和磺酸基（有磷酸基等）。两性离子表面活性剂在酸液中具有较好的黏弹性且易降解，有利于环境保护。

在两性离子表面活性剂中，甜菜碱型两性表面活性剂的分子在任何 pH 值下都能溶于水且稳定性较好，能满足对转向酸的各项性能要求，因此通过开展甜菜碱型两性表面活性剂合成、改性及复配来得到表面活性剂类转向酸的转向剂，合成反应式如图 3-35 所示。甜菜碱型两性表面活性剂结构如图 3-36 所示，通过合成及改性得到不同的 R，而 R 的相对分子质量大小及种类决定了表面活性剂的性能。

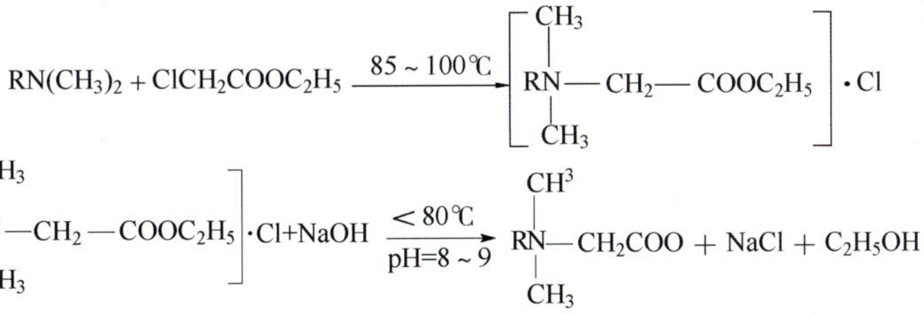

$$RN(CH_3)_2 + ClCH_2COOC_2H_5 \xrightarrow{85 \sim 100℃} \begin{bmatrix} CH_3 \\ | \\ RN—CH_2—COOC_2H_5 \\ | \\ CH_3 \end{bmatrix} \cdot Cl$$

$$\begin{bmatrix} CH_3 \\ | \\ RN—CH_2—COOC_2H_5 \\ | \\ CH_3 \end{bmatrix} \cdot Cl + NaOH \xrightarrow[pH=8\sim9]{<80℃} \begin{matrix} CH_3 \\ | \\ RN—CH_2COO + NaCl + C_2H_5OH \\ | \\ CH_3 \end{matrix}$$

图 3-35　甜菜碱型两性表面活性剂合成反应式

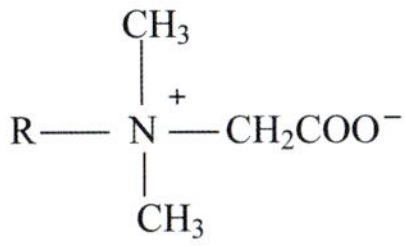

$$R—\overset{CH_3}{\underset{CH_3}{\overset{|}{N^+}}}—CH_2COO^-$$

图 3-36　甜菜碱型两性表面活性剂结构

对优选、合成、改性、复配形成的各类甜菜碱型表面活性剂体系进行研究。五个酸液体系配方均配制 200mL 对应的酸液，使用碳酸钙粉末对各酸液进行中和，统一将其 pH 值调整到 6。在 90℃、120℃及 170s^{-1}条件下测试其变黏后的黏度。由表 3-31 可知，转向酸增稠剂具有较好的增黏性能，变黏后的黏度在 90℃时为 834mPa·s，远高于其他体系的黏度，选定转向酸增稠剂酸液为清洁转向酸液体系。

表 3-31　不同转向酸变黏后的黏度

酸液配方	变黏后的黏度/mPa·s(90℃)	变黏后的黏度/mPa·s(120℃)
20%HCl+8%A	211	32.5
20%HCl+8%B	183	20.3
20%HCl+8%C	301	119.7
20%HCl+8%D	834	650.7
20%HCl+8%E	421	187.5

不同浓度转向酸增稠剂 D 的酸液体系的黏度如图 3-37 所示。酸液随转向酸增稠剂浓度的增加而变稠，浓度在 4%~8%时变稠明显，说明形成了胶束，浓度大于 10%之后，增幅不明显，说明酸中胶束缠绕已经基本达到饱和。

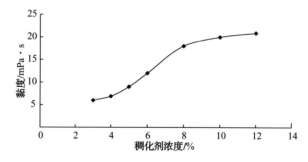

图 3-37　转向酸增稠剂 D 浓度与鲜酸黏度测试

不同浓度转向酸增稠剂的酸液体系与碳酸钙反应后的黏度如图 3-38 所示，黏度随转向酸增稠剂浓度的增加而增加，此趋势与鲜酸一致。转向酸增稠剂的浓度在 6%以下时，表面活性剂分子形成棒状胶束或球形胶束，当浓度增加到 6%以后，胶束增多后互相缠绕，形成网状胶束，使黏度大幅增加。因此，为实现有效降滤和降低成本，浓度应为 8%~10%。

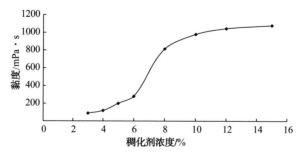

图 3-38　酸液加入碳酸钙反应后转向酸增稠剂 D 浓度与酸液黏度测试

3.7.2 转向酸流变性能评价

用大理石与酸液反应,所得残酸用德国 HAAKE RS-600 高温流变仪,在 120℃、170s^{-1}条件下进行流变性测定(图 3-39)。结果显示,转向酸与大理石反应后所得的残酸在 120℃下剪切 1h 后,黏度仍大于 500mPa·s,具有良好的高温稳定性。

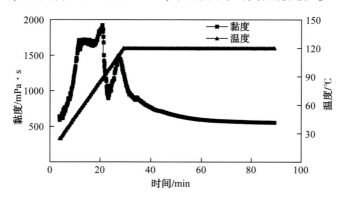

图 3-39 转向酸增稠剂 D 的流变性能测试结果

3.7.3 转向酸破胶性能评价

向转向酸中加入不同量的轻质原油并将其混合,在 60℃、170s^{-1}的条件下测试其黏度与时间的关系,实验结果如图 3-40 所示。

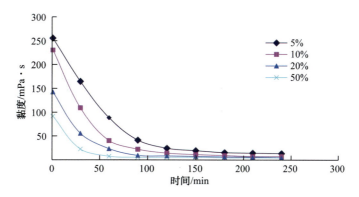

图 3-40 与不同量原油混合后残酸凝胶的破胶时间关系图

结果显示,随着加入轻质原油量的增加,破胶速度加快,但最终的破胶液黏度均在 14mPa·s 以下,当轻质原油的比例加到 50% 时,黏度在 5mPa·s 以下,且与地层水和天然气混合也会发生破胶,该体系具有较好的破胶性能。

3.7.4 转向酸转向性能评价

采用岩心并联装置,评价清洁转向酸体系的转向效果,实验结果见表 3-32。

表 3-32　酸液转向后对不同渗透率岩心酸蚀实验结果

酸液体系	岩心号	初始渗透率/$10^{-3}\mu m^2$	改造后渗透率/$10^{-3}\mu m^2$	酸蚀蚯蚓洞长度/mm
常规酸	1	99.2	>4000	60
	2	26.4	31.1	4
	3	48.7	69.5	4
转向酸	4	15.2	>4000	60
	5	56.7	>4000	60
	6	29.8	>4000	60

由表 3-32 可以看出，常规酸液注入前三块渗透率较高的岩心后，渗透率基本未得到改善。而对于清洁转向酸前置酸而言，实验中的三块岩心渗透率级差与常规酸的基本相当，酸液改造后渗透率较低的两块岩心渗透性大幅提升，说明清洁转向酸具有明显的转向性能。

3.7.5　转向酸缓速性能评价

在转向酸鲜酸或常规酸液（20% HCl）中加入大理石，测定不同反应时间后剩余盐酸的含量，其结果如图 3-41 所示。

由图 3-41 可以看出，盐酸的反应速率很快，10min 时浓度就降为 10%，8% 转向酸体系与大理石的反应速率明显低于常规酸液体系的反应速率，从曲线上看，反应 30min 后浓度仍保持在 10% 以

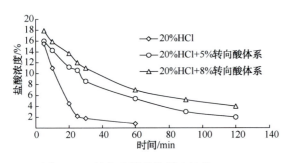

图 3-41　转向酸鲜酸的缓速性能（90℃）

上，90min 后浓度下降到 6%。表明转向酸体系具有良好的缓速效果。

3.7.6　转向酸伤害性能评价

向变黏后的转向酸体系中加入 1% 乙二醇单丁醚，将破胶后的残酸注入岩心，研究其对岩心的伤害情况，结果见表 3-33。

表 3-33　破胶后残酸对岩心的损害情况

岩心编号	渗透率/$10^{-3}\mu m^2$ 原始	渗透率/$10^{-3}\mu m^2$ 损害后	损害率/%
17	51.47	51.09	0.73
18	38.98	38.37	1.57
19	27.42	26.65	2.82
平均值			1.71

由表 3-33 可以看出，残酸对岩心渗透率的伤害率平均值为 1.71%，即对岩心基本无伤害，表明转向酸具有良好的保护储层性能。

3.7.7 转向酸综合性能评价

酸液体系中加入 2%缓蚀剂（20%HCl+10%转向酸增稠剂 D+2%缓蚀剂）的配伍稳定性能见表 3-34。

表 3-34 转向酸的配伍性

实验条件	现象描述
室温放置 3 天	红棕色、无分层、均匀透明液体
90℃放置 10 h	红棕色、无分层、均匀透明液体

由表 3-34 可知，室温放置 3 天后，90℃放置 10h 后仍为均匀液体，无分层或沉淀产生，说明转向酸增稠剂与缓蚀剂具有较好的配伍性。

在酸液体系中加入 2%缓蚀剂的综合性能见表 3-35。

表 3-35 转向酸的综合性能测试

序 号	酸液性能	转向酸
1	外观	棕色
2	腐蚀速度/[g/(m^2·h)]（90℃，常压）	0.77
3	稳定 Fe^{3+} 性能/(mg/L)（90℃）	1675
4	残酸界面张力/(mN/m)（20℃）	1.39
5	残酸表面张力/(mN/m)（20℃）	24.57
6	破乳率/%（90℃，4h）	99.9

结果显示，90℃时的腐蚀速度为 0.77g/(m^2·h)，低于行业标准所要求的 3g/(m^2·h)；残酸的表面张力为 24.57mN/m，破乳率为 99.9%，几乎完全破乳。因此，加入缓蚀剂之后，转向酸具备酸压所要求的性能。

综上所述，优选的表面活性剂类清洁转向酸体系具有较好的变黏、转向和防腐、破乳助排等性能，具体配方为：20%HCl+8%~10%转向酸增稠剂 D+2%缓蚀剂。

3.7.8 转向酸在塔河油田的应用

转向酸体系于 2007 年在塔河油田 TH-7 井第一次现场试验了无前置液复合酸压作业，采用转向酸+柴油+变黏酸注入施工工艺，转向酸初期低排量注入起到暂堵及均匀布酸作用，中间注柴油隔离，对转向酸起降解作用，然后提高排量注变黏酸达到降滤及深度酸压目的。酸压施工曲线如图 3-42 所示，该井压后获得初期日产油 30t、日产气 1.9×10^{4}m^3、不含水的效果。

TH-8 井近井地带储层裂缝极为发育，油气显示较好，自然完井无产液能力。该井邻井均已高含水，井区底水普遍抬升。2008 年 11 月 30 日对该井进行酸压改造，注入活性水

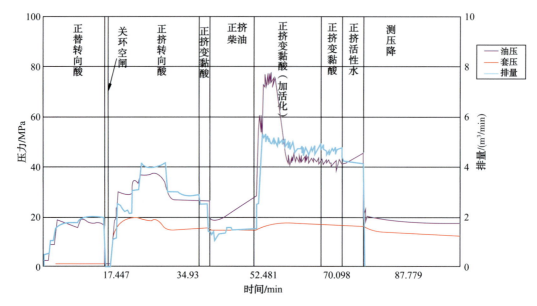

图 3-42　TH-7 井酸压施工曲线

25.1m³ 后,依次注入地层转向酸 160m³ 和胶凝酸 80m³,随后注入顶替液 25.13m³,施工曲线如图 3-43 所示,该井压后获得初期日产液 98.4t、日产油 83.9t 的效果。

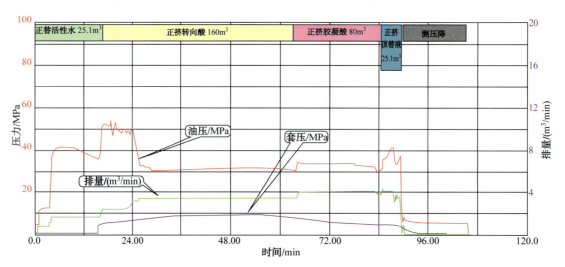

图 3-43　TH-8 井酸压施工曲线

现场试验表明,在低排量下转向酸的布酸控水效果更明显,该体系不适合高排量作业。

3.8　pH 响应型高效酸及性能评价

pH 响应型高效酸液通过降低反应速度和滤失速度,延长酸液有效作用时间,实现深度酸压,又称为长效酸。长效酸体系包括长效酸主剂——聚合物,以及通过优化与之配套的其他酸液添加剂。对聚合物的要求为耐酸、耐高温,而且溶胀在酸中具有一定的黏度,起到缓速作用，同时随着酸与地层发生反应，能实现交联，形成网状结构，增加泛酸的黏度，起到降低滤失的效果。最后，在破胶剂及长时间高温作用下破胶降黏，彻底地从地层中返排出来，降低对地层的二次伤害。

此酸液体系在地层中的变化与胶凝酸具有不同的特点，经过多次现场试验建立了该酸液体系的基本评价方法和步骤：

（1）配制浓度为 20%HCl 并加入缓蚀剂。
（2）加入稠化剂，测定不同时间的黏度，测定酸液的溶解时间和初始黏度。
（3）使用耐酸流变仪测基液的耐温耐剪切性能。
（4）逐渐加入碳酸钙并测 pH 值，观察交联情况。
（5）离心去除反应流体中的气泡。
（6）用高温流变仪测与碳酸钙反应后流体的耐温耐剪切性能。
（7）测与碳酸钙反应后流体中加入破胶剂后的耐温耐剪切性能。
（8）加入其他添加剂，重复上述步骤，评价配伍性。

通过 pH 响应型长效酸体系配方的优化，优选了聚合物稠化剂、缓蚀剂、助排剂、破乳剂、胶囊破胶剂等，形成了长效酸体系配方：20%HCl+0.8%～1.0%稠化剂 A+2.5%缓蚀剂 H+1.0%助排剂 C+1.0%破乳剂 Q，但现场发现，pH 响应型聚合物样品存在常温下酸溶性差的问题，水化 4h 后对着光线仔细观察酸液有少量细小鱼眼状颗粒，升温至 50～60℃时颗粒消失。对该聚合物需要进一步改性，提高其酸溶性，确保现场施工效果。

3.8.1 改性聚合物优选评价

通过引入不同种类、不同浓度的亲水单体对聚合物进行改性，并分别从溶解性、耐高温性能、耐剪切性能、变黏性能、破胶性能 5 个方面对改性后的聚合物进行评价优选。先后优选评价聚合物 40 余个，评价结果见表 3-36。

表 3-36 部分改性聚合物性能评价表

聚合物编号	常温溶解性	耐高温性能（120℃）	耐剪切性能	变黏性能	破胶性能
1	溶解性较差	—	—	—	—
2	溶解性差	—	—	—	—
3	溶解性好	无絮凝、无沉淀	剪切降解	—	—
4	溶解性好	无絮凝、无沉淀	耐剪切	变黏差	—
5	溶解性好	无絮凝、无沉淀	耐剪切	效果一般	—
6	溶解性好	无絮凝、无沉淀	耐剪切	好	能破胶，但效果一般
7	溶解性好	无絮凝、无沉淀	耐剪切	较好	能破胶，但效果一般
8	溶解性好	无絮凝、无沉淀	耐剪切	效果一般	—

通过对改性聚合物的评价结果进行对比，表明改性后的 6 号聚合物酸溶时间均为 1～2h，且无颗粒、无鱼眼。改性后酸溶时间提高了 50%，完全能够满足现场施工要求。聚合物与碳酸钙反应后能挑挂且能破胶，通过酸溶时间测定，改性前聚合物酸溶时间为

4h，改性后聚合物酸溶时间均为 1~2h，且无颗粒、无鱼眼。改性后酸溶时间提高了 50%，完全满足现场施工要求。

3.8.2 铁离子稳定剂性能评价优选

通过几种铁离子稳定剂的性能测试（表 3-37），NFPS-1 和 BD1-2 稳定铁离子的能力较强，可以满足酸压的要求。

表 3-37 铁离子稳定剂性能评价表

铁离子稳定剂名称	浓度/%	稳定铁离子/ppm	铁离子稳定剂名称	浓度/%	稳定铁离子/ppm
FW-20	1	850	NFPS-1	1.5	3377
FW-20	2	1147	BD1-2	1	2146
BGTW-92	1	1330	BD1-2	2	2868
BGTW-92	2	2204	BD1-2	3	3225
NFPS-1	1	1755	GFW-200	2	2267

注：1ppm = 10^{-6}。

3.8.3 配伍性实验评价

原新型长效酸体系优选的其他助剂分别是缓蚀剂 H、助排剂 C、破胶剂 F、破乳剂 Q，用聚合物按照酸液配方 20%HCl+0.8%~1.0%聚合物稠化剂+2.5%缓蚀剂 H+1.0%助排剂 C+1.0%破乳剂 Q+0.5%胶囊铁离子稳定剂配制酸液，分别置于常温和 120℃条件下观察，常温下放置 2 天体系无絮凝、无沉淀，120℃放置 4h 无絮凝、无沉淀，说明各类添加剂与聚合物配伍性良好。

3.8.4 酸液体系耐温耐剪切性能测试

评价结果表明，鲜酸在高温下黏度稳定在 50mPa·s 左右，与碳酸钙反应后黏度升高到 300mPa·s 以上，耐温耐剪切性能良好（图 3-44、图 3-45）。

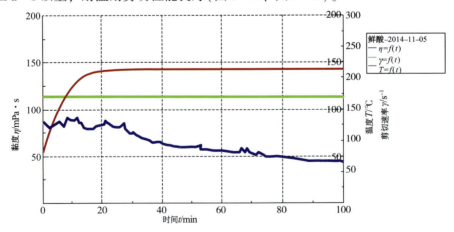

图 3-44 20%HCl+0.9%稠化剂鲜酸流变曲线（120℃）

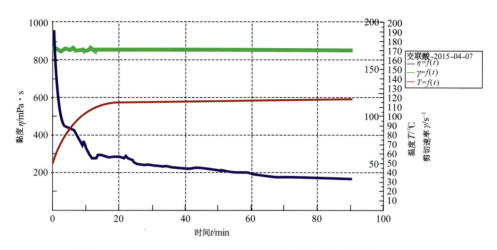

图 3-45　20%HCl+0.9%稠化剂与碳酸钙反应后流变曲线(120℃)

3.8.5　破胶实验

从破胶剂优选实验表 3-38 中可以看出，破胶剂 G 和过硫酸铵都能使改性聚合物破胶，但破胶剂 G 效果优于过硫酸铵，优选出破胶剂 G。同时，胶囊破胶剂也具有良好的破胶效果。

向 pH 变黏酸中加入不同浓度的破胶剂 G，搅拌均匀。用碳酸钙粉末调节 pH 值至 6~7，观察其变黏情况。分别放入 80℃和 120℃干燥箱中，观察破胶情况，测定破胶液黏度，其泛酸流变曲线如图 3-46 所示。

表 3-38　破胶剂 G 破胶效果及对变黏效果影响实验结果

序　号	破胶剂 G 浓度/%	变黏效果	破胶情况(80℃)	破胶情况(120℃)	破胶液黏度/mPa·s(80℃)
1	0	变黏，可挑挂	未破胶		—
2	0.05	变黏，可挑挂	3h 未破胶	3h 部分破胶	—
3	0.08	变黏，不能挑挂	2h 破胶	1h 破胶	9.67
4	0.1	变黏，不能挑挂	1h 破胶	0.5h 破胶	8.58
5	0.2	未见明显变黏	0.5h 破胶	0.5h 破胶	3.80

实验结果表明(图 3-46)，破胶剂 G 破胶效果好，但是加入浓度大于 0.05% 后会影响聚合物变黏，胶囊破胶剂加入后对变黏效果无影响，但其成本较高，破胶效果一般。采用胶囊破胶剂+破胶剂 G 复合破胶体系，首先加入 0.03%~0.05% 胶囊破胶剂，然后追加破胶剂 G，既不影响聚合物变黏，最终又能完全破胶。在聚合物、破胶剂研究的基础上，进行配伍性实验，确定长效酸的组成如下：20%HCl+0.8%~1.0% 聚合物 A+1.0% 助排剂+1.0% 酸压破乳剂+2%~2.5% 高温缓蚀剂/0.03%~0.05% 胶囊破胶剂+追加 0.05%~0.08% 破胶剂 G。

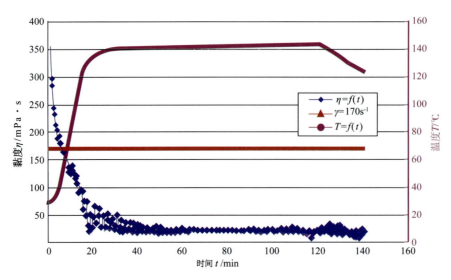

图 3-46　20%HCl+0.9%稠化剂+0.03%胶囊破胶剂+0.05%破胶剂泛酸流变曲线

3.8.6　强酸对 pH 响应型聚合物结构影响

用改性后的 pH 响应型聚合物配成长效酸，与过量碳酸盐岩岩心颗粒在 90℃ 条件下反应数小时，产物在 3500r/min 条件下离心后取上层清夜。将上层清液透析至透析的蒸馏水，并不再与 AgCl 反应生成沉淀为止。配制酸液后的 pH 响应型聚合物在 D_2O 中，各种氢的核磁共振谱与原聚合物样品核磁共振谱基本无差异，可以说明此 pH 响应型聚合物在强酸环境中化学结构不会被破坏。

3.8.7　破胶后分子结构表征及破胶机理

长效酸与过量碳酸盐岩岩心颗粒反应，至 pH 值为 5~6，离心去除过量的碳酸钙。在反应后的残酸液体中加入不同浓度的破胶剂，120℃ 恒温破胶。将破胶后的溶液采用截留相对分子质量为 300 的透析袋透析至不含盐，蒸干，进行测试。

通过凝胶色谱相对分子质量和核磁共振结果分析，长效酸中的聚合物经过破胶剂 G 和过硫酸铵等在高温条件下处理后，发生了聚合物的主链断链的降解反应。反应过程应为易产生自由基的破胶剂 G 和过硫酸铵在高温下产生活泼的自由基，自由基进攻主链上的 —CH_2—CH_2—，形成 CH_2—自由基，引发自由基断链反应，使得聚合物发生主链的断链降解，而侧链的功能基团没有发生断链反应。

3.8.8　酸液指进模拟实验

1）酸液指进模拟实验设备

采用三板双缝结构可视化酸液指进模拟实验装置，进行新型长效酸指进模拟实验，模拟在不同排量下的酸液指进行为。装置主要技术参数为：①最高工作压力 1MPa；②最高工作温度 80℃；③可视窗尺寸 944mm×244mm；④流量范围 0.1~99.9mL/min；⑤裂缝旋转 90°。

2）物理模拟操作步骤

与水驱油等不含腐蚀性流体的小尺寸可视化模拟相比，酸液指进模拟是含有腐蚀性流体的带压大尺寸可视化模拟。为保证实验过程的安全性、实验结果的可靠性，制定如下操作步骤：

（1）根据实验设计，配制相应黏度的压裂液、相应浓度的酸液，并储存在相应的储液容器内。

（2）根据流程，用管线连接各仪器(表)配件，应特别注意的是，在装配模拟裂缝时，需要将各处密封垫片放置平整，装配后盖时，应缓慢旋进密封螺栓。

（3）调整回压泵对排水回压阀施加回压，启动注水恒流泵，向后狭缝泵水试压，检查管路及后狭缝密封情况；若有泄漏，关闭恒流泵并卸回压、排水，返回第(2)步操作。

（4）按步骤(3)程序对前狭缝试压，检查狭缝及酸液管路密封情况。

（5）关闭注酸泵后，向前狭缝内注前置液，注前置液时开启所有排气孔，并实时旋转模拟裂缝，以便尽量排除缝中空气，使前置液快速、均匀地充满裂缝。

（6）按照实验设计，将模拟裂缝旋转至相应的角度并锁紧。

（7）调整回压阀至相应的压力范围，开启恒流泵注入酸液，记录模拟裂缝中的指进演化形态和其他相关参数。

（8）卸压、排出裂缝内的剩余液体，并用清水冲洗管路及裂缝，若冲洗困难，可以旋转模拟裂缝。

（9）根据模拟次序，重复步骤(2)~(8)进行下一组模拟。

（10）处理实验图像，整理模拟结果。

3）酸液指进模拟实验

长效酸流量为 15mL/min 的指进情况如图 3-47 所示。实验条件：温度 45℃，流量 15mL/min。

指进开始

指进生长

指进前缘到达边界

图 3-47　长效酸(配方中加聚合物)流量为 15mL/min 的指进情况

对比实验图片发现，当酸液中加入聚合物后，黏度增大，酸液与前置液的界限有着显著差别。在大黏度比的情况下，指进前缘与前置液界限规则且分明，而后因为气泡影响将界面打乱(图3-47)。

3.8.9 酸岩反应参数测定

根据现场提供的 TP6 井碳酸盐岩储层岩心，制成直径为 2.5cm 的圆盘，利用旋转岩盘实验仪进行实验，确定储层岩心与长效酸液的反应动力学方程和 H^+ 有效传质系数。实验采用的酸液为长效酸配方。

长效酸酸岩反应动力学参数的确定：

实验采用预先加入 $CaCO_3$ 进行预反应制得不同浓度的余酸，模拟其同离子效应的影响，然后测定不同浓度余酸与储层岩心反应的反应速度关系数据，确定反应动力学方程(图3-48)。

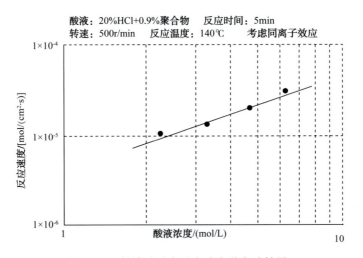

图 3-48　长效酸酸岩反应动力学实验结果

(1) 采用最小二乘法线性回归得酸岩反应动力学参数：反应级数 $m=1.0712$，反应速度常数 $K=4.1947×10^{-6}$。

(2) 求得 140℃ 时胶凝酸的反应动力学方程：$J=4.1947×10^{-6}C^{1.0712}$。

(3) 根据实验结果进行线性回归，得反应活化能 $E_a=14877J/mol$。

(4) 频率因子 $k_0=0.1243$。

(5) 变温度下的反应动力学方程 $J=0.1243e^{-14877/(RT)}C^{1.0712}$。

3.8.10 酸蚀裂缝导流能力评价

酸蚀裂缝导流能力评价实验结果见表3-39，曲线如图3-49和图3-50所示。随着闭合应力的增加，渗透率逐渐降低，导流能力下降，闭合应力对导流能力影响较大(图3-49)。通过反应后的岩板可以看出，反应后出现明显的非均匀刻蚀(图3-50)。

表 3-39 酸蚀裂缝导流评价

测量介质	蒸馏水	实验温度/℃	85
测量方式	线性流	实验仪器	酸蚀裂缝导流仪
酸量/L	4	实验缝宽/mm	1
过酸类型	长效酸(15%HCl+0.9%聚合物+2.5%缓蚀剂+1.0%助排剂+1.0%破乳剂)		
闭合压力/MPa	导流能力/$\mu m^2 \cdot cm$	渗透率/μm^2	流量/(mL/min)
10	85.3	16.4	5
20	82.47	15.88	5
30	58.93	11.37	5
40	23.71	4.59	5
50	16.49	3.19	5

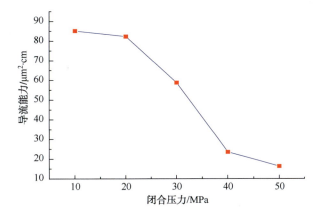

图 3-49 长效酸酸蚀裂缝导流能力评价测验

图 3-50 酸岩反应后的岩板

3.9 表面活性剂缓速酸及性能评价

表面活性剂缓速酸是最新研究开发的一种缓速酸液体系，该体系以低分子特种表面活性剂为缓速剂，不含任何聚合物，解决了高分子聚合物对储层的污染，因此也叫无伤害（零污染）酸液。其缓速原理是在酸液中加入特定的表面活性剂，在岩石表面形成一层阻碍酸传递的阻挡层，起到缓速的目的。国内曾进行过缓速剂的研究，推荐使用烷基磺酸钠（AS）、烷基苯磺酸钠（ABS）及磺化醚等表面活性剂作为化学缓速剂。

表面活性剂缓速酸酸液主要有以下优点：①对地层伤害低。②酸液黏度高，在 40~80mPa·s 范围内可调。③酸液的缓速性能好。在同等条件下，其反应速度相当于乳化酸的 1/3~1/2，相当于胶凝酸的 1/5~1/4，可实现地层深部酸化处理。④酸液摩阻低，易于实现高排量。大型酸液流动回路实验系统测试表明，在 5m³/min 排量下，其摩阻只相当于清水的 15%。⑤酸液易破胶，残酸黏度低、易返排。

表面活性剂缓速酸配方为：20%盐酸+0.6%表面活性剂+4.5%助表面活性剂+2.5%缓蚀剂+1.0%铁离子稳定剂+0.5%%增效剂。

3.9.1 表面活性剂缓速酸热稳定性

在 20~120℃范围内，$170s^{-1}$下恒定剪切 1min 后，测定不同温度下酸液黏度，考察表面活性剂缓速酸热稳定性，测试结果见表 3-40。

表 3-40 酸液黏温实验数据

温度/℃	20	40	60	80	90	100	120
黏度/mPa·s($170s^{-1}$)	75.2	66.4	59.1	43.7	28.4	25.3	22.2

由表 3-40 可以看出，当温度升高到 120℃后，酸液黏度仍保持在 20mPa·s 以上，热稳定性较好。

3.9.2 表面活性剂缓速酸缓速性能

将标准的大理石方块放入预热到 90℃的常规酸、胶凝酸和表面活性剂缓速酸中，在规定的时间内采集酸液，测定其酸液的浓度，测试结果见表 3-41 和图 3-51。

表 3-41 岩心反应速率实验数据

酸 液	反应速率/[mg/(cm²·s)]	平均反应速率/[mg/(cm²·s)]	缓速率/%	缓速倍数	备 注
20%HCl（空白盐酸）	1.35				
1 号样	0.117	0.111	92	12.2 倍	缓速性能良好
2 号样	0.105				

注：实验条件为温度 90℃、时间 10min。

由图 3-51 可知，表面活性剂缓速酸的酸作用时间为常规酸的 10 倍以上，是胶凝酸的 3 倍左右，同时摩阻较低，可以实施大排量酸压，这样更有利于酸在地层中实现深穿透，从而真正意义上实现深部酸压。

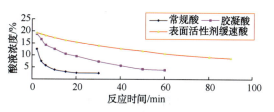

图 3-51　90℃下不同酸液缓速性能

3.9.3　表面活性剂缓速酸摩阻性能

利用管路流变实验仪测定表面活性剂高黏度酸液的管路流动，流变模拟条件为 $3\frac{1}{2}$in 油管注入方式，检测出表面活性剂高黏度酸液的流变结果为：

回归方程：$\tau = 10^{3.72678} \cdot D^{0.20848}$

回归方程：$\mu_a = 10^{3.72678} \cdot D^{0.20848-1}$

式中　τ——表面活性剂缓速酸的剪切应力，MPa；

　　　μ_a——表面活性剂缓速酸的黏度，mPa·s；

　　　D——表面活性剂缓速酸的剪切速率，s^{-1}，表面活性剂缓速酸摩阻检测结果如图 3-52 所示；

　　　ρ——表面活性剂缓速酸的密度（$\rho = 1.100g/cm^3$），g/cm^3。

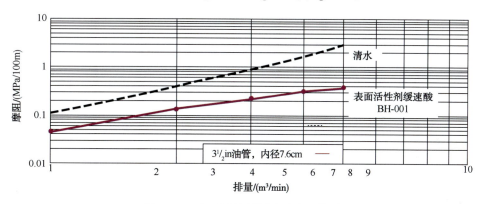

图 3-52　表面活性剂缓速酸摩阻检测

由图 3-52 可知，在 $5m^3/min$ 排量下，表面活性剂缓速酸的摩阻为清水的 15% 左右，可满足大排量、高泵压施工。

3.9.4　表面活性剂缓速酸酸岩反应动力学测定

将碳酸盐岩露头制成 2.5cm×4cm 的标准岩心，利用酸岩反应旋转岩盘仪进行实验。实验前，预先加入 $CaCO_3$ 进行预反应制得不同浓度的余酸，模拟其同离子效应的影响，然后测定不同浓度余酸与储层岩心反应的反应速度关系数据，确定反应级数、酸岩反应动力学方程、反应活化能和传质系数。

1）反应级数和反应速率常数的测定

利用旋转岩盘实验仪测定表面活性剂缓速酸酸液在温度为 90℃、转速为 500r/min、压力为7MPa条件下的反应速率、速率常数及反应级数，实验结果见表3-42。

表3-42 表面活性剂缓速酸与灰岩反应动力学实验数据

序 号	初始浓度/(mol/L)	出口浓度/(mol/L)	反应时间/s	反应温度/℃	酸液体积/L	反应速度常数/[mol/(cm²·s)]
1	5.9897	5.9895	120	90	0.91	1.6401×10^{-7}
2	4.8235	4.8233	120	90	0.89	1.4007×10^{-7}
3	3.7253	3.7251	120	90	0.92	1.1604×10^{-7}
4	2.5549	2.5548	120	90	0.87	8.8253×10^{-8}

注：实验条件为实验温度90℃、实验压力7MPa、转速500r/min、岩样面积11.341cm²。
酸液配方为20%盐酸+0.6%DN-1活性剂+4.5%HX活性剂+2.5%HS-6缓蚀剂+1.0%LT-5铁离子稳定剂+0.5%TE增效剂。

根据表3-42中数据，采用最小二乘法线性回归得：反应级数$m=0.7273$，反应速度常数$K=4.5993\times10^{-8}$，得90℃时表面活性剂缓速酸的反应动力学方程为$J=4.1556\times10^{-6}C^{0.7953}$。

2）表面活性剂缓速酸酸岩反应活化能的确定

在酸液浓度不变的情况下，分别进行20℃、40℃、60℃、90℃条件下的酸岩旋转反应实验，测定不同温度条件下的酸岩反应速率，求解酸岩反应活化能。实验结果见表3-43。

表3-43 表面活性剂缓速酸酸岩反应活化能测定结果

序 号	绝对温度/℃	初始浓度/(mol/L)	出口浓度/(mol/L)	酸液体积/L	反应速度/[mol/(cm²·s)]
1	20	5.8768	5.8768	0.84	1.6891×10^{-8}
2	40	5.7023	5.7022	0.86	3.2125×10^{-8}
3	60	5.8723	5.8722	0.91	6.5778×10^{-8}
4	90	5.9897	5.9895	0.91	1.6404×10^{-7}

根据表3-43中数据，采用最小二乘法线性回归得：反应活化能$E_a=30402$J/mol，频率因子$k_0=8.2619\times10^{-4}$，不同温度下的反应动力学方程为$J=8.2619\times10^{-4}e^{-30402/(RT)}C^{0.795}$。

3）表面活性剂缓速酸H^+有效传质系数的确定

测定了表面活性剂缓速酸酸液在温度为90℃、压力为7MPa条件下，改变岩盘转速，测定不同雷诺数(Re)下的酸岩反应速率，计算出H^+有效传质系数，见表3-44。

表3-44 90℃表面活性剂缓速H^+有效传质系数测定结果

序 号	初始浓度/(mol/L)	岩盘转速/(r/min)	反应时间/s	角速度/s⁻¹	酸液体积/L	雷诺数(Re)/无因次	传质系数/(cm²/s)
1	6.8236		0				
2	6.7453	300	120	31.41	0.98	11985	1.343×10^{-6}
3	6.6376	500	240	52.36	0.96	19834	1.364×10^{-6}

续表

序 号	初始浓度/(mol/L)	岩盘转速/(r/min)	反应时间/s	角速度/s^{-1}	酸液体积/L	雷诺数(Re)/无因次	传质系数/(cm^2/s)
4	6.5678	700	360	73.30	0.94	27545	1.278×10⁻⁶
5	6.5326	900	480	94.25	0.92	35732	1.432×10⁻⁶
6	6.3469	1100	600	115.19	0.90	4369	1.723×10⁻⁶

3.9.5　表面活性剂缓速酸残酸表面张力及破乳性能

表面活性剂缓速酸残酸表面张力及破乳性能测试结果见表3-45、表3-46。

表3-45　残酸表面张力测定数据

测定介质	表面张力/(mN/m)	备　注
蒸馏水	74.3	
残酸	34.2	

表3-46　破乳率实验数据

原油与残酸液体积比	破乳时间/min	破乳率/%	破乳性能
3∶1	20	88	良好
	30	92	
	60	94	
3∶2	20	88	良好
	30	92	
	60	94	
3∶3	20	68	良好
	30	88	
	60	92	

3.9.6　表面活性剂缓速酸残酸在塔河油田的应用

2002年10月13日，对塔河油田4区TH-9井5615.00~6155.70m裸眼井段进行酸压完井，挤入地层总液量800m³（压裂液260m³+表面活性剂缓速酸320m³+胶凝酸220m³），注缓速酸期间最高排量6.3m³/min，泵压47.5~62MPa，停泵压力由15.1MPa下降到12.9MPa。开井累计排残酸495m³后见油（约50%），求产期间原油含水在50%~70%，压力、产量都逐渐下降，后期高含水生产。施工曲线如图3-53所示。

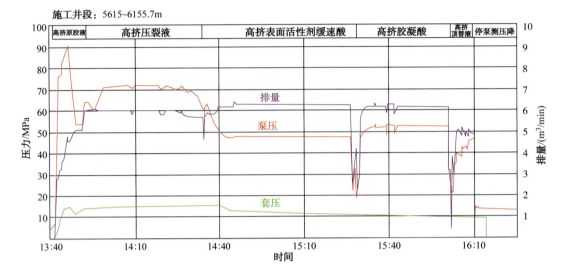

图 3-53 TH-9 井表面活性剂缓速酸现场试验施工曲线

通过进一步室内模拟实验发现,其与岩块在相对静止条件下时缓速效果较好,当酸液与岩块产生相对流动时,缓速效果明显变差,这和国内其他研究单位取得的认识是一致的。表面活性剂缓速酸平均反应速度与流速关系曲线如图 3-54 所示。

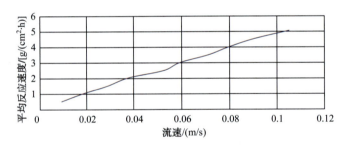

图 3-54 表面活性剂缓速酸平均反应速度与流速关系

如图 3-54 所示,随酸液与岩盘相对速度的增加,酸岩反应速度快速增加,在流速达到 0.1m/s 时,化学缓速作用已基本丧失。因此,在正常施工条件(缝高 50m、缝宽 4mm、进液排量 1.2m³/min 时,酸液在岩石壁面的流速就达 0.1m/s)下,化学缓速作用几乎不存在。说明在对塔河高纯灰岩储层进行酸压时,在正常排量条件下,化学缓速剂起不到缓速效果。塔河油田酸压初期曾用表面活性剂缓速酸,但由于效果不佳,现已不再使用。

第4章　碳酸盐岩储层酸液滤失机理

通过酸液滤失测试分析和理论研究，建立考虑天然裂缝、溶蚀孔缝及CO_2效应的酸液滤失模型，形成裂缝网络滤失模拟方法。在实验测试和滤失计算时，要考虑不同酸液类型、酸液性能对酸蚀蚓孔形成和酸液滤失的影响。计算分析酸液滤失压差、活性水注入、前置压裂液等对酸液滤失的影响，分析大型深穿透复合酸压技术在降低滤失、提高酸液效率方面的技术优势。

对于特别致密的岩心难以形成蚓孔，酸液滤失量较低；岩心注入酸液一旦形成蚓孔而突破岩心，酸液即大量滤失，因此酸压需要抑制蚓孔的形成；网络裂缝滤失与裂缝网络形态和渗透率分布密切相关，为准确模拟酸液滤失应考虑CO_2的影响。

4.1　酸蚀蚓孔引起的酸液滤失模型

4.1.1　蚓孔中酸液流动反应模型

1）假设条件

①酸液沿蚓孔长度方向呈稳定层流流动；②只考虑酸压裂缝内生成的CO_2，忽略蚓孔内反应生成的CO_2；③蚓孔的形状整体为圆锥形，但在长度方向上每个微元dx段内认为是圆柱体。

2）蚓孔内流速场

确定酸液在蚓孔中的浓度分布需要计算酸液在蚓孔中的流速，酸液在蚓孔中的流动为圆管层流流动，并且存在沿蚓孔壁面的滤失，如图4-1所示。

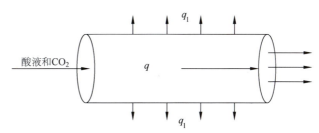

图4-1　蚓孔内酸液流动示意图

t 时刻沿 x 方向的酸液流速：

$$v_x(r, x) = 2\left[v_x(0) - \frac{2v_{wx}}{r_w}\right]\left[(1-\eta) + N_{\text{Rew}}\left(\frac{1}{18} - \frac{\eta}{4} + \frac{\eta^2}{4} + \frac{\eta^3}{18}\right) + N_{\text{Re}}^2 \xi_1\right] \quad (4-1)$$

$$\xi_1 = \frac{83}{5400} - \frac{19\eta}{270} + \frac{33\eta^2}{432} - \frac{\eta^3}{36} + \frac{\eta^4}{144} - \frac{\eta^5}{1800} \quad (4-2)$$

t 时刻沿 r 方向的酸液流速：

$$v_r = (2v_w \eta^{1/2})\left[\left(1 - \frac{\eta}{2}\right) + N_{\text{Rew}}\left(\frac{1}{18} - \frac{\eta}{4} + \frac{\eta^2}{4} + \frac{\eta^3}{18}\right) + N_{\text{Re}}^2 \xi_2\right] \quad (4-3)$$

$$\xi_2 = \frac{83}{5400} - \frac{19\eta}{270} + \frac{11\eta^2}{432} - \frac{\eta^3}{144} + \frac{\eta^4}{720} - \frac{\eta^5}{10800} \quad (4-4)$$

其中，
$$\eta = \frac{r_2}{r_w^2}$$

式中　$N_{\text{Rew}} = v_w r_w / v$ ——蚓孔壁面处的流动雷诺数；

　　　v ——酸液的动力黏度；

　　　$v_x(0)$ ——蚓孔入口处 x 方向的酸液流速，m/s。

采用 Hung 等建立的滤失模型，假设蚓孔是一个带有半球端部的圆筒，流体从蚓孔的圆筒壁和半球处流入无限介质，蚓孔壁上流体滤失速度为（可以看成是径向流动，r_1 是滤失半径）：

$$u = \frac{k_a(P_{wh} - P_R)}{r_{wh}\mu_f \ln\frac{r_1}{r_{wh}}} \quad (4-5)$$

$$k_a = kk_{ra}, \quad \mu_f = \mu_a(1 - f_g) + \mu_f f_g$$

式中　k_a ——酸液相对气液混合液的有效渗透率；

　　　μ_f ——蚓孔中气液两相的混合黏度；

　　　f_g ——酸液中游离态 CO_2 的体积分数，$f_g = f_g(t)$。

酸液在蚓孔尖端的滤失速度为（球形流动）：

$$v = \frac{k_a(P_{wh} - P_R)}{r_{wh}^2 \mu_f \ln\left(\frac{r_1}{r_{wh}} - \frac{1}{r_1}\right)} \quad (4-6)$$

3）蚓孔内的酸液浓度分布

考虑酸液对流扩散方程：

$$\frac{\partial(v_x C)}{\partial x} + \frac{\partial(v_r C)}{\partial r} = \frac{D_e}{r}\left(\frac{\partial}{\partial r} r \frac{\partial C}{\partial r}\right) \quad (4-7)$$

蚓孔入口边界条件：　　$C(x, r) = C_0; \quad x = 0$

蚓孔中心边界条件：　　$\dfrac{C(x, r)}{\partial r} = 0; \quad r = 0$

蚓孔壁面边界条件：　　$\left(-D_e \dfrac{\partial C}{\partial r}\right)\bigg|_{r=r_w} = KC^m$

式中　C——酸液浓度，kg/m³；
　　　D_e——酸液扩散系数，cm²/s；
　　　r_w——蚓孔半径，cm；
　　　K_r——表面反应速度常数，$\left(\dfrac{mol}{m^3}\right)^{1-n}\left(\dfrac{m^3}{m^2 \cdot s}\right)$。

4.1.2　地层内酸液流动模型

酸液滤失进入基质层后，造成蚓孔周围基质层压力升高，为了更准确地计算蚓孔周围的酸液渗流、滤失速度，须先建立能描述酸液在酸蚀蚓孔内压力作用下，向地层中流动的模型。酸压过程中，大量酸液经蚓孔滤失到地层中，假设酸液在蚓孔壁面已反应为残酸，在此忽略酸液在酸蚀蚓孔附近地层的滤失及酸液流动时酸岩反应导致的孔隙结构的改变。

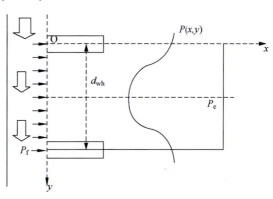

图 4-2　含两条蚓孔的酸液流动示意图

建立如图 4-2 所示的含两条蚓孔的模型，可得酸液在储层中的流动为：

$$\frac{\partial}{\partial x}\left(\frac{K_d}{\mu_f}\frac{\partial P}{\partial x}\right) + \frac{\partial}{\partial y}\left(\frac{K_d}{\mu_f}\frac{\partial P}{\partial y}\right) = C_t \phi_d \frac{\partial P}{\partial t} \tag{4-8}$$

式中　P——酸液在地层孔隙中的压力，MPa；
　　　K_d——地层有效渗透率，$10^{-3}\mu m^2$；
　　　ϕ_d——地层孔隙度，%；
　　　μ_f——酸液的有效黏度，mPa·s；
　　　C_t——地层综合压缩系数，MPa⁻¹。

地层边界条件为：

$$\begin{cases} P = P_f; & x = 0 \\ P = P_f; & y = \dfrac{r_{wh}}{2} \\ P = P_r; & x \to \infty \\ \dfrac{\partial P}{\partial y} = 0; & y = \dfrac{d_{wh}}{2} \end{cases} \tag{4-9}$$

其中，当 $0 \leq x \leq l_{wh}$ 时，$y = \dfrac{r_{wh}}{2}$。

当形成一条酸蚀蚓孔时，其附近的压力场会发生改变，压力梯度降低，酸流量发生变化。基于上述模型能够模拟酸蚀蚓孔周围的压力场变化规律及蚓孔内酸液滤失进入地层的情况。

4.1.3　蚓孔溶蚀扩展模型

在酸蚀蚓孔扩展的数学模型基础上，确定形成酸蚀蚓孔所需的酸液量，并计算得到由酸蚀蚓孔滤失的酸液体积。设在 dt 时间内蚓孔增加的长度为 dl，参加反应的盐酸的质量为：

$$m = A\left[uC + \left(-D_e \frac{\partial C}{\partial x}\bigg|_w\right)\right]dt \tag{4-10}$$

式中　A ——酸岩反应接触面的面积，m^2；
　　　u ——蚓孔长度方向上的酸液流速，m/s；
　　　C ——蚓孔内酸液质量浓度，kg/m^3；
　　　D_e ——酸液扩散系数，m^2/s；
　　　$\frac{\partial C}{\partial x}\bigg|_w$ ——蚓孔壁面处的酸液浓度梯度，$kg/(m^3 \cdot m)$。

引入酸液溶解系数 β，即单位质量的酸所溶解的岩石质量。则在 dt 时间内溶蚀的岩石体积为：

$$V = \frac{\beta A\left[uC + \left(-D_e \frac{\partial C}{\partial x}\bigg|_{end}\right)\right]dt}{\rho(1-\phi)} \tag{4-11}$$

式中　ρ ——岩石的密度，kg/m^3；
　　　ϕ ——岩石孔隙度，无因次。

dt 时间内蚓孔的体积增加量为 Adl，根据溶解的岩石体积等于蚓孔增加的体积得：

$$\frac{dl}{dt} = \frac{\beta\left[uC + \left(-D_e \frac{\partial C}{\partial x}\bigg|_w\right)\right]}{\rho(1-\phi)} \tag{4-12}$$

引入 H^+ 传质系数 k_g，则 $-D_e \frac{\partial C}{\partial x}\bigg|_{end} = k_g(\overline{C} - \overline{C}_w)$，由于盐酸与碳酸盐岩反应速度快，认为蚓孔尖端处 $C_w = 0$。由于沿蚓孔长度方向酸液的流动速度快，反应速度由流动传输控制，而分子扩散项对反应速度的影响相对较小，于是蚓孔沿 x 方向的增长速率为：

$$\frac{dl}{dt} = \frac{\beta uC}{\rho(1-\phi)} \tag{4-13}$$

以此类推，假设该段蚓孔在 dt 时间内半径增加了 dr，则该时间微元内酸液溶解的岩石体积为：

$$\frac{2\pi r\beta dl(v\overline{C} - k_g\overline{C})dt}{\rho(1-\phi)} \tag{4-14}$$

式中　v ——蚓孔壁面附近纯酸液的径向流速，由于蚓孔壁面滤失模型已考虑了 CO_2 的影响，此处不再考虑。

蚓孔在径向上的体积增加量为：

$$\pi(r+dr)^2 dl - \pi r^2 dl \tag{4-15}$$

忽略微元的高次方向 dr^2，整理得酸蚀蚓孔沿蚓孔半径方向（即 r 方向）的增长速率为：

$$\frac{dr}{dt} = \frac{\beta(v\overline{C} - k_g\overline{C})}{\rho(1-\phi)} \tag{4-16}$$

4.1.4 实例计算

基于 Matlab 编制蚓孔内的酸液滤失计算程序。对影响酸蚀蚓孔增长及酸液滤失的裂缝滤失压差及 CO_2 效应等因素进行分析。

1) 裂缝滤失压差的影响

由图 4-3 和图 4-4 可知，滤失压差越高，酸蚀蚓孔半径和长度也越大，且同一裂缝滤失压差下，蚓孔半径和蚓孔长度均表现出在酸液滤失初期增加较快，分析认为初始阶段酸岩反应速度大且地层压力较低，因而蚓孔增长速率大，滤失一段时间后，蚓孔半径及蚓孔长度增加幅度降低。

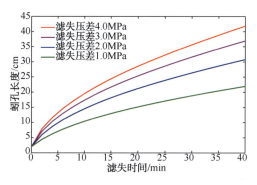

图 4-3 缝内滤失压差对蚓孔长度变化影响　　图 4-4 缝内滤失压差对蚓孔孔径变化影响

图 4-5 为不同裂缝滤失压差下，经蚓孔壁面的滤失速度在蚓孔长度方向上的变化，蚓孔壁面的滤失速度随蚓孔长度的增加而大幅度增加，在蚓孔尖端处壁面上的滤失速度达到最大值。图 4-6 为不同裂缝滤失压差下经单蚓孔滤失掉的酸液量随滤失时间的变化曲线。图中显示，在同一裂缝滤失压差下，滤失量随滤失时间的增加而增加，但其增加幅度有增大的趋势，说明酸蚀蚓孔的长度是影响酸液滤失的主要因素。

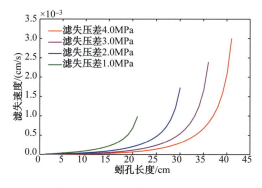 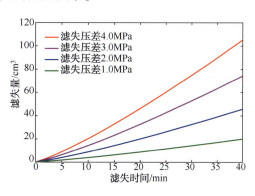

图 4-5 滤失压差对蚓孔内酸液滤失速度的影响　　图 4-6 滤失压差对蚓孔酸液滤失量的影响

2）CO_2 的影响

图 4-7 和图 4-8 分别为 CO_2 体积分数对酸蚀蚓孔长度和蚓孔半径的影响。在不同的 CO_2 体积分数下，蚓孔长度随滤失时间增加而增加，但滤失时间增加到一定范围后，其增加幅度趋于平缓，蚓孔半径表现出在酸压施工初期增加较快，一段时间后基本不再增加。

图 4-9 和图 4-10 分别是在不同 CO_2 体积分数下滤失的酸液随时间变化曲线。在不同 CO_2 体积分数下，随滤失时间增加酸液的滤失量增加，但其增加幅度降低。不同 CO_2 体积分数下，相同时间内的滤失量不同，且滤失量随着体积分数的增加呈下降趋势。另外，酸岩反应所生成的 CO_2 与混合流体的视黏度、密度等密切相关，造成酸蚀蚓孔尺寸及滤失量发生变化。

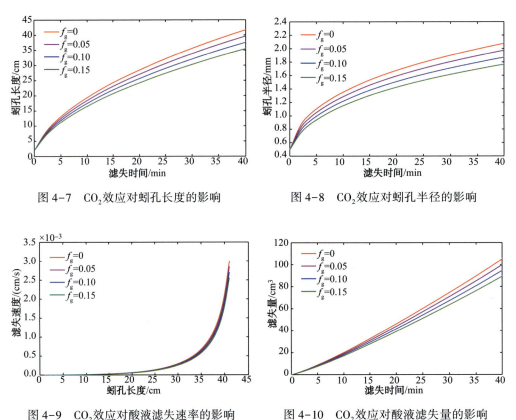

图 4-7　CO_2 效应对蚓孔长度的影响　　　　　图 4-8　CO_2 效应对蚓孔半径的影响

图 4-9　CO_2 效应对酸液滤失速率的影响　　　图 4-10　CO_2 效应对酸液滤失量的影响

4.2　考虑 CO_2 效应的酸液滤失模型

考虑缝内流体压力、地层应力及缝内游离态 CO_2 效应对裂缝延伸的综合影响，模拟裂缝的动态延伸，同时在考虑地层传热及酸岩反应热的基础上，建立缝内温度场模型，结合酸岩反应模型，准确预测注酸过程中酸压裂缝内 CO_2 的生成量，通过经验公式与插值法相结合，计算裂缝内游离态 CO_2 体积。在考虑裂缝延伸、缝内温度分布、酸岩反应及缝内游离态 CO_2 压缩性影响的基础上，建立碳酸盐岩储层酸液滤失计算模型。

4.2.1 裂缝尺寸计算模型

基本假设条件：①产层、盖层和底层是各向同性的线弹性体，各层的岩石力学参数互不相同，各层间的水平最小地应力梯度恒定；②裂缝的垂直剖面为椭圆形，缝内的流动为黏性流体的定常层流。模型如图 4-11 所示。

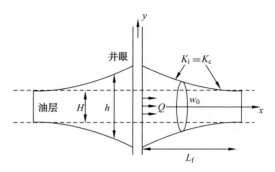

图 4-11 拟三维裂缝几何形态

1) 压降方程

酸液在裂缝中沿缝长方向流动，并且流动形态为稳定层流。假定裂缝尖端是与椭圆很接近的一种形状，引入管道形状因子 $\Phi(n)$ 修正平行板中流体流动压降方程。

$$\frac{\mathrm{d}P(x, t)}{\mathrm{d}x} = -2^{n+1} k \left[\frac{(2n+1) q(x, t)}{n \Phi(n) h(x, t)} \right]^n \frac{1}{[w(x, 0, t)]^{2n+1}} \tag{4-17}$$

其中，

$$\Phi(n) = \frac{1}{2H(x)} \int_{-H}^{H} \left[\frac{w(x, z, t)}{w(x, 0, t)} \right]^{\frac{2n+1}{n}} \mathrm{d}z \tag{4-18}$$

式中　$P(x, t)$——t 时刻缝内 x 处的压力，MPa；

　　　$q(x, t)$——t 时刻缝内 x 处的体积流量，m³/s；

　　　$h(x, t)$——t 时刻缝内 x 处裂缝高度，m；

　　　n——流态指数，无因次；

　　　k——稠度系数，Pa·s^n；

$w(x, 0, t)$——t 时刻缝内 x 处横截面上中心处的缝宽，m。

2) 状态方程

计算缝内液体流动时不能简单地采用体积守恒原理，而需要用质量守恒原理来计算，随着酸岩反应产生的 CO_2 气体的增多，须考虑缝内流体密度的变化。

$$\rho_G = \frac{M}{V} = \frac{44.01}{V} \tag{4-19}$$

$$\rho_F = \rho_G \Gamma + \rho_L (1 - \Gamma) \tag{4-20}$$

3) 连续性方程

在裂缝长度方向上取某一单元体，由质量守恒原理得酸液通过裂缝某一微元体的质量变化为微元体内滤失进入地层中的酸液质量与微元体内裂缝延伸扩展所需酸液质量之和。从而得到裂缝内流体流动的连续性方程。

对于气相：

$$-\frac{\partial (\rho_G \Gamma A v)}{\partial x} = \rho_G \Gamma q_{\text{leakoff}} + \frac{\partial (\rho_G \Gamma A)}{\partial t} \tag{4-21}$$

对于液相：

$$-\frac{\partial[\rho_G(1-\Gamma)Av]}{\partial x} = \rho_L(1-\Gamma)q_{leakoff} + \frac{\partial[\rho_G(1-\Gamma)A]}{\partial t} \quad (4-22)$$

由于 $\rho_F = \rho_G\Gamma + \rho_L(1-\Gamma)$，将式(4-21)和式(4-22)相加得：

$$-\frac{\partial(\rho_G Av)}{\partial x} = \rho_F q_{leakoff} + \frac{\partial(\rho_F A)}{\partial t} \quad (4-23)$$

式中，

$$q_{leakoff} = \frac{2hC}{\sqrt{t-t_p(x)}} + \frac{2V_{sp}(h-h_{t-1})}{dt}$$

4）裂缝宽度方程

对碳酸盐岩储层酸压形成酸蚀缝是注入酸液的滤失压差与储层应力共同作用的结果，将作用于裂缝壁面的压力分解为裂缝中心的净压力 $P+g_s z_d$、流体重力作用压差 $g_p z$、盖层与产层的应力差 S_u、底层与产层的应力差 S_l、地应力梯度 $g_s z$ 及流体沿缝高方向的摩阻压降 $g_v|z|$。地层应力叠加示意图如图 4-12 所示。

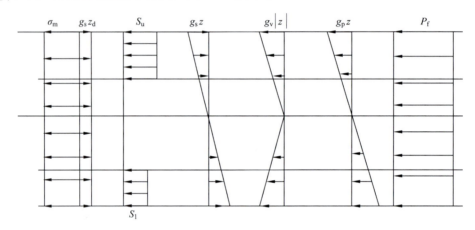

图 4-12 应力叠加示意图

将影响裂缝宽度变化的应力进行叠加，得到裂缝宽度剖面上在缝高方向上任意高度 z 处的动态裂缝宽度为：

$$W(x,z) = \frac{4(1-\nu^2)(P+g_s z_d)}{E}\sqrt{H^2-z^2}$$

$$-\frac{4(1-\nu^2)g_v}{\pi E}\left\{H\sqrt{H^2-z^2}+z^2\left[\ln(H+\sqrt{H^2-z^2})-\ln|z|\right]\right\}$$

$$-\frac{4(1-\nu^2)S_u}{\pi E}\left[-\left(h-\frac{h_u}{2}+\frac{h_l}{2}-z\right)\cosh^{-1}\frac{H^2\left(h-\frac{h_u}{2}+\frac{h_l}{2}\right)z}{H\left|h-\frac{h_u}{2}+\frac{h_l}{2}-z\right|}\right]$$

$$+ \left(\frac{\pi}{2} - \sin^{-1} \frac{h - \frac{h_u}{2} + \frac{h_l}{2}}{\frac{h_u}{2} + \frac{h_l}{2}} \right) \sqrt{H^2 - z^2}$$

$$- \frac{4(1-\nu^2)S_l}{\pi E} \left[-\left(h + \frac{h_u}{2} - \frac{h_l}{2} + z\right) \cosh^{-1} \frac{H^2\left(h + \frac{h_u}{2} - \frac{h_l}{2}\right)z}{H\left|h + \frac{h_u}{2} - \frac{h_l}{2} + z\right|} \right.$$

$$+ \left(\frac{\pi}{2} - \sin^{-1} \frac{h + \frac{h_u}{2} - \frac{h_l}{2}}{\frac{h_u}{2} + \frac{h_l}{2}} \right) \sqrt{H^2 - z^2}$$

$$- \frac{2(1-\nu^2)g_\rho z}{E} \sqrt{H^2 - z^2} + \frac{2(1-\nu^2)g_s z}{E} \sqrt{H^2 - z^2} \qquad (4-24)$$

式中　　E——岩石弹性模量，Pa；

　　　　ν——岩石泊松比，无因次；

　　　　z_d——裂缝中心与产层中心距离，m；

　　　　h——产层的半高，m；

$h_u(x)$、$h_l(x)$——缝内 x 处的上扩缝高、下延缝高，m。

5) 裂缝高度方程

根据 Rice 推导的应力强度因子公式及裂缝延伸的力学条件进行整理，得缝高控制方程：

$$\frac{K_{uc} + K_{lc}}{\sqrt{\pi\left(\frac{h_u}{2} + \frac{h_l}{2}\right)}} = 2P + g_s(h_u - h_l) - S_u\left[1 - \frac{2}{\pi}\sin^{-1}\left(\frac{h - \frac{h_u}{2} + \frac{h_l}{2}}{\frac{h_u}{2} + \frac{h_l}{2}}\right)\right]$$

$$- S_l\left[1 - \frac{2}{\pi}\sin^{-1}\left(\frac{h + \frac{h_u}{2} - \frac{h_l}{2}}{\frac{h_u}{2} + \frac{h_l}{2}}\right)\right] - \frac{2(h_u + h_l)g_v}{\pi} \qquad (4-25)$$

$$(K_{uc} - K_{lc})\sqrt{\pi\left(\frac{h_u}{2} + \frac{h_l}{2}\right)} = -2S_u\sqrt{(h_u - h)(h_l + h)} + 2S_l\sqrt{(h_l - h)(h_u + h)}$$

$$+ \pi\left(\frac{h_u}{2} + \frac{h_l}{2}\right)^2 (g_s - g_\rho) \qquad (4-26)$$

式中　　K_{uc}、K_{lc}——盖层与底层岩石的断裂韧性；

　　　　$P(x)$——缝内 x 处的净压力；

　　　　S_u、S_l——盖层、底层与产层的水平最小地应力差，Pa。

由于酸岩反应生成的 CO_2 具有一定的可压缩性，缝内连续性方程采用质量守恒原理计算,迭代求解过程中同时求解酸液浓度分布规律,因此需要假定两个未知变量。当时间由 t 增加到 $t+\Delta t$ 时,先假设裂缝入口处的压力为 P_1,采用裂缝高度和宽度方程分别计算裂缝的高度和宽度,采用质量守恒方程计算出酸液质量分布和流速分布,再用压降方程计算 Δx 长度后的缝内流体压力 P_2,重复前面的过程得到相应的 P_n 和 M_n,直到计算出的缝尖压力和流量满足预先的精度要求,否则再用新的压力值重新进行计算,反复进行迭代计算,直到误差在允许范围之内为止。若达到允许的误差范围且未达到预先设定的施工时间,则进行下一时间段,并重复上述步骤,若达到预先设定的施工时间,则储存数据并退出程序。

图 4-13 和图 4-14 分别为注酸过程中不同时刻裂缝高度、长度和宽度的变化情况。裂缝体积的大小与酸液滤失密切相关,要想准确计算注酸过程中酸液的滤失量,必须模拟酸压过程裂缝尺寸的变化。

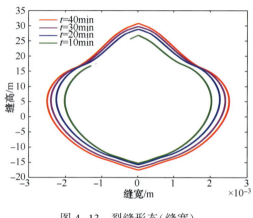

图 4-13 裂缝形态(缝宽)

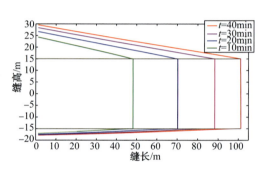

图 4-14 裂缝形态(缝长)

4.2.2 裂缝温度场计算

依据 Whitsitt 和 Dysart 方法并引用他们推导出的热流函数,在假设滤失速度为常数的基础下,采用 Nordgren 方法计算缝中质量流速并充分考虑裂缝中存在残酸及游离态 CO_2 的实际情况。

1) 基本假设

① 只考虑酸液与地层之间的热传导,忽略裂缝长度方向上酸液之间的热传导;② 滤失速度 v_1 为常数;③ 只考虑在垂直于裂缝壁面方向上发生热传递;④ 微元体内的热量变化和质量变化可忽略,地层和流体的热力学性质不随时间和温度而变化。

其中:

$$\begin{cases} \rho_f = \rho_1(1-f_g) + \rho_g f_g \\ C_f = C_1(1-f_g) + C_g f_g \\ f_g = \dfrac{V_g}{V_1 + V_g} \end{cases} \quad (4-27)$$

式中 C_f——缝内流体(残酸与游离态超临界 CO_2 的混合液)比热,$cal/(kg \cdot ℃)$;

ρ_f——缝内流体(残酸与游离态超临界 CO_2 的混合液)密度,kg/m^3;

ρ_1、ρ_g ——残酸、游离态 CO_2 密度，kg/m^3；
C_1、C_g ——残酸、产生的 CO_2 比热，$cal/(kg \cdot ℃)$；
f_g ——酸压裂缝内残酸中游离态 CO_2 的体积分数，%；
V_1、V_g ——残酸及残酸中游离态 CO_2 体积，m^3。

2）地层传热

依据 Whitsitt 和 Dysart 推导出的热流函数及地层的热传导可得 t 时刻距离井底 x 位置处的缝内温度为：

$$T_x = T_r - (T_r - T_w)\exp\left[-\frac{4hL_k}{Q\rho_f C_f}\sqrt{\frac{\theta}{\pi t}} \cdot I(x, t)\right] \quad (4-28)$$

其中：

$$\begin{cases} I(x, t) = \int_0^x \frac{\phi\left[Z\sqrt{t} \cdot \sqrt{1 - \left(\frac{x}{L_k}\right)^2}\right]}{\left(1 - \frac{2}{\pi}\arcsin\frac{x}{L_k}\right) \cdot \sqrt{L_k^2 - x^2} \cdot \sqrt{t}} dx \\ \phi\left[Z\sqrt{t} \cdot \sqrt{1 - \left(\frac{x}{L_k}\right)^2}\right] = e^{-\left(Z\sqrt{t} \cdot \sqrt{1 - \frac{x^2}{L_k^2}}\right)^2} - \sqrt{\pi}\left(Z\sqrt{t} \cdot \sqrt{1 - \frac{x^2}{L_k^2}}\right)\mathrm{erfc}\left(Z\sqrt{t} \cdot \sqrt{1 - \frac{x^2}{L_k^2}}\right) \\ Z = \frac{V_1 \rho_f C_f}{2(1-\phi)\sqrt{\theta}} \\ \theta = \rho_{ma} \cdot C_{ma} \cdot \lambda_{ma} \end{cases}$$

$$(4-29)$$

式中 ρ_{ma} ——岩石骨架密度，kg/m^3；
C_{ma} ——岩石骨架比热，$cal/(kg \cdot ℃)$；
λ_{ma} ——岩石骨架导热系数，$cal/(m \cdot min \cdot ℃)$；
T_r ——地层原始温度，℃；
L_k ——压开裂缝后 t_k 时刻动态缝长，m。
其他物理量意义同前。

3）酸岩反应热计算

酸岩反应为放热反应，随着酸的消耗将不断释放热量，酸液吸热后温度不断升高。考虑 Δt 时刻内 Δx 段上的放热：

$$\Delta T_j = \frac{12\Delta H k_j \overline{C_j}^m \cdot \Delta t}{C_f \rho_f \overline{b}} \quad (4-30)$$

其中，$k_j = k_0 e^{-E_a/(RT_{j-1})}$

式中 ΔH ——酸岩反应生成热，cal/mol；
$\overline{b}$ —— t_k 时刻裂缝平均宽度，m；
$\overline{C_j}$ —— Δx 段酸液平均浓度，mol/L；
k_j ——反应速度常数，$mol/(cm^2 \cdot s)$。

考虑酸岩反应热后,裂缝中温度计算可由式(4-26)和式(4-28)式联立得到,即:
$$T = T_j + \Delta T_j \qquad (4\text{-}31)$$
式中 T——考虑酸岩反应热后的裂缝中温度,℃。

酸压过程中注入酸液的温度远远低于地层的温度,如图4-15所示,地层热量不断地传递到缝内酸液中,使酸液的温度不断升高。在缝长超过60m位置处,缝内液体温度急剧升高。温度的变化对于CO_2在残酸中的溶解度及缝内游离态CO_2的状态都有很大的影响,在对裂缝内CO_2的状态进行分析时,必须考虑缝内的温度变化。

利用平均温度计算酸液浓度分布时,在距井底近的缝中温度比实际温度高,远离井底的缝中温度较实际温度低,浓度变化慢,如图4-16所示。

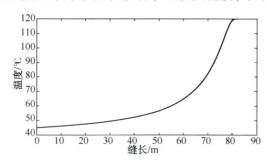

图4-15 裂缝长度方向上温度场分布   图4-16 温度对酸液浓度分布的影响

酸岩反应生成的CO_2一部分溶解在残酸中,另一部分以游离态的形势存在于酸压裂缝中。由于温度的影响,裂缝内不同位置处CO_2的溶解度有一定的差异(图4-17),因此游离态CO_2的量也会相差较多。在压力小于40MPa时,温度对CO_2的物质的量体积会有很大的影响(图4-18),在裂缝内准确考虑温度的变化可以更准确地计算缝内CO_2的体积。

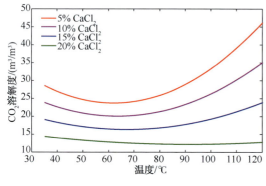
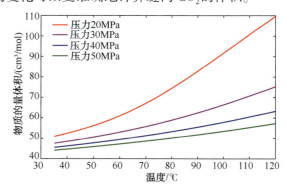

图4-17 温度对CO_2溶解度的影响   图4-18 温度对CO_2物质的量体积的影响

4.2.3 酸液流动反应计算

1) 酸岩反应动力学参数测试

(1) 普通酸岩反应动力学参数测试。

表4-1和图4-19为普通盐酸与岩心在80℃下的酸岩反应动力学参数测试结果。从测试结果可以看出,普通酸与岩石反应速度较快。

表 4-1　普通酸 80℃动态反应动力学

岩心直径/ cm	酸浓度/ (mol/L)	酸浓度差/ (mol/L)	反应时间/ s	酸液体积/ mL	反应速度/ [mol/(cm²·s)]
2.5	5.615	0.2852	120	600	2.907×10^{-4}
	4.825	0.265	120	600	2.701×10^{-4}
	3.839	0.2109	120	600	2.149×10^{-4}
	3.236	0.1983	120	600	2.021×10^{-4}

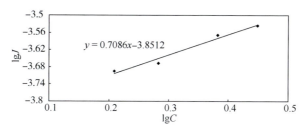

图 4-19　普通酸 80℃反应动力学关系

将图 4-19 线性回归处理得到普通酸反应速度常数 $K=1.4057\times10^{-4}$、$m=0.7086$，酸岩反应动力学方程为 $J=1.4057\times10^{-4}C^{0.7086}$。

（2）胶凝酸反应动力学参数测试。

表 4-2 和表 4-3、图 4-20 和图 4-21 为 130℃时胶凝酸与岩石的反应动力学参数测试结果。从实验结果看出，胶凝酸的反应速度明显低于普通酸的反应速度，有助于实现酸液的深穿透。在高达 130℃温度条件下，胶凝酸与 J-1 岩心的反应速度常数为 6.5539×10^{-6}，较普通酸与 P-1 岩心在 80℃条件下的反应速度常数 4.9888×10^{-5}明显要低。

表 4-2　胶凝酸 130℃动态反应动力学测试(1)

岩　心	岩心直径/ cm	酸浓度/ (mol/L)	酸浓度差/ (mol/L)	反应时间/ s	酸液体积/ mL	反应速度/ [mol/(cm²·s)]
J-1	2.5	5.526	0.0296	300	600	1.2066×10^{-5}
		4.803	0.0275	300	600	1.1210×10^{-5}
		3.957	0.0229	300	600	9.3350×10^{-6}
		2.951	0.0207	300	600	8.4382×10^{-6}

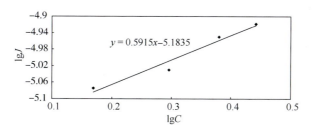

图 4-20　胶凝酸 130℃反应动力学关系(1)

将图 4-20 线性回归处理得到胶凝酸反应速度常数 $K = 6.5539 \times 10^{-6}$、$m = 0.5915$，酸岩反应动力学方程为 $J = 6.5539 \times 10^{-6} C^{0.5915}$。

表 4-3　胶凝酸 130℃ 动态反应动力学测试 (2)

岩　心	岩心直径/ cm	酸浓度/ (mol/L)	酸浓度差/ (mol/L)	反应时间/ s	酸液体积/ mL	反应速度/ [mol/(cm²·s)]
J-2	2.5	5.638	0.0301	300	600	1.2270×10^{-5}
		4.912	0.0285	300	600	1.1618×10^{-5}
		3.893	0.0227	300	600	9.2535×10^{-6}
		2.971	0.0212	300	600	8.6420×10^{-6}

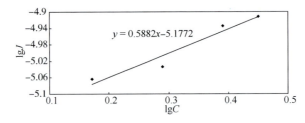

图 4-21　胶凝酸 130℃ 反应动力学关系 (2)

将图 4-21 线性回归处理得到胶凝酸反应速度常数 $K = 6.6497 \times 10^{-6}$、$m = 0.5882$，酸岩反应动力学方程为 $J = 6.6497 \times 10^{-6} C^{0.5882}$。

（3）交联酸反应动力学参数测试。

表 4-4 和表 4-5、图 4-22 和图 4-23 为 130℃ 时交联酸与岩石的反应动力学参数测试结果。从实验结果看出，胶凝酸的反应速度明显低于普通酸的反应速度，交联酸与胶凝酸的酸岩反应速度处于同一数量级。

表 4-4　交联酸 130℃ 动态反应动力学测试 (1)

岩　心	岩心直径/ cm	酸浓度/ (mol/L)	酸浓度差/ (mol/L)	反应时间/ s	酸液体积/ mL	反应速度/ [mol/(cm²·s)]
JL-1	2.5	5.743	0.0123	300	600	5.0140×10^{-6}
		4.931	0.0116	300	600	4.7287×10^{-6}
		3.954	0.0112	300	600	4.566×10^{-6}
		3.008	0.0105	300	600	4.2802×10^{-6}

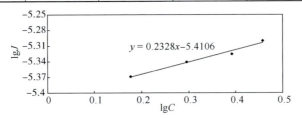

图 4-22　交联酸 130℃ 反应动力学关系 (1)

将图 4-22 线性回归处理得到交联酸反应速度常数 $K=3.8851\times10^{-6}$、$m=0.2328$，酸岩反应动力学方程为 $J=3.8851\times10^{-6}C^{0.2328}$。

表 4-5 交联酸 130℃动态反应动力学测试(2)

岩 心	岩心直径/cm	酸浓度/(mol/L)	酸浓度差/(mol/L)	反应时间/s	酸液体积/mL	反应速度/[mol/(cm²·s)]
JL-2	2.5	5.821	0.0127	300	600	5.1771×10^{-6}
		4.901	0.0121	300	600	4.9325×10^{-6}
		3.892	0.0113	300	600	4.6064×10^{-6}
		3.012	0.0109	300	600	4.4433×10^{-6}

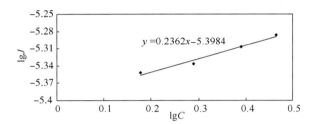

图 4-23 交联酸 130℃反应动力学关系(2)

将图 4-23 线性回归处理得到交联酸反应速度常数 $K=3.9958\times10^{-6}$、$m=0.2362$，酸岩反应动力学方程为 $J=3.9958\times10^{-6}C^{0.2362}$。

2) 反应动力学参数对比分析

表 4-6 为普通酸、胶凝酸和交联酸的反应动力学参数对比，结果显示普通酸的酸岩反应速度最快。在 80℃时，普通酸的酸岩反应速度常数从数量级上约为胶凝酸或交联酸的 100 倍，因此对于类似塔河油田的高温碳酸盐岩储层，不能采用普通酸进行酸压。胶凝酸性能较好，可降低酸岩反应速度，有效提高酸液穿透距离。交联酸的反应速度略低于胶凝酸的反应速度，但其配制和施工更为烦琐。结合前面的滤失测试分析，采用胶凝酸与压裂液交替注入是提高酸压效果的有效途径。另外，多种不同性质酸液混合使用，有助于提高岩石非均匀刻蚀程度，因此可采用胶凝酸与交联酸的复合。

表 4-6 不同酸反应动力学参数对比

酸 型	测试温度/℃	反应动力学方程
普通酸	80	$J=1.4057\times10^{-4}C^{0.7086}$
胶凝酸	130	$J=6.5539\times10^{-6}C^{0.5915}$
	130	$J=6.6497\times10^{-6}C^{0.5882}$
交联酸	130	$J=3.8851\times10^{-6}C^{0.2328}$
	130	$J=3.9958\times10^{-6}C^{0.2362}$

3) 缝内酸液流动反应计算

根据缝内酸液的对流与扩散，参照 Roberts-Guin 方法可建立缝内酸反应的微分方程式：

$$\begin{cases} u\dfrac{\partial C}{\partial x} + v\dfrac{\partial C}{\partial y} = \dfrac{\partial}{\partial y}\left(D_e \dfrac{\partial C}{\partial y}\right) \\ C\big|_{x=0} = C_0 \\ \dfrac{dC}{dy}\bigg|_{y=0} = 0 \\ -D_e \dfrac{dC}{dy}\bigg|_{y=\pm\frac{\bar{w}}{2}} = k_R C_W^n \end{cases} \qquad (4-32)$$

连续性方程：

$$\frac{\partial u}{\partial x} + \frac{\partial v}{\partial y} = 0 \qquad (4-33)$$

式中　k_R——化学反应速度常数，$\left(\dfrac{mol}{m^3}\right)^{1-n}\left(\dfrac{m^3}{m^2 \cdot s}\right)$；

　　　n——反应级数，无因次；

　　　D_e——氢离子有效扩散系数，cm^2/s。

酸岩表面化学反应速度为：

$$V = k_R C_W^n \qquad (4-34)$$

式中　V——表面化学反应速度，$mol/(m^2 \cdot s)$。

图 4-24 为计算得到的随温度和酸液浓度变化的酸岩反应速度剖面，在图中可以得到任意温度和浓度下的酸岩反应速度，酸岩反应速度受缝内温度和酸液浓度的影响较大。

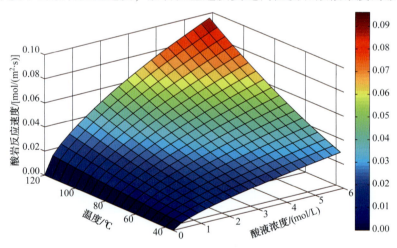

图 4-24　酸岩反应速度剖面

由酸岩反应速度剖面即可得到注酸过程中各个时刻消耗盐酸的物质的量：

$$n_{HCl} = 2V(C, T)LHdt \qquad (4-35)$$

4.2.4　酸压过程中 CO_2 状态

结合酸岩反应模型，将裂缝中的 CO_2 处理为超临界 CO_2，进而求出整个酸压裂缝中游离态超临界 CO_2 的体积。

1）不同浓度残酸中 CO_2 溶解度测试

CO_2 溶解度测试（用2%的盐酸溶液来模拟残酸），采用平衡液取样分析法，即在一定的温度、压力范围条件下，将 CO_2 注入已知体积的残酸溶剂中，待溶解饱和后，分离出少量的溶液样品，采用体积分析法分析其中所含 CO_2 的量。体积分析法是使样品溶液降温至室温和大气压力下，测量从溶液中析出的 CO_2 体积。

(1) 不同离子浓度条件下（温度80℃、压力20MPa）。

由图4-25可以看出，随着酸液中 $CaCl_2$ 浓度的增加，CO_2 溶解度整体呈现下降的趋势，但其中 $CaCl_2$ 浓度为11.4%和20.4%时出现略微上升，在 $CaCl_2$ 浓度为26.3%时，CO_2 溶解度飙升至14.58mL/mL，远远超出周围数据点，可能由于实验测试误差所致。

(2) 不同压力条件下（$CaCl_2$ 浓度26.3%、温度80℃）。

由图4-26可以看出，随着压力的升高，CO_2 在酸液中的溶解度逐渐升高，在压力为6MPa条件下达到最高，其后有所降低，随着压力的继续升高，其溶解度在10MPa时开始恢复升高趋势，当压力超过18MPa后，CO_2 溶解度无明显变化，CO_2 在溶液中达到饱和。

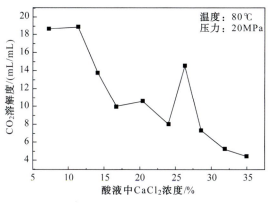

图4-25 不同 $CaCl_2$ 浓度下 CO_2 溶解度

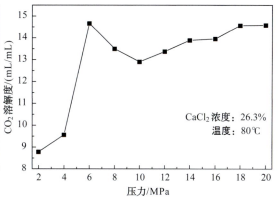

图4-26 不同压力下 CO_2 溶解度

(3) 不同温度条件下（$CaCl_2$ 浓度26.3%、压力20MPa）。

由图4-27可以看出，随着温度的升高，CO_2 在酸液中的溶解度逐渐降低，当温度超过60℃后，又开始上升，整体上呈现先下降后上升的趋势。温度在80~120℃之间时，CO_2 溶解度有略微的波动，由实验精度所致。

2）超临界 CO_2 性质

CO_2 的临界温度为31.05℃，临界压力为7.37MPa。对于埋藏深度几千米的碳酸盐岩油藏，其地层温度和压力均远远超过 CO_2 临界温度和压力，因此酸压

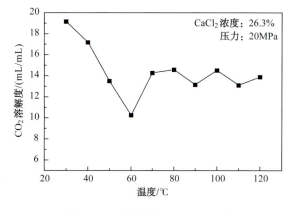

图4-27 不同温度下 CO_2 溶解度

过程中酸岩反应生成的CO_2均处于超临界状态。此种流体具有独特的性质，黏度接近气体，密度类似液体，见表4-7。

表4-7 超临界流体物理特性与气体、液体特性的对比

物理特性	超临界流体	气体(常温、常压)	液体(常温、常压)
密度/(g/cm³)	0.2~0.9	0.0006~0.002	0.6~1.6
黏度/mPa·s	0.03~0.1	10^{-2}	0.2~3.0
扩散系数/(cm²/s)	10^{-4}	10^{-1}	10^{-5}

3）游离态超临界CO_2体积

引用Nierode D. E.等对CO_2在不同浓度的$CaCl_2$溶液中溶解度的拟合公式，对其进行校正：

不含$CaCl_2$溶液

$$S = \begin{cases} 28.75 + 0.1617P \cdots (35℃) \\ 23.59 + 0.1918P \cdots (75℃) \\ 23.26 + 1.2120P \cdots (120℃) \end{cases}$$

含20%的$CaCl_2$溶液

$$S = \begin{cases} 11.93 + 0.0862P \cdots (35℃) \\ 9.369 + 0.1049P \cdots (75℃) \\ 9.764 + 0.1070P \cdots (120℃) \end{cases}$$

含35%的$CaCl_2$溶液

$$S = \begin{cases} 5.126 + 0.3064P \cdots (35℃) \\ 4.203 + 0.03683P \cdots (75℃) \\ 3.433 + 0.05777P \cdots (120℃) \end{cases}$$

含43%的$CaCl_2$溶液

$$S = \begin{cases} 1.799 + 0.01939P \cdots (35℃) \\ 1.570 + 0.01821P \cdots (75℃) \\ 1.401 + 0.02453P \cdots (120℃) \end{cases} \quad (4-36)$$

式(4-36)为不同温度条件下，CO_2在不同$CaCl_2$溶液中的溶解度，采用拉格朗日二次插值方法即可获得不同温度、不同压力条件下CO_2在不同$CaCl_2$溶液中的溶解度，进而计算酸化压裂过程中CO_2溶解在残酸中的物质的量。

计算出酸化压裂过程中CO_2生成量与CO_2溶解量后，根据物质平衡关系得：CO_2游离量=CO_2生成量-CO_2溶解量。

薛卫东等采用BWR状态方程拟合了超临界CO_2流体的状态方程，具有较高的精度，计算公式为：

$$P = \frac{RT}{V} + \left(B_0 RT - A_0 - \frac{C_0}{T^2}\right)\frac{1}{V^2} + \frac{bRT-a}{V^3} + \frac{\alpha a}{V^6} + \frac{c(1+\gamma/V^2)}{T^2 V^3}e^{-\gamma/V^2} \quad (4-37)$$

式中　　　　　　　　　　P——压力，Pa；

　　　　　　　　　　　　T——温度，K；

　　　　　　　　　　　　V——物质的量体积，cm³/mol；

A_0、B_0、C_0、a、b、c、α和γ——采用非线性最小二乘法拟合所得经验参数。

此处采用薛卫东拟合得到的适用于温度为37~327℃、压力为7.5~30.0MPa范围的超临界CO_2流体的热力学特征参数。

在已知裂缝温度场与压力场后，采用牛顿迭代法对式(4-37)进行求解，进而得到酸化压裂过程中裂缝内游离超临界状态CO_2的体积。

4.2.5 酸液滤失模型

酸压过程中的酸液滤失是由裂缝壁面的基质滤失和酸液刻蚀天然裂缝网络形成酸蚀孔缝的酸液滤失两部分组成的。由于酸岩反应生成的 CO_2 一部分溶解在残酸中，还有很大一部分以游离态的形式存在于酸压裂缝内，因而滤失进入地层的液体由反应后的残酸和酸岩反应生成的游离态 CO_2 两部分组成。因此，酸压中的酸液滤失可表示为：

$$V_t = V_{af} + V_{aw} - V_{CO_2} = 2L_f H_f C_{wh}/\sqrt{t} \tag{4-38}$$

式中　V_t——酸液总滤失量，m^3；

V_{af}——酸压裂缝壁面基质引起的酸液滤失量，m^3；

V_{aw}——酸蚀孔缝引起的酸液滤失量，m^3；

V_{CO_2}——酸压过程中滤失的游离态 CO_2 的量，m^3；

C_{wh}——滤失系数，$m/s^{1/2}$；

t——滤失时间，s。

其他物理量意义同前。

4.2.6 模型求解

在裂缝延伸过程中，充分考虑缝内温度场及裂缝内酸液浓度分布对酸压过程中 CO_2 在残酸中溶解度的影响，以及温度、压力的变化对游离态 CO_2 压缩性的影响，求出缝内滤失压差及裂缝形态的变化，进而求得酸液滤失的情况。计算流程如图4-28所示：

（1）假设某一时刻缝口处的滤失压差为 P_1，由缝高控制方程迭代求得 x 位置处的上缝高 $h_u(x)$ 及下缝高 $h_1(x)$。

（2）由裂缝宽度方程计算裂缝 x 位置处剖面上的宽度分布，以及计算缝内压力降所需的管道形状因子。

（3）在 x 位置处的宽度分布和上、下缝高确定以后，由温度场模型计算 x 位置处此时刻的温度分布。

（4）计算 x 位置处酸液浓度分布及酸岩反应速度。

（5）计算 x 位置处 Δx 段内酸岩反应生成的 CO_2 量、溶解于残酸中的 CO_2 量及游离态的 CO_2 体积。

（6）求解滤失系数方程及流量方程得到

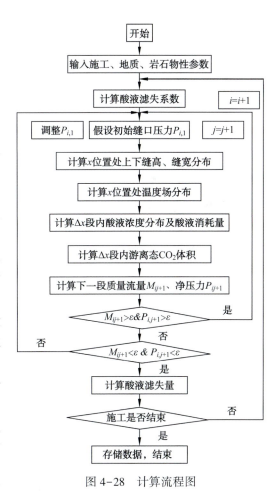

图 4-28　计算流程图

流入该段裂缝的质量流量，并计算出相应时刻 Δx 段内酸液滤失量。

（7）由压降方程计算裂缝内下一段微元体的滤失压差，重复步骤（1）~（6），得到相应的 P_n 和 M_n，直到满足步骤（8）或（9）的条件。

（8）缝内流压小于裂缝前缘延伸的净压，判断流量是否小于允许误差，若小于允许误差则进入步骤（10），若大于允许误差则适当增加 P_1，重复步骤（1）~（7）。

（9）缝内流量小于某微小值，判断流压是否接近裂缝前缘延伸的净压，若是则进入步骤（10），否则适当减小 P_1，重复步骤（1）~（7）。

（10）判断施工是否结束，若未达到预先设定的施工时间，则进行下一时间段的迭代，重复步骤（1）~（9）；若达到预先设定的施工时间，则存储数据，计算结束。

4.3 裂缝形态对滤失的影响

4.3.1 天然裂缝网络的等效连续介质滤失模型

根据有限元理论方程及等效渗透率方法可得滤失控制方程的有限元形式：

$$\int_\Omega -C\frac{\partial P}{\partial t}W(x,y) - \left(\frac{K_{xx}}{\mu}\frac{\partial p}{\partial x} + \frac{K_{xy}}{\mu}\frac{\partial P}{\partial y}\right)\frac{\partial W(x,y)}{\partial x}$$

$$-\left(\frac{K_{yx}}{\mu}\frac{\partial P}{\partial x} + \frac{K_{yy}}{\mu}\frac{\partial p}{\partial y}\right)\frac{\partial W(x,y)}{\partial y}\mathrm{d}\Omega = 0 \qquad (4-39)$$

通过 COMSOL 求解上述等效连续介质滤失，即可通过有限元方法模拟分析裂缝网络的滤失模式。

4.3.2 裂缝形态对滤失的影响

1）天然裂缝走向

模拟区域含三种不同方向裂缝，与压力梯度方向分别为 0°、-45°、90°，滤失时间均为 3000s。数值计算结果如图 4-29 所示，裂缝方向对滤失存在不同程度的影响，顺着压力梯度方向的裂缝能大量增加压力传播速度和滤失速度，而垂直于压力梯度方向的裂缝几乎没有影响，角度在二者之间的裂缝，影响也介于二者之间。因此，可认为当油藏中顺着压力梯度方向（垂直于水力裂缝方向）的裂缝条数越多，工作液的滤失也越快。

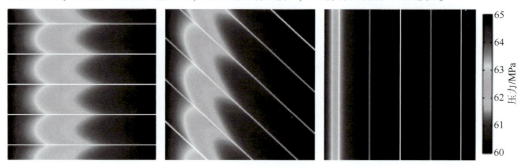

图 4-29 天然裂缝网络的走向对储层压力传播的影响

2) 天然裂缝密度

模拟滤失后三种不同大小网格下的压力分布等值线，图4-30(a)为边长5m的矩形，图4-30(b)为边长2m的矩形，图4-30(c)为边长1m的矩形，滤失时间均为3000s。模拟结果(图4-30和图4-31)显示，裂缝越密，从裂缝到油藏深部的压力传播越快，滤失速度也越快，即认为油藏岩石裂缝越发育，工作液滤失速度越快。

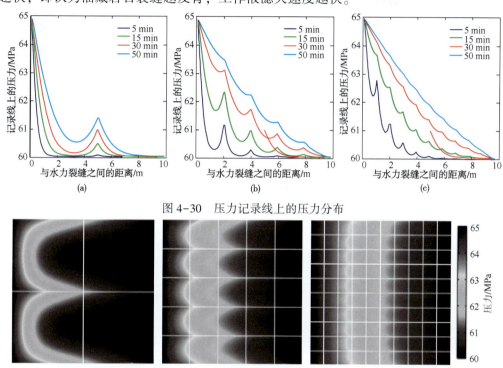

图4-30 压力记录线上的压力分布

图4-31 不同密度裂缝滤失50min后的压力分布

3) 天然裂缝初始宽度

由传统平行板中黏性流体的流速方程可知，工作液的流速与裂缝宽度的平方呈正比。在此，模拟三种不同宽度裂缝滤失50min后的压力分布，图4-32中三条裂缝从上到下宽度分别为0.01mm、0.005mm和0.001mm。结果显示，裂缝宽度对压力分布的影响很大，较宽裂缝附近区域压力推进十分迅速，而窄裂缝附近区域压力推进缓慢，认为油藏中裂缝宽度较大时，工作液滤失量会很大。

4) 天然裂缝长度

裂缝长度分别为8m、6m、4m、2m，模拟结果如图4-33所示，裂缝内压力的传播速度受裂缝长度的影响较大，长裂缝工作液滤失速度最快，即长裂缝需要向更多的基质供液，从而加剧了工作液的滤失。

5) 裂缝位置

模拟结果如图4-34所示，裂缝位置对滤失有着极大的影响，一般来说，工作液的滤失时间都是十分有限的，因此近处的裂缝在很大程度上加剧滤失，而远处的裂缝对滤失几乎不产生影响。

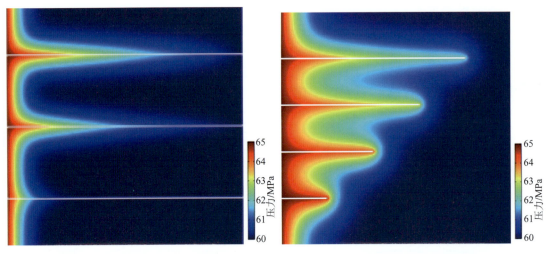

图 4-32 不同宽度的天然裂缝对滤失区压力分布的影响

图 4-33 不同长度的天然裂缝对滤失区压力分布的影响

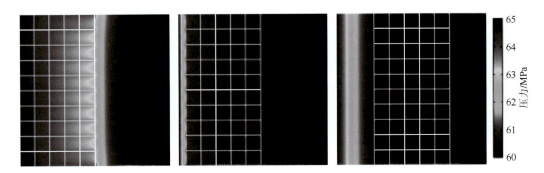

图 4-34 不同位置的天然裂缝对滤失区压力分布的影响

6) 裂缝连通性

由两种不同连通性储层在注液过程中压力传播的范围可以看出（图 4-35），连通性好的储层压力传播速度明显高于连通性差的储层，工作液在连通性较差的储层中滤失时，需要通过渗透性较低的基质，因而渗流阻力相应增加。

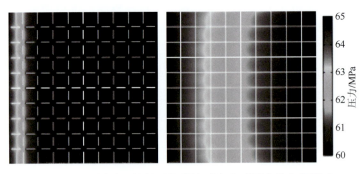

图 4-35 不同连通性的天然裂缝对滤失区压力分布的影响

4.4 酸液滤失影响因素

4.4.1 酸蚀孔缝效应对酸液滤失的影响

碳酸盐岩储层天然裂缝较发育,酸压过程中酸液进入天然裂缝溶蚀扩展形成酸蚀孔缝,加剧了酸液的滤失。在此,模拟分析存在酸蚀孔缝时的酸压效果及酸液滤失情况。

酸蚀孔缝的存在将加大酸液的滤失量,酸液在壁面的滤失量大小将影响酸压裂缝的形态。存在酸蚀孔缝时,酸液裂缝的缝宽明显减小,缝长也大幅减小,模拟结果如图4-36和图4-37所示,无酸蚀孔缝时,裂缝长度达123m,而考虑酸蚀孔缝时,裂缝长度超过90m。由于酸蚀裂缝的存在,液体的滤失量加大,酸压裂缝在宽度、长度和高度上都明显减小。

由于酸蚀孔缝的存在使酸压过程中裂缝形态发生较大变化,导致裂缝内酸液浓度分布及缝内压力发生一定的变化,由图4-38可以看出,无蚓孔效应时酸蚀裂缝的作用距离较长,酸液经过充分反应后滤失进入地层,而存在孔缝的地层大部分酸液未来得及反应就滤失进入地层,大大减小了酸液作用的效果。无孔缝地层的缝口压力明显高于存在孔缝的地层,由于裂缝长度的增加使缝内的累计压降增大,结果如图4-39所示。

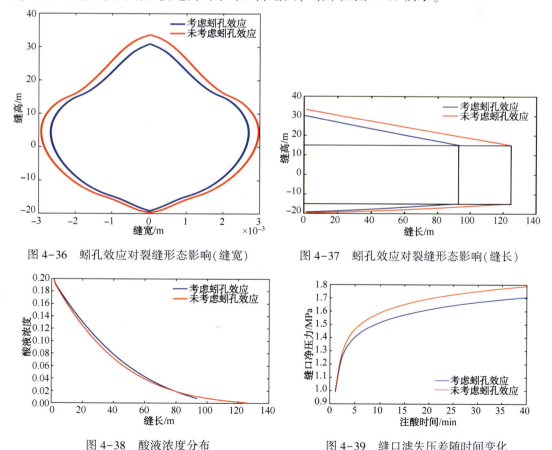

图4-36 蚓孔效应对裂缝形态影响(缝宽)　　图4-37 蚓孔效应对裂缝形态影响(缝长)

图4-38 酸液浓度分布　　图4-39 缝口滤失压差随时间变化

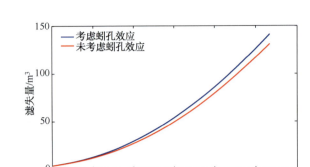

图 4-40 酸液累计滤失量

在滤失方面,如图 4-40 所示,注酸 40min 时存在孔缝的地层酸液滤失量达 140m³,较无孔缝地层酸液滤失量明显增加,酸蚀孔缝的形成大大加剧了酸液的滤失。

4.4.2 CO_2 效应对酸压效果的影响

酸压过程中,酸蚀孔缝的形成造成酸液的大量滤失,同时酸岩反应生成大量的 CO_2 等产物,气态 CO_2 的存在使酸压裂缝内的残酸具有一定的压缩性,造成缝内滤失压差的变化,使裂缝的动态延伸及酸液的滤失性都会发生一定的变化。

酸岩反应生成的 CO_2 在残酸中的溶解度表明(图 4-41～图 4-43),酸岩反应生成的 CO_2 一部分溶解在残酸中,另外很大一部分以超临界游离态的形式存在于酸压裂缝中,游离态 CO_2 的存在使酸压裂缝内的残酸具有一定的压缩性,由图 4-41 可以看出,CO_2 的存在使缝内的滤失压差小幅升高,随着注酸时间的延长,缝内游离态 CO_2 的量越来越多,缝内滤失压差也随着 CO_2 的膨胀逐渐升高。游离态 CO_2 的存在使酸压裂缝内的压力升高,造成酸压裂缝尺寸及滤失量的变化,主要使裂缝在长度上有一定的增加,因此游离态 CO_2 的存在提高了酸液的有效利用率,降低了酸压过程中酸液的滤失量。

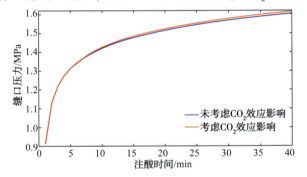

图 4-41 缝口滤失压差随时间变化

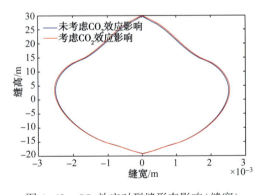

图 4-42 CO_2 效应对裂缝形态影响(缝宽)

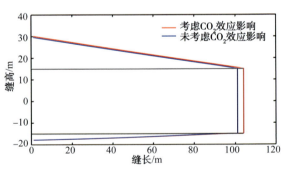

图 4-43 CO_2 效应对裂缝形态影响(缝高)

裂缝尺寸的变化会对酸岩反应的接触面积、缝内酸液的流速及酸液的滤失情况都产生一定影响(图 4-44 和图 4-45),同时由于游离态 CO_2 的存在使缝内液体的密度发生一定变化,对缝内液体的流速也产生一定影响,使裂缝内酸液的反应速率发生变化,对酸液浓度分布产生一定的影响。同时，由于酸液滤失进入地层，根据气体状态方程，一部分 CO_2 气体释放出来，滤失进入地层的气态 CO_2 在膨胀过程中会不断释放能量，导致地层压力升高，减少酸液滤失量。

酸岩反应生成的 CO_2 大部分以游离态的形式存在于裂缝壁面处，游离态 CO_2 的存在一方面会在一定程度上减少酸液与裂缝壁面的接触面积，致使酸岩反应速率降低，同时裂缝壁面处的游离态 CO_2 会优先滤失进入地层，这也在一定程度上减缓了酸液的滤失。

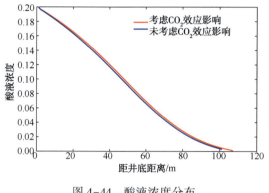

图 4-44　酸液浓度分布

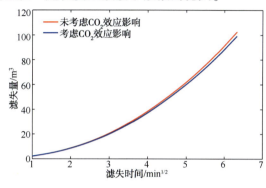

图 4-45　酸液累计滤失量

由图 4-46 可以看出，由于接近缝口处酸液的浓度较高，酸岩反应生成的 CO_2 量较多，在裂缝长度方向上，随着酸液浓度的降低，酸岩反应生成的 CO_2 量也在减少。对比图 4-46 中三条曲线，随着酸岩反应接触面积的减小，裂缝长度方向上各单元内的游离态 CO_2 体积大幅减小。由图 4-47 可以看出，由于接触面积的减小，整个酸压过程中累计生成的 CO_2 量明显减少，随着酸岩反应接触

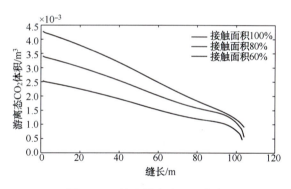

图 4-46　缝内游离态 CO_2 分布

面积的减小，各时刻裂缝内的游离态 CO_2 体积随之减小，导致缝内滤失压差微弱降低（图 4-48），酸压主裂缝的延伸距离下降。

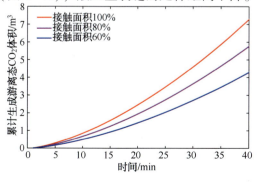

图 4-47　累计生成游离态 CO_2 的体积

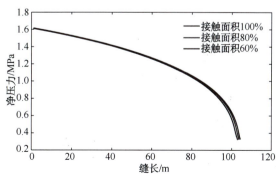

图 4-48　缝内滤失压差分布

因此，酸液与裂缝壁面的接触面积直接影响酸岩反应生成的游离态 CO_2 量，游离态 CO_2 的减少致使缝内滤失压差的升高幅度降低，酸压裂缝内的游离态 CO_2 的体积对酸压裂缝内的滤失压差、酸液的滤失及酸压裂缝的延伸距离都存在一定的影响。全面地认识酸岩反应生成的游离态 CO_2 对酸液滤失的影响，可更合理地进行酸压施工设计，提高酸压效果。

4.4.3 酸液滤失影响因素分析

酸压施工过程中影响酸液滤失的因素有很多，其中地质物性参数为不可控因素，只能通过优化相关的施工参数使之与地层物性相匹配，以此来减少酸液滤失量，提高酸压施工效果。因此，明确各施工参数对酸液滤失的影响机理，并通过优化相应的施工参数达到控滤失的目的，对提高酸压效果、达到油井增产的目的具有重要意义。

1）施工排量

选取不同的施工排量模拟其酸压施工过程，将计算得到的缝内酸液浓度分布、酸液滤失量、酸压裂缝延伸距离（图 4-49～图 4-51）进行对比分析，优化得到最佳的酸压施工排量。

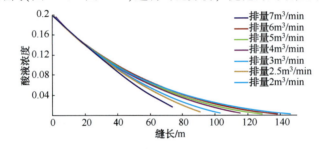

图 4-49　不同排量下缝内酸液浓度分布

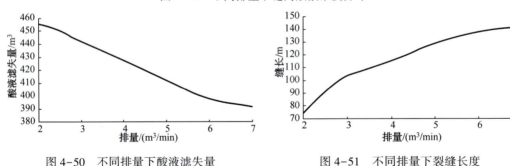

图 4-50　不同排量下酸液滤失量　　　　图 4-51　不同排量下裂缝长度

在注酸量相同的情况下，随着施工排量的增加，酸压形成酸蚀主裂缝的有效延伸距离也在增加。排量为 $6m^3/min$ 时的酸蚀主裂缝穿透距离为排量 $2m^3/min$ 的 1.8 倍，酸液滤失量减少近 $60m^3$，酸压效果提升明显，当排量超过 $6m^3/min$ 时，酸蚀主裂缝的穿透距离增加变得缓慢。分析后发现，当酸排量较低时，增加施工排量可以有效降低酸液滤失，提高酸液造缝效率，当排量超过某一值时，继续提高酸液排量，导致缝内滤失压差过高，裂缝高度延伸过快及滤失进入酸蚀孔缝的酸液量增加，过多的酸液滤失到天然裂缝或基质中，形成并扩展酸蚀孔缝，导致虽然增加排量而裂缝的有效穿透距离增加较小。因此，过多地增加酸排量不一定带来最优的酸压效果，应结合酸液滤失量、酸蚀主裂缝的有效穿透距离来优选最佳施工排量。

2）酸液黏度

选取不同的酸液黏度模拟其酸压施工过程，计算分析酸液滤失情况及酸压效果（图4-52和图4-53），优化最优的酸液黏度范围。

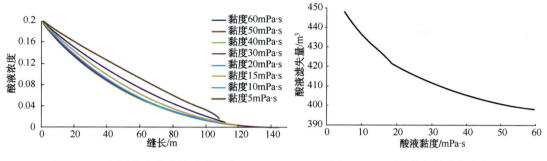

图4-52 不同黏度的酸液浓度分布　　　　图4-53 不同黏度的酸液滤失量

由图4-52可知，随着酸液黏度的增加，酸蚀主裂缝的有效穿透距离随之增加，但酸液黏度较低时，整个溶蚀裂缝内的酸液浓度都较高，是由于低黏度的酸液在基质储层及天然裂缝网络中的渗透性较强，酸液还未来得及与裂缝壁面的岩石完全反应，就已滤失到裂缝壁面上的酸蚀孔缝内，造成酸蚀孔缝的持续溶蚀扩展，进一步加大酸液的滤失量。

由图4-53可知，当选用黏度大于40mPa·s的酸液时，酸液滤失量明显下降，因此增加酸液黏度既可以有效降低酸液的滤失，又可以充分利用酸液，但酸液黏度过高会增加酸压施工的难度及成本，最优的酸液黏度为40~50mPa·s。

3）酸液注入量

选取不同的注酸量模拟酸压施工过程，分析酸液滤失情况及酸压效果（图4-54~图4-56），进而优化注酸量。

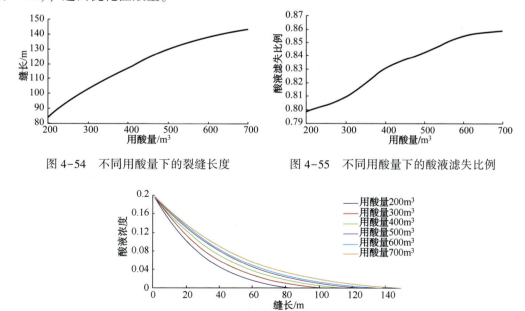

图4-54 不同用酸量下的裂缝长度　　　　图4-55 不同用酸量下的酸液滤失比例

图4-56 不同用酸量下的酸液浓度分布

由图 4-54 可知，在施工排量相同的条件下，随着注酸量增加，酸蚀主裂缝的有效穿透距离也随之增加，但当注酸量超过 600m³ 时，主裂缝的穿透距离增加变缓。由缝内酸液浓度分布可以看出（图 4-56），随着注酸量的增加，酸液的有效作用距离增加明显，当用酸量达到 600m³ 时，酸液的有效作用距离基本不变。

随着注酸量的增加，酸压主裂缝的穿透距离及裂缝壁面面积也随之增加，由于酸液与裂缝壁面的接触面积加大，滤失进入裂缝壁面基质层及裂缝网络的酸液量也随之增加，当裂缝的尺寸达到一定的规模时，酸液滤失的速率与注酸的排量持平，因此继续以此排量注酸，大部分酸液通过裂缝壁面的酸蚀孔缝滤失进入储层深部，而裂缝的穿透距离几乎不再增加。因此，单一地增加注酸量并不一定能取得最好的酸压效果，应结合施工排量、酸液黏度等施工参数及相关的地质参数来优化最佳的注酸量，以最低的成本达到最佳的酸压效果。

4）滤失压差影响

图 4-57 为不同裂缝净压力下累计滤失量随时间的变化，表明缝内外压差（裂缝压力与油藏压力之差）是滤失的动力，增大压差，滤失量增加，裂缝净压力越大，相应累计滤失量越高。因此，针对前期亏空较严重的地层，提高地层压力有利于降低滤失量。

5）前置液量

油藏压力因液体采出量变化而变

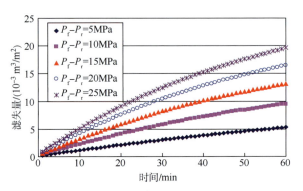

图 4-57　裂缝净压力对滤失量的影响

化，油藏压力不同时，活性水注入量对酸液滤失量的影响规律不一样。为此，模拟不同地层压力下活性水注入量与酸液滤失量间的规律。图 4-58 和图 4-59 分别是油藏压力 65MPa、50MPa 时酸液滤失量随滑溜水注入时间的变化。当滑溜水注入时间较短时，酸液滤失量随滑溜水注入时间增加而降低，注入一定时间后，降低幅度明显减缓。两种地层压力下，注入活性水 150min、240min 左右时，酸液滤失出现拐点。按照 7m³/min 的排量计算，65MPa、50MPa 地层压力对应的优化活性水注入量分别是 1000m³、1700m³ 左右。

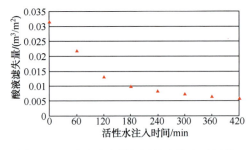

图 4-58　酸液滤失量与活性水注入时间的变化规律（65MPa）

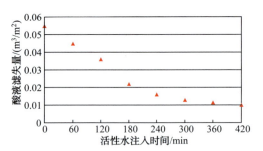

图 4-59　酸液滤失量随活性水时间的变化规律（50MPa）

4.5 酸液滤失实验测试

4.5.1 小岩心酸蚀蚓孔发育及滤失测试

1) 小岩心蚓孔发育测试

1号岩样：2.5cm×4.8cm（图4-60），室温、排量5mL、驱替压力0~2.8MPa、20%盐酸。酸液穿透岩心形成酸蚀蚓孔后，压力迅速下降（图4-61）。

进酸端面　　　　　　　　　　　　　　　出酸端面

图4-60　岩心注酸蚓孔发育情况

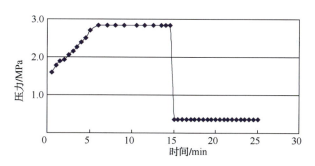

图4-61　岩心注酸压力变化

2号岩样：2.5cm×4.9cm（图4-62），室温、排量5mL、驱替压力0~3.8MPa、20%盐酸。如图4-63所示，酸液穿透岩心，形成酸蚀蚓孔，酸液大量滤失。

3号岩样：2.5cm×3.3cm（图4-64），室温、排量5mL、驱替压力0~10.58MPa、20%盐酸。持续注酸约30min（图4-64），压力升高至9.9MPa，出口端未见液体流出，酸未将岩心穿透（图4-65）。岩心端面产生了非均匀刻蚀，形成了浅而密的小坑，没有蚓孔产生。

进酸端面　　　　　　　　　　　　　出酸端面

图 4-62　岩心注酸蚓孔发育情况

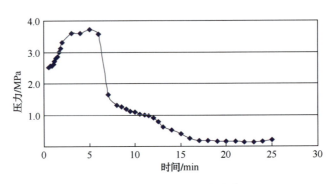

图 4-63　岩心注酸压力变化

图 4-64　岩心注酸前后对比

4号岩样：2.5cm×3.9cm（图4-66），室温、排量5mL、驱替压力0~12MPa、20%盐酸。持续注酸约30min（图4-66），压力升高至12MPa，岩心未被酸液穿透。岩心端面刻蚀较为严重，出现了明显的沟槽，没形成蚓孔。

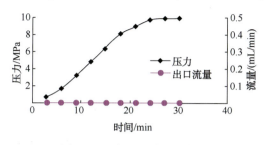

图4-65　岩心注酸压力变化

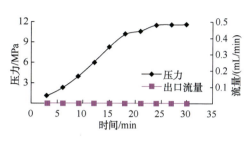

图4-66　岩心注酸压力变化

图4-67　一条天然裂缝

小岩心蚓孔测试表明，不同的岩心注入酸液一旦形成蚓孔突破岩心，酸液大量滤失，对于特别致密的岩心难以形成蚓孔，酸液滤失量较低，因此酸压需要抑制蚓孔的形成，以提高酸液效率。

2）存在缝洞的滤失测试

将地层岩心利用液压机剪切剖开，在其中一半岩心面上沿岩心纵向刻痕来模拟天然裂缝，若在缝中某一位置扩孔，则可达到模拟天然裂缝+溶洞的目的，另一半岩心则用胶封住，然后将两块岩心重新叠合在一起，将侧面包裹固定（图4-67~图4-69）。

图4-68　两条天然裂缝

图4-69　一条天然裂缝+溶洞

将加热至地层温度的酸液驱替进入岩样，滤失的酸液通过岩心末端计量，即为酸液的累计滤失量。依据累计滤失量可直接计算不同时刻的酸液滤失量和滤失速度。依据Labrid关系式，在已知初始缝宽的情况下，可由流量变化规律计算某时刻的缝宽。

采用上述方法，测试了18%盐酸、10%盐酸、5%盐酸通过裂缝+大溶洞、裂缝+小溶洞岩心的滤失量（图4-70和图4-73）、滤失流量（图4-71和图4-74）、预测的酸蚀蚓孔直径（图4-72和图4-75）。流量和酸液滤失量随时间的延长而增大，酸浓度越大，流量、酸液滤失量和形成的蚓孔直径就越大。选择较低的酸浓度可降低酸液滤失，但也应注意酸浓度对导流能力的影响。

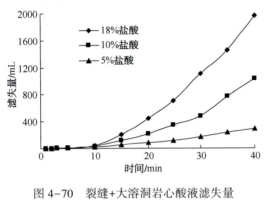

图4-70 裂缝+大溶洞岩心酸液滤失量随时间的变化

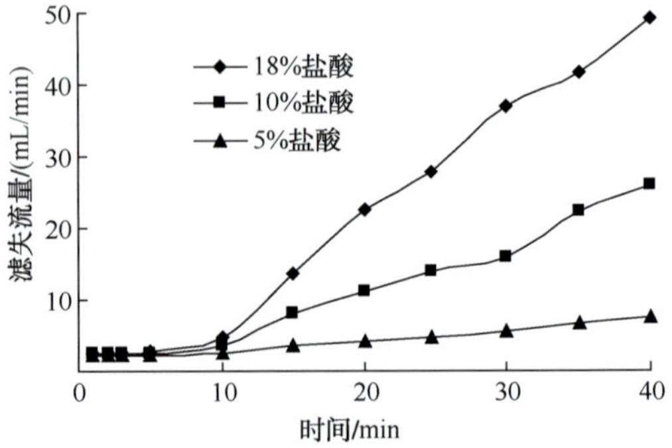

图4-71 裂缝+大溶洞岩心酸液流量随时间的变化

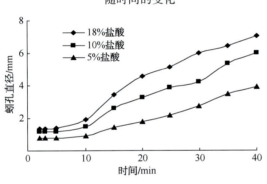

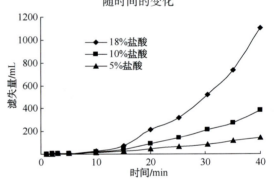

图4-72 裂缝+大溶洞的蚓孔直径随时间的变化

图4-73 裂缝+小溶洞岩心酸液滤失量随时间的变化

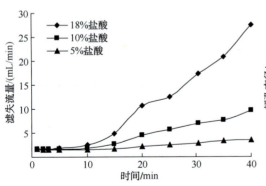

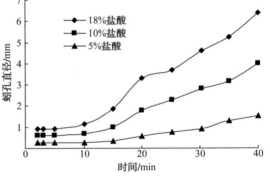

图4-74 裂缝+小溶洞岩心酸液流量随时间的变化

图4-75 裂缝+小溶洞的蚓孔直径随时间的变化

3) 不同工艺条件下的酸液滤失测试

根据采样岩心，进行不同压差、不同酸液类型、不同工艺类型酸液滤失测试分析。注液压差越大，同一时间内滤失速度越大（图4-76），对不同酸液类型来说，同一时间内常规酸、胶凝酸、降阻酸、变黏酸滤失速度逐渐减小（图4-77），加入前置液后，酸液的滤失速度明显降低（图4-78）。采用黏度较高、反应速度慢的酸液和前置液酸压（或交替酸压）是降低酸液滤失的有效手段。

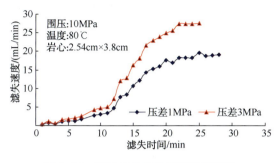

图4-76 不同压差条件下的酸液滤失

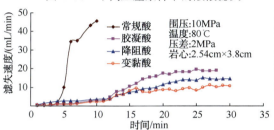

图4-77 不同酸液类型的酸液滤失

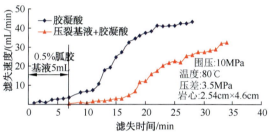

图4-78 前置压裂液对酸液滤失的影响

4.5.2 大岩心裂缝网络滤失测试

加工野外露头岩心，制作大岩心（10cm×10cm）10块。将岩心利用人工剖缝（岩心重新合上时能较好闭合）技术剖开（图4-79），在其中一半岩心剖面上刻出裂缝网络，另一半则用胶封住，最后将岩心侧面包裹固定加围压驱替。图4-80为设计的裂缝网络滤失刻缝方案。

按照图4-80中的刻缝方案对所选用的碳酸盐岩岩心进行刻缝加工，所刻画的裂缝深浅

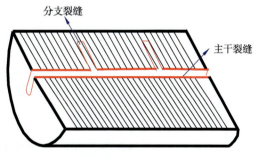

图4-79 大岩心人工剖缝方法

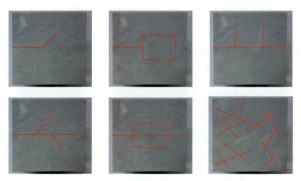

图4-80 裂缝网络滤失实验刻缝方案

均匀、深度适中(保持在 1mm 以内)，按表 4-8 中的实验方案对加工岩心进行驱替酸化实验。

表 4-8　裂缝网络滤失实验条件

岩心编号	围压/MPa	温度	酸液	岩心编号	围压/MPa	温度	酸液
D1	7.0	室温	10%普通盐酸+1.5%缓蚀剂	D6	6.6	室温	20%胶凝酸
D2	7.0	室温	20%胶凝酸	D7	7.0	室温	20%盐酸+1.5%缓蚀剂
D3	7.0	室温	20%胶凝酸	D8	7.0	室温	20%盐酸+1.5%缓蚀剂
D4	7.0	室温	20%盐酸+1.5%缓蚀剂	D9	7.0	室温	20%盐酸+1.5%缓蚀剂
D5	7.4	室温	20%胶凝酸	D10	7.0	室温	20%盐酸+1.5%缓蚀剂

结果显示(图 4-81~图 4-90)，酸液优先溶蚀刻画人工裂缝壁面，并扩展裂缝形成了一条主要的流动通道，由于裂缝的高渗透性使酸液在岩心中流动的阻力大大降低，酸液更易沿酸蚀形成的孔缝向岩心深部流动。

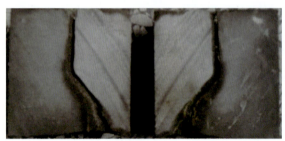

图 4-81　D1 岩心注酸溶蚀效果

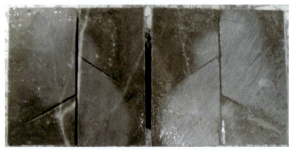

图 4-82　D2 岩心注酸溶蚀效果

图 4-83　D3 岩心注酸溶蚀效果

图 4-84 D4 岩心注酸溶蚀效果

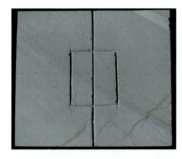 

图 4-85 D5 岩心注酸溶蚀效果

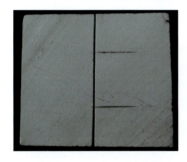 

图 4-86 D6 岩心注酸溶蚀效果

由 D1~D6 岩心可以看出，酸蚀孔缝主要沿刻画的主裂缝方向形成和扩展，因此滤失主要发生在主要流动通道内，分支裂缝中形成少量的滤失。将 D2、D3、D5、D6 与 D1、D4 岩心的实验结果进行对比发现，胶凝酸较慢的反应速率可以有效地减缓酸液溶蚀天然裂缝的速率，抑制酸蚀孔缝的形成，并能有效地增加酸压主裂缝的延伸距离，对于裂缝型碳酸盐岩储层，酸压过程中可通过优选不同类型的酸液降低滤失。

图 4-87 D7 岩心注酸溶蚀效果

图 4-88　D8 岩心注酸溶蚀效果

图 4-89　D9 岩心注酸溶蚀效果

图 4-90　D10 岩心注酸溶蚀效果

由 D7~D10 岩心可以看出，注酸后酸液优先进入人工刻蚀的裂缝，酸液酸蚀岩心刻缝的壁面形成明显的酸蚀沟槽，人工刻蚀的裂缝具有高导流能力，酸液流动的阻力较小，酸液更易沿着人工刻蚀的裂缝方向流动，成为酸液的主要流通通道。酸蚀裂缝虽然沟通了分支裂缝，但酸蚀裂缝依然沿其主裂缝方向延伸，只有少量酸液进入分支裂缝。酸液进入天然裂缝后，裂缝壁面基质渗透性较差，反应掉的酸液无法快速地滤失，因此酸液在封闭的分支裂缝内继续向储层深部的穿透能力有限。

4.6　降滤失剂降滤失

塔河油田碳酸盐岩油藏基质致密、微裂缝发育，裂缝是酸液滤失的主要因素。酸液滤失被认为是限制活酸作用距离的最主要因素，如何有效降低滤失是增加酸蚀缝长的有效手段。常用的降滤失剂有粉陶、粉砂、油溶性树脂及可降解纤维等。通过降滤失剂降滤效果评价，优选出适用不同储层类型的降滤失剂，所用酸液为交联酸。

4.6.1 粉陶

1）粉陶降滤失机理

（1）粉陶对滤失的影响。

无降滤失剂实验：实验后裂缝表面[图4-91（a）]腐蚀明显，且有明显蚓孔。压差变化规律如图4-92（a）所示，由于交联酸黏度较高，所以酸液驱替时初始压差较高，当酸液突破岩心后，压差在短时间内降到较低值。

加粉陶实验：粉陶粒径较小，随酸液进入裂缝或蚓孔，起到暂堵作用，加粉陶后，酸蚀裂缝表面形状如图4-91（b）所示，尽管裂缝表面腐蚀明显，但驱替压差3MPa可保持约40min，远远长于无降滤失剂的情形[图4-92（b）]，表明粉陶能有效降低天然裂缝滤失。

图4-91 裂缝表面腐蚀形状

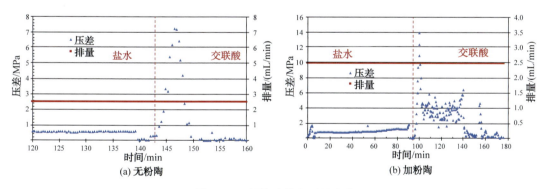

图4-92 驱替过程中压差变化

（2）粉陶对导流能力的贡献。

由图4-93和图4-94可知，在较高闭合应力下，不加粉陶时裂缝的导流能力很低，不到$0.5\mu m^2 \cdot cm$。加粉陶后，50MPa闭合应力下裂缝导流能力约$4\mu m^2 \cdot cm$，是不加粉陶时的8倍左右，说明粉陶对天然裂缝导流能力贡献明显，有利于改善主裂缝缝周的渗流状态。

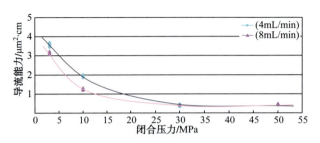

图 4-93　无粉陶时的裂缝导流能力

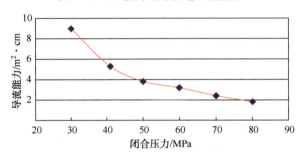

图 4-94　加粉陶后的裂缝导流能力

2）粒径组合

塔河油田碳酸盐岩储层裂缝发育，缝宽一般在几毫米，小型压裂测试表明，近井筒摩阻介于 2.95~12.3MPa 之间，平均 6.58MPa，说明缝宽窄，裂缝弯曲严重，对砂粒径较敏感。支撑剂粒径组合实验表明（图 4-95），100 目与 20/40 目陶粒组合下，裂缝渗透率与只用 100 目陶粒较接近，鉴于近井筒摩阻较高，应采用 100 目陶粒。

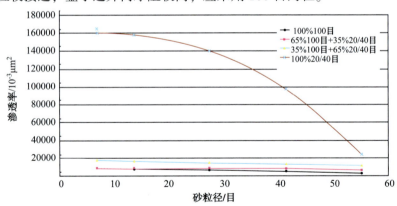

图 4-95　100 目砂、20/40 目砂及混合物的渗透率

3）陶粒加入程序的确定

陶粒段塞砂比一般在 10% 左右，应按从小到大的顺序进行。如果一开始就采用较大砂比，则会产生图 4-96 中下部的情况，裂缝全部在缝口附近堵死；如果采用常规的加入低砂比陶粒进行全程充填，则会产生图 4-96 中最上部的情况，此时仍存在多裂缝的同时延伸，影响主裂缝的扩展；理想的工艺过程是一开始采用低砂比，先封堵较窄的裂缝，随着压裂的进行，各缝宽逐渐增加，适当增加砂比，形成如图 4-96 中部的情况。

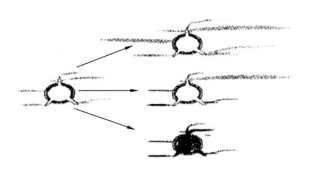

图 4-96 支撑剂段塞对多裂缝的堵塞

4) 陶粒加量的确定

图 4-97 为不同粉陶加量下的压裂液滤失量变化关系。从图中可以看出，加入粉陶后，可降低压裂液的滤失速度，随着粉陶加入比例的增加，压裂液滤失越低。加入 3% 的粉陶时，降滤失率出现转折，为提高降滤失效果，粉陶加量可增加至 4%。

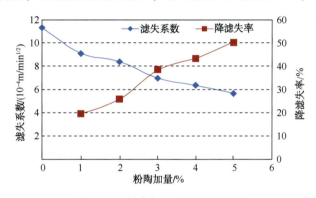

图 4-97 粉陶加量对滤失的影响

5) 陶粒排量的确定

裂缝性储层加砂存在一个最优排量，随着排量的增加，井底净压力上升，储层中的天然裂缝随之开启，如果此排量下液体的供给低于裂缝内的滤失，则会造成脱砂；如果排量过高，裂缝内的净压力提高，会开启更多的天然裂缝，带来更大面积的滤失。裂缝性储层最优排量，即注入液量等于滤失液量，保持缝内净压力不变。但是，最优化排量不一定符合加砂要求，为降低施工中的砂堵风险，一般要求注入液量稍大于滤失液量。

4.6.2 覆膜粉砂

粉砂粒径小，易于进入裂缝，覆膜后增大接触面积、降低渗透率，从而有利于降低滤失。酸液+粉砂驱替实验中加覆膜粉砂后，酸蚀裂缝表面形状如图 4-98 所示，虽然裂缝表面腐蚀明显，但驱替压差 20MPa 可保持约 50min，粉砂能有效降低天然裂缝滤失（图 4-99）。此外，覆膜粉砂具有透油阻水性能，对水的渗透率为油的渗透率的 1/3，对水的流动阻力是油的 3 倍，对需要控水储层可推荐覆膜粉砂。然而，覆膜粉砂也存在不利因素，即覆膜粉砂封堵能力强，在较高的闭合应力下导流能力低（图 4-100），对生产起到不利作用。

图 4-98 加粉砂后裂缝表面腐蚀形状

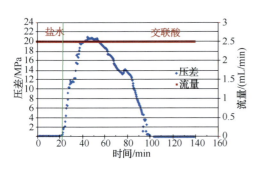
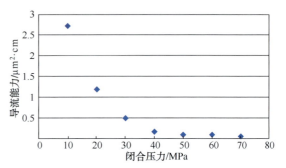

图 4-99 加粉砂后驱替过程中压差的变化　　图 4-100 加覆膜粉砂后裂缝导流能力
　　　　　　　　　　　　　　　　　　　　　　　　　　　　随闭合应力的变化

4.6.3 可降解纤维

近年来,可降解纤维用于酸压降滤失。一方面,纤维较细且易于进入裂缝,纤维卷曲起到暂堵作用;另一方面,纤维可降解且不会对地层造成伤害。纤维暂堵效果与纤维长度有关,本节通过实验分析 1cm 和 2mm 长可降解纤维的降滤失效果,实验温度 100℃,纤维浓度 3%。

1) 纤维长度优选

(1) 加 1cm 长纤维:裂缝表面形状如图 4-101 所示,纤维随酸液进入裂缝,裂缝表面被腐蚀明显(图 4-102),驱替压差在 2~3MPa 之间能保持较长时间,驱替压差与陶粒压差较近,表明 1cm 长纤维能有效降低天然裂缝滤失。

图 4-101 加 1cm 长纤维后裂缝表面腐蚀形状

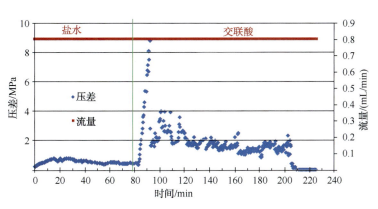

图 4-102 加 1cm 长纤维后驱替过程中压差变化

（2）加 2mm 长纤维：裂缝表面形状如图 4-103 所示。驱替显示（图 4-104），压差 16MPa 可维持大约 60min，效果明显好于 1cm 长纤维，仅次于粉砂，表明 2mm 长纤维降滤失效果非常明显。虽然纤维降滤失效果非常明显，且酸压不伤害地层，但纤维现场施工操作性稍差，因此推荐 1cm 长纤维。

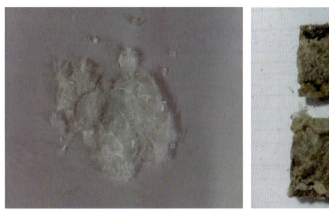 

图 4-103 加 2mm 长纤维后裂缝表面腐蚀形状

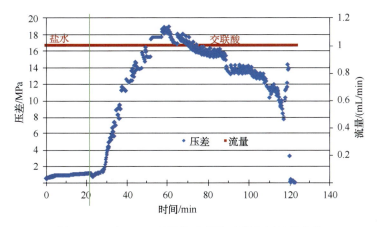

图 4-104 加 2mm 长纤维后驱替过程中压差的变化

2）纤维性能测试

（1）稳定性：将可降解纤维置于不同的介质中，模拟不同的使用环境，分别采用失重法和滴定释放酸量法，评价其降解速率。80℃时在不同介质中溶蚀率如表4-9所示，可降解纤维在酸、碱或地层水环境中在施工期间基本上保持稳定，经过一定时间，纤维可完全降解。

表4-9　可降解纤维在酸、碱、地层水中的溶蚀率

介 质	1h 溶蚀率/%	10h 溶蚀率/%	100h 溶蚀率/%	300h 溶蚀率/%
5%盐酸	1.2	5.9	23.5	39.7
pH 值为 9 的碱液	4.8	28.9	87.3	99.5
20×10^4 mg/L 矿化度 $CaCl_2$ 溶液	3.5	21.7	91.4	98.9

（2）对温度的敏感性：塔河油田储层温度比较高，高温一方面加速了酸岩的反应速度，另一方面也增加了纤维的放酸速度。在纤维的温度敏感性实验中，纤维用量2%，结果如表4-10及图4-105所示。

表4-10　不同温度下滤失系数

温 度	常温	80℃	100℃
滤失系数/(10^{-4} mL/$\min^{1/2}$)	23.9	40	308

3）可降解纤维用量优选

常温（25℃）下，纤维粉末浓度为1%、1.5%、2%、2.5%，优选纤维用量。由滤失量与时间的平方根关系曲线可以看出，粉末状纤维浓度越大，曲线斜率越小，滤失系数也越小，如图4-106所示。浓度1%时的滤失系数较小，主要是因为该岩心微裂缝比其他岩心较发育，综合实验结果，纤维用量优选为1%~2%。

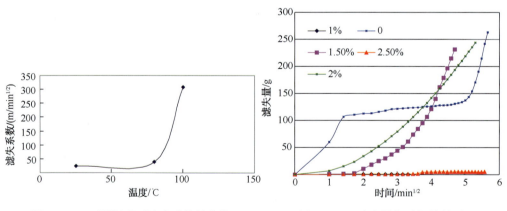

图4-105　不同温度下滤失系数的变化　　图4-106　滤失量与时间的关系

4）排量

根据现场施工经验，加暂堵纤维时，正常施工排量为2m³/min左右，采用1~2台泵车高单车排量供液。若多台泵车同时泵送，则会因单车排量过低而混合不均，造成泵头堵

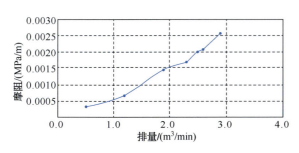

图 4-107　不同排量下的暂堵纤维摩阻系数

塞。若泵注排量过大，会因泵车泵头吸入口单流阀处堵塞造成泵车无法正常供液和使用。

可降解纤维直径 15μm，长 6mm，形状类似微观中的 HPG 分子，因此可以抑制管线内形成湍流漩涡，具有良好的降阻性能，如图 4-107 所示。

4.6.4　油溶性树脂

油溶性树脂溶解于油，不伤害地层，且酸压中能暂堵地层，起到降滤失效果。因加油溶性树脂后（图 4-108），在高压下油溶性树脂被压缩成液体几乎无法穿过的致密固体，因而驱替压差不断升高，而无法继续开展实验（图 4-109），压差持续上升至 20MPa 以上，无下降趋势。实验室中测量油溶性树脂对滤失系数的影响如表 4-11 所示，油溶性树脂的暂堵效果非常明显。实验温度高于 90℃后，油溶性树脂熔化，丧失暂堵能力。油溶性树脂颗粒细密、封堵能力强，可适用于裂缝不发育的储层。

图 4-108　实验前、后油溶性树脂形状

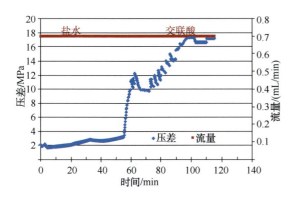
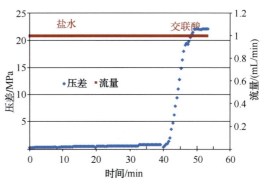

图 4-109　加油溶性树脂后驱替压差的变化

表 4-11 实验测量油溶性树脂降滤失效果

序　号	初滤失量/m³	滤失系数/(m/min^{1/2})	滤失速度/(m/min)
0(未加降滤失剂静态)	5.27×10^{-3}	1.24×10^{-5}	2.07×10^{-6}
0(未加降滤失剂动态)	4.44×10^{-3}	1.11×10^{-5}	1.85×10^{-6}
1%(静态)	3.49×10^{-3}	2.14×10^{-5}	3.57×10^{-7}
1%(动态)	2.89×10^{-3}	2.44×10^{-5}	4.01×10^{-7}
3%(静态)	1.58×10^{-3}	1.94×10^{-5}	3.23×10^{-7}
3%(动态)	1.53×10^{-3}	1.65×10^{-5}	2.75×10^{-7}
5%(静态)	1.28×10^{-3}	1.12×10^{-5}	2.03×10^{-7}
5%(动态)	1.45×10^{-3}	1.65×10^{-5}	2.75×10^{-7}

图 4-110 为温度对于油溶性树脂降滤失效果的测试结果。从中可以看出，温度升高，树脂的降滤失效果略有降低，这与树脂的耐温性能有关，随温度增加，树脂软化、性能变差。

4.6.5　降滤失剂适应性评价

室内实验及现场试验表明，四种暂堵剂降滤失效果较好、可操作性较好，但每种降滤失剂有不同的适应性。塔河油田储层物性差异较

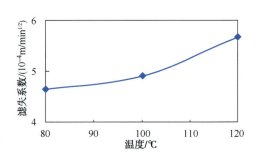

图 4-110　温度对油溶性树脂的影响

大，对降滤失剂的要求不同，这里基于储层特征(储层类型、地应力差、底水)分析三种降滤失剂的适应性。

根据储层特征，结合测井曲线响应特征，将塔河油田灰岩储层分为三类：

Ⅰ类：包括三种储集类型，即溶洞型、裂缝-溶洞型和裂缝-孔洞型。该类储层是本区最重要的储层，其孔、洞、缝均发育且以孔、洞为主，测井响应特征表现为深、浅侧向电阻率曲线显示较低的电阻率值(一般<400Ω·m)，且出现正幅度差，自然伽马比纯灰岩段略高，声波时差和中子增大，密度降低。当出现大的溶洞时，声波时差异常扩大，密度异常降低；若洞穴为砂质、泥质充填，自然伽马则表现为较高值。

Ⅱ类：裂缝型储层。该类储层是本区分布最为广泛的储层，孔、洞不发育，以裂缝为主，测井响应的主要特征为双侧向电阻率呈现中-高值(一般 $400\Omega \cdot m < R_t < 1000\Omega \cdot m$)，且深、浅侧向电阻率曲线大部分出现正幅度差，局部略有扩径，自然伽马与纯灰岩段相近，三孔隙度测井曲线值与致密灰岩曲线值差异不大。

Ⅲ类：孔、洞、缝均不发育的非有效储层。该类储层的电阻率显示高值(一般>1000Ω·m)，且深、浅电阻率曲线基本重叠，井径接近钻头尺寸，自然伽马显示为低值，三孔隙度测井曲线接近于骨架。

底水是影响压裂效果的重要因素，如有底水，就需要控制缝高或抑制底水。在控制缝高方面，目前国内外学者的研究结果一致表明，储层和隔层的水平地应力差是影响裂缝垂向延伸的主要因素。从塔河油田测井数据解释结果来看，塔河油田储层水平最小地应力分

布具有以下特点：①储集层上、下隔层基本没有应力差；②储集层上、下隔层地应力差很小（<0.5MPa）；③储集层上、下隔层地应力差很大（>12MPa）。该类储层裂缝高度可得到有效控制。

Ⅰ类储层缝洞体较发育、产量较高，对酸压缝长要求低，对酸压降滤失要求低，且遇到大缝洞体无法有效降滤失，因此降滤失主要针对Ⅱ类、Ⅲ类储层讨论。

纤维悬浮性能好，且易于随流体进入天然裂缝，纤维长度较长，进入裂缝后易卷曲或缠绕，桥塞或堵塞天然裂缝，从而降低酸液滤失。可降解纤维适于裂缝较发育的Ⅱ类地层，如裂缝宽度较大，选择较长纤维，如5mm长或1cm长纤维，如裂缝宽度较小，选择较短的2mm长纤维。

陶粒适用于Ⅱ类、Ⅲ类储层，对于裂缝较发育的Ⅱ类储层，陶粒用量相应增加。对于需要控制缝高的井，利用陶粒下沉还能起到控制缝高、防窜水层的作用。陶粒还适用于近井地带裂缝弯曲、多裂缝、近井摩阻较大的条件，陶粒段塞利于打磨裂缝表面，降低近井摩阻。

覆膜粉砂适用于裂缝不发育的Ⅲ类储层，虽然降滤失效果较好，但对导流能力贡献小。覆膜粉砂压实后渗透率低，利用其下沉到裂缝底部，有利于控制缝高，起到阻隔底水的作用。

第5章 选井评层方法

酸压前的选井选层和优化设计是酸压施工的重要前提,如何大幅提高储层改造效果,加强压前地质评估,建立压前效果预测的人工智能系统,减少无效投入尤为重要。目前,酸压井产量预测主要通过大量的前期酸压资料分析及经验总结来确定。随着油田开发难度增加,酸压选井选层的难度也越来越大。为减少酸压的无效井次,提高油田酸压有效率及成功率,对影响酸压效果的综合因素进行系统分析,针对不同储层和不同层位划分出主要因素和次要因素,评价各因素与酸压效果之间的影响关系,指导下步碳酸盐岩酸压选井选层工作和编制酸压方案。

5.1 选井选层标准

从碳酸盐岩储层的具体特征出发,选好井定好层是提高压裂效果的首要条件。碳酸盐岩油藏的压裂选井选层标准与砂岩油藏压裂选井选层标准不同,根据多年来酸压选井选层和老井侧钻的现场经验,结合缝洞型储层分布规律、地震响应特征,通过对改造井储层发育情况、前期酸压井施工参数及生产情况进行分析总结,依据地质模型及工程技术条件制定以下选井选层标准。

1)增油有利条件

(1)井筒周围存在有利储集体,在现有改造技术的沟通范围之内。能否沟通到储集体是增油的关键,储集体距离的远近及现有技术水平决定着能否沟通到储集体,储集体距离与改造对策见表5-1。

表5-1 储集体距离与改造对策

储集体距离/m	改造方案	储集体距离/m	改造方案
<20	酸化处理	80~120	大规模酸压
20~40	小规模酸压	120~140	大规模复合酸压
40~80	中等规模酸压	>140	难以有效酸压改造

(2) 前期试油有油气显示，产量低。依据所建地质模型进行分析，井层油气储量丰富，但产能低或自喷期短，分析原因可能为井眼与储集体之间没有大的油气通道，油气流动受阻，通过改造后可以获得较好的产能。

(3) 前期酸压改造沟通效果不好，压后拟合造缝规模没有达到设计要求。由于塔里木盆地碳酸盐岩储层非均质性强，有些井层在改造前对储层物性主要是滤失估计偏低，导致造缝长度没有达到设计要求，这种情况可以实施重复改造，增大规模，沟通缝洞储集体。

(4) 压后试采/生产情况表现为地层供液不足，注水起压快。

(5) 压后试采/生产期间含水较低或不含水。

(6) 同一构造带上与本井距离较近的井，生产情况较好。同一构造带上的邻井对目的井层的选择，参考意义较大，邻井生产情况好，则本井产能一般较好。

(7) 井筒状况良好，可以满足酸压改造要求。井筒状况主要是指套管强度及固井质量，如果施工采用光管柱施工，则套管头承压、套管强度等要满足施工要求。如需要下入封隔器，则封隔器、水力锚等井下工具下入位置的上、下 30m 范围内，其固井质量要合格。

若同时符合以上 7 条，则认为存在增油潜力。

2) 增油不利因素

(1) 前期地层产出较多，注水替油失效，根据地质模型分析，已无增油潜力。

(2) 前期酸压有沟通缝洞显示且产出较多，现有技术难以突破前次改造区域。

(3) 试采/生产期间含水较高，邻井多产水。

(4) 高角度裂缝发育，存在强底水，油水界面较高，缝高难以控制。

(5) 井筒条件不允许。在预计的施工压力下施工时，套管处于不安全状态；固井质量不合格，无法选择合适的水力锚锚定位置或封隔器坐封位置；裸眼段坍塌严重，影响管柱下入目的层。

(6) 有利储集体不在水平最小地应力的垂直方向上，偏差较大。人工裂缝的走向一般与水平最小地应力方向垂直，若有利储集体不在此方向上，则难以沟通。

(7) 现有施工设备、管柱强度、井下工具无法保证顺利、有效施工。

(8) 本井储量已顺着断层移走，或与其他井的缝洞连通、产出。缝洞储集体内的油气大多不是固定不动的，往往存在多个缝洞体相连的情况，若能明确原有储量已经顺断层运移出去，或通过缝洞相连在其他井中产出，则没必要再改造。

若符合以上 8 条不利因素之一，则认为目前的工艺无法进行有效改造。对不具有以上 8 条不利因素之一的井层，使用选井评层方法对井层增油潜力进行分析。对于新井推荐符合 1) 中除(1)项以外的所有条件，同时不符合 2) 中任何一条的井层具有增油潜力。对于老井推荐符合 1) 中所有条件，同时不符合 2) 中任何一条的井层具有增油潜力。

5.2 酸压选井评层方法选择

依据选井评层标准初步判断某井层是否具有增油潜力，通过筛选的井为候选井，运用数据分析方法建立数学模型，对候选井进行增油能力分析评价，有增油能力的井则可以进行压裂改造。目前，常用选井评层的方法主要有线性回归方法、非线性回归方法、人工神经网络方法等。

5.2.1 线性回归方法

设自变量 X_1，X_2，…，X_k 的取值为 x_1，x_2，…，x_k，则多元线性回归模型为：

$$Y = b_0 + b_1 x_1 + b_2 x_2 + \cdots + b_k x_k + \varepsilon$$
$$E(\varepsilon) = 0, \ 0 < D(\varepsilon) = \sigma^2 < +\infty \tag{5-1}$$

式中　b_0，b_1，…，b_k，σ^2——未知参数；

　　　b_0——回归常数；

　　　b_j——Y 对 X_j 的回归系数或偏回归系数，$j = 1, 2, \cdots, k$；

　　　σ^2——随机误差方差。

在实际应用当中，我们一般假定为多元正态线性回归模型：

$$Y = b_0 + b_1 x_1 + b_2 x_2 + \cdots + b_k x_k + \varepsilon, \ \varepsilon \sim N(0, \delta^2) \tag{5-2}$$

取定自变量 X_1，X_2，…，X_k 的一组值 x_{i1}，x_{i2}，…，x_{ik}，$i = 1, 2, \cdots, n$，对因变量 Y 作 n 次独立观测，记实验观测结果为 Y_1，Y_2，…，Y_n，则有：

$$Y = b_0 + b_1 x_{i1} + b_2 x_{i2} + \cdots + b_k x_{ik} + \varepsilon_i, \ i = 1, 2, \cdots, n \tag{5-3}$$

式中　ε_i——第 i 次观测时的随机误差。

易见 $\varepsilon_i \varepsilon_1$，$\varepsilon_2$，…，$\varepsilon_n$ 独立同分布，理论上 $E(\varepsilon_i) = 0$，$D(\varepsilon_i) = \sigma^2$，$i = 1, 2, \cdots, n$。记：

$$Y = \begin{bmatrix} Y_1 \\ Y_2 \\ \vdots \\ Y_n \end{bmatrix}_{n \times 1} \quad X = \begin{bmatrix} 1 & x_{11} & x_{12} & \cdots & x_{1k} \\ 1 & x_{21} & x_{22} & \cdots & x_{2k} \\ \vdots & \vdots & \vdots & \vdots & \vdots \\ 1 & x_{n1} & x_{n2} & \cdots & x_{nk} \end{bmatrix}_{n \times (k+1)}$$

$$b = \begin{bmatrix} b_0 \\ b_1 \\ \vdots \\ b_k \end{bmatrix}_{(k+1) \times 1} \quad \varepsilon = \begin{bmatrix} \varepsilon_1 \\ \varepsilon_2 \\ \vdots \\ \varepsilon_n \end{bmatrix}_{n \times 1} \quad y = \begin{bmatrix} y_1 \\ y_2 \\ \vdots \\ y_n \end{bmatrix}_{n \times 1} \tag{5-4}$$

则方程(5-3)可写成 $Y = Xb + \varepsilon$，称为线性模型。

李栓豹等曾用线性回归模型做过油田产量的预测。他们指出，油气勘探开发过程是一个极其复杂、高投入高风险的工程，蕴涵大量的不确定因素，为尽可能减少不必要的成本投入，要求在实际工作中，善于运用多种分析测试手段，对研究对象做综合分析和探讨。利用多元线性回归模型，可在一定程度上揭示各种不确定因素之间的某种内在联系，为勘探开发提供必要的参考依据。但大量的不确定因素纷繁复杂，须通过理论分析及实践经验，对不同类型的参数进行适当取舍，建立回归方程要在不断地实验检验之下得到进一步修正，使之更加合理。

5.2.2 非线性回归方法

多元非线性回归模型分为可线性化的回归模型与不可线性化的回归模型。在后面的应用中主要用到的是不可线性化的回归模型，故不再对可线性化的回归模型进行阐述。多元非线性模型一般表示为：

$$y_i = f(x_i, \theta) + \varepsilon_i, \quad i = 1, 2, \cdots, n \tag{5-5}$$

式中　　$f(x_i, \theta)$——期望函数；

　　　　x_i——第 i 个相应的回归向量或自变量。

模型(5-5)是关于参数的非线性函数，除此以外，该模型与线性回归模型的形式完全相同。对于非线性模型来说，至少存在一个关于参数的导数的期望函数，该导数至少依赖于一个参数，也就是说期望函数至少应关于参数二阶可导。

当分析一个特定的数据集时，认为向量 $x_i, i = 1, 2, \cdots, n$ 是固定的，并集中考虑期望响应关于 θ 的相依关系。构造 n 维向量：

$$\hat{y}_i(\theta) = f(x_i, \theta) \tag{5-6}$$

并记非线性回归模型为：

$$y_i = \hat{y}_i(\theta) + \varepsilon_i \tag{5-7}$$

这里假定 ε_i 服从球形正态分布。这与线性回归模型一样，ε_i 为随机误差并满足独立同分布假定，即

$$\begin{cases} E(\varepsilon_i) = 0, & i = 1, 2, \cdots, n \\ \mathrm{cov}(\varepsilon_i, \varepsilon_j) = \begin{cases} \sigma^2, & i = j \\ 0, & i \neq j \end{cases} & i, j = 1, 2, \cdots, n \end{cases} \tag{5-8}$$

原则上，只要因变量与自变量间存在相关关系，就可以做多项式回归，不过多项式的次数高，则振动大、稳定性差，所以通常不超过三次。结合偏最小二乘回归和多项式回归来实现非线性回归的分析，其算法简单可靠且收敛速度快，建立的模型稳定且可获得较高的精度。

5.2.3　人工神经网络方法

自 1943 年心理学家 McCulloch 和数学家 Pitts 提出神经元生物学模型(简称 M-P 模型)以来，至今已经有 70 多年的历史。1944 年 Hebb 提出了 Hebb 学习规则，该规则至今仍是神经网络学习算法的一个基本规则，1957 年 Rosenblatt 提出了感知机(Perception)模型，1962 年 Widrow 提出了自适应(Adaline)线性元件模型等。20 世纪 60~70 年代，神经网络系统理论的发展处于一个低潮时期，但仍有许多科学家在困难条件下坚持开展研究，Stephen Grossberg 是这些人中最具影响力的，他深入研究了心理学和生物学的处理，以及人类信息处理的现象，把思维和大脑紧密结合在一起，成为统一的理论。芬兰的 Kohonen 在 1971 年开始了随机连接变化等方面的研究工作，从次年开始，他将研究目标集中到联想记忆方面，Kohonen 将 LVQ 网络应用到语音识别、模式识别和图像识别方面，并取得了成功。自 20 世纪 80 年代中期以来，人工神经网络以其独特的优点引起了人们的极大关注。

人工神经网络方法是解决复杂非线性映射问题的有效方法，在解决非线性问题时，表现出了极大的灵活性和自适应性。人工神经网络领域已经有 60 年的历史，但实际的应用却是在最近 20 年中，其在油气田开发领域也得到了广泛应用。

1) 多层前馈神经网络(BP)模型

BP 模型是目前研究最多、应用最广泛的 ANN 模型,它是由 Rumelhart 等组成的 PDP 小组于 1985 年提出的一种神经元模型,其结构如图 5-1 所示。理论证明,三层的 BP 网络模型能够实现任意的连续映像。

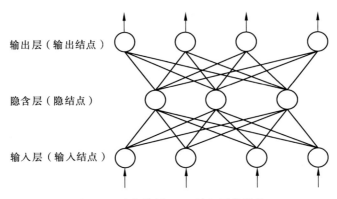

图 5-1 反向传播(BP)神经网络结构

(1) BP 网络模型特点。

BP(Back Propagation)网络模型是把一组样本的输入、输出变成一个非线性优化问题,使用了最优化中最普遍的梯度下降算法,用迭代运算求解权,加入隐节点,使得优化问题的可调参数增加,从而可以逼近精确解。

BP 网络由输入层、输出层及隐含层组成,隐含层可有一个或多个,每层由多个神经元组成。特点是各层神经元仅与相邻层神经元之间有连接,各层内神经元之间无任何连接,各层神经元之间无反馈连接。输入信号先向前传播到隐结点,经过变换函数之后,把隐结点的输出信息传播到输出结点,经过处理后再给出输出结果。结点的变换函数通常选取 Sigmoid 型(S 型)函数。一般情况下,隐含层采用 S 型对数或正切激活函数,而输出层采用线性激活函数。

如果输入层有 n 个神经元,输出层有 m 个神经元,则网络是从 n 维欧氏空间到 m 维欧氏空间的映像。在确定了 BP 网络的结构后,利用输入输出样本集对其进行训练,也即通过调整 BP 网络中的连接权值、网络的规模(包括 n、m 和隐层节点数),就可以使网络实现给定的输入输出映像关系,且可以以任意精度逼近任何非线性函数。BP 网络通过对简单的非线性函数复合来完成映像,用这种方法经过少数的几次复合就可以得到极为复杂的函数关系,进而可以表达复杂的物理世界现象,使得许多实际问题都可以转为利用神经网络来解决。经过训练的 BP 网络,对于非集中输入的样本,也能给出合适的输出,这种性质称为泛化功能。从函数拟合的角度看,这说明 BP 网络具有插值功能。

(2) BP 网络学习算法。

BP 神经网络采用误差反传学习算法,它使用梯度搜索技术,实现网络的实际输出与期望输出的均方差最小化。网络学习的过程是一种边向后传播边修正权值的过程。

在这种网络中,学习过程由正向传播和反向传播组成。在正向过程中,输入信号从输入层经隐含层单元逐层处理，并传向输出层，每一层神经元的状态只影响下一层神经元的状态。如果在输出层不能得到期望的输出，则转向反向传播，将输出的误差按原来的连接通路返回。通过修改各层神经元的权值，使得误差信号最小，得到合适的网络连接值后，便可对新样本进行非线性映射。

信息的正向传递：假设 BP 网络共 L 层，对于给定的 P 个样本，网络的期望输出为式(5-9)。

$$Td = [Td1, Td2, \cdots, Tdp] \tag{5-9}$$

当输入第 P 个样本时，对于网络中的第 $l(l=1, 2, \cdots, L-1)$ 层中第 j 个神经元的操作特性为：

$$net_{jp}^l = \sum_{i=1}^{n_{l-1}} W_{ji}^l O_{ip}^{l-1} - \theta_j^l, \quad O_{jp}^l = f_l(net_{jp}^l) \tag{5-10}$$

式中　W_{ji}——神经元 i 到神经元 j 的连接权值；

n_{l-1}——第 $l-1$ 层的结点数；

O_{jp}^{l-1}——神经元 j 的当前输入；

O_{jp}^l——神经元 j 的输出；

f_l——非线性可微非递减函数。

f_l 一般取为 S 型函数，即

$$f_l(x) = \frac{1}{1+e^{-x}} \tag{5-11}$$

而对于输出层则有：

$$O_{jp}^{(L)} = f_L(net_{jp}^L) = \sum_{i=1}^{n_{L-1}} W_{ji}^L O_{ip}^{L-1} - \theta_j^L \tag{5-12}$$

神经网络学习的目的是实现对每一样本 $E_p = \frac{1}{2} \sum_{j=1}^{m} (T_{jdp} - \hat{T}_{jp})^2$，$p=1, 2, \cdots, P$，其中 m 为输出结点个数，其达到最小，从而保证网络总误差 $E = \sum_{p=1}^{P} E_p$ 极小化，其中 T_{jdp}、$\hat{T}_{jp}$ 分别为输出层第 j 个节点的期望输出和实际输出。

利用梯度下降法求权值变化，误差的反向传播采用梯度算法对网络权值、阈值进行修正。第 L 层的权系数迭代方程为：

$$W(k+1) = W(k) + \Delta_p W(k+1)$$
$$W = \{w_{ij}\} \tag{5-13}$$

式中　K——迭代次数。

令 $\Delta_p w_{ji} \propto -\frac{\partial E_p}{\partial w_{ij}^l}$，$-\frac{\partial E_p}{\partial w_{ij}^l} = -\frac{\partial E_p}{\partial net_{jp}^l} \frac{\partial net_{jp}^l}{\partial w_{ij}^l} = -\frac{\partial E_p}{\partial net_{jp}^l} O_{ip}^{l-1}$，$\delta_{pj}^l = -\frac{\partial E_p}{\partial net_{jp}^l}$，则有：

$$\Delta_p w_{ji} = \eta \delta_{pj}^l O_{ip}^{l-1} \tag{5-14}$$

式中　η——学习步长。

2）网络的训练过程

网络初始化，用一组随机数对网络赋初始权值，设置学习步长 η、允许误差 ε、网络结构(即网络层数 L 和每层节点数 n_l);为网络提供一组学习样本;对每个学习样本 p 循环。

(1) 逐层正向计算网络各节点的输入和输出。

(2) 计算第 p 个样本的输出的误差 E_p 和网络的总误差 E。

(3) 当 E 小于允许误差 ε 或者达到指定的迭代次数时,学习过程结束,否则进行误差反向传播。

(4) 反向逐层计算网络各节点误差 $\delta_{jp}^{(l)}$,如果 f_l 取为 S 型函数,即 $f_l(x) = \dfrac{1}{1+e^{-x}}$,则对于输出层:

$$\delta_{jp}^l = O_{jp}^l(1 - O_{jp}^l)(y_{jdp} - O_{jp}^l) \tag{5-15}$$

对于隐含层:

$$\delta_{jp}^l = O_{jp}^l(1 - O_{jp}^l) \sum \delta_{jp}^l w_{kj}^{l+1} \tag{5-16}$$

(5) 修正网络连接权值:

$$W_{ij}(k+1) = W_{ij}(k) + \eta \delta_{jp}^l O_{ip}^{l-1} \tag{5-17}$$

式中　　k——学习次数;

　　　　η——学习因子。

η 取值越大,每次权值的改变越剧烈,可能导致学习过程振荡,因此为了使学习因子的取值足够大,又不致产生振荡,通常在权值修正公式中加入一个附加动量法。

目前,神经网络技术仍在不断的优化改进过程中,即使存在一些问题,也不影响其在人类社会各个行业中的应用,人工神经网络主要可以做以下工作:模式识别及分类、系统仿真、故障智能诊断、图像处理、函数拟合、最优预测等。其中,最优预测技术在石油行业得到了广泛应用。

目前,人工神经网络已经运用到石油行业的许多方面,如油气产量的预测、储层类型的判定、储层物性预测、压裂选井选层等。针对塔河油田碳酸盐岩储层具体酸压井的实际情况,通过多元线性相关分析法(灰色关联度分析)和神经网络法相结合来优选酸压井层。

5.3　酸压效果影响分析方法

5.3.1　影响酸压效果的参数选取

影响酸压措施效果的因素众多,归结起来有三类:油藏地质因素、油藏开发状况和施工参数。这三方面涵盖了几乎所有的酸压效果影响因素,有的参数容易获取,有的参数难以取得,有的参数易于量化,有的参数难以量化,有的参数对酸压效果影响显著,有的则不然。基于此情况,在选取影响酸压效果的参数时,必须选择那些既对酸压效果有显著影响,同时又容易获取和量化的参数。

根据缝洞型碳酸盐岩储层特点,找缝、找洞是缝洞型碳酸盐岩酸压选井的关键,所以在分析研究中,在地质参数方面应首先选取井所处的构造部位、周围储集体距离远近和裂缝发育程度,但由于目前的技术限制,取值误差较大,建模过程中储集体距离这一项是否选取，需要依据相关分析的结果来决定。为使用方便，把该项收录到数据库中。在缝洞型碳酸盐岩中也不排除部分孔隙含油的可能，这与储层的岩性、录井显示、孔隙度有关，而孔隙度的大小主要通过电性特征参数来反映，比如声波时差、中子孔隙度，另外还应该考虑能够反映泥质含量的自然伽马值的大小。由于酸压前地层的渗透率和地层压力录取的资料较少，且该类型储层的基质渗透率基本没有贡献也不容易收集，故不选取。

施工规模和工艺参数等对酸压有很大影响，碳酸盐岩缝洞型储层的基质渗透率极低，如施工造缝沟通不到储集体，即使该段储油丰富，酸压后油井也不会有产量。在建立数据表时，施工参数选取了前置液量、前置液排量、酸量、施工排量、酸压井段长度及注酸强度。

以上述地质特征、电性特征及酸压施工等参数为对象，收集整理了塔河油田 2007~2011 年近 300 口井进行酸压改造过的资料，建立了酸压井数据表，为下一步分析工作做准备。

5.3.2 酸压影响因素取值方法

对一个精确的数学统计模型，样本数据的合理性及完整性尤为重要。本章阐述的 BP 人工神经网络模型是基于数据的机器学习，研究的实质是从观测数据出发，寻找模糊系统的规律，利用这些规律对未来数据或无法观测的数据进行分类、预测及研究。

影响酸压效果的因素相互作用，它们之间的关联方式复杂多变，大都是非线性的，同时表现出随机性、模糊性、不确定性。由于塔河油田奥陶系产层厚度大，完井井段长，数据的平均化处理不能完全反映该井产段的特征。在对各影响因素取平均值的基础上增加了一种均方差取值法，用以描述该井产段在不同深度的差异性。产段影响因素的均方差正好反映了不同深度储层物性的差异性，进而配合各影响因素的平均值能更好地描述油井产段的特征。

1) 影响因素的均值方法

影响因素取均值法指的是通过测井解释表将油井产段的每一小段的因素取值全记录下来，然后通过求取数学平均的方法，得到某因素在该井段的均值。平均值能在一定程度上反映该井段的综合物性。对于离散型样本空间，均值求法如下：

$$E(x) = \frac{1}{n} \sum_{i=1}^{n} x_i \qquad (5-18)$$

式中　$E(x)$ ——影响因素在不同深度的数学均值；

　　　x ——影响因素；

　　　x_i ——该影响因素在不同深度的取值。

2) 影响因素的均方差方法

影响因素均方差取值方法指的是通过测井解释表将油井产段的每一小段的因素取值全记录下来，然后求取各小层因素值的均方差。不同影响因素的均方差反映了整个油井产段物性的差异度，一般来说物性差异度越大，酸压作业有效的概率越大。对于离散型样本空间，均方差求法如下：

$$D(x) = \frac{1}{n} \sum_{i=1}^{n} [x_i - E(x)]^2 \qquad (5-19)$$

$$\sigma(x) = \sqrt{D(x)} \qquad (5-20)$$

式中 $\sigma(x)$ ——影响因素均方差；

$D(x)$ ——影响因素在不同深度的方差；

$E(x)$ ——影响因素在不同深度的数学均值；

x ——影响因素；

x_i ——该影响因素在不同深度的取值。

5.3.3 酸压效果影响因素分析方法

1) 简单相关关系分析原理

酸压效果与各影响因素之间的关系非常复杂，相互之间存在着一定的依赖性和制约关系，但它们之间的数量关系却是不确定的，即不能用某一个参数直接推测出酸压效果值，这种数量关系被称为相关关系，各影响因素值称为相关变量，各参数与酸压效果的关系大小用相关系数来衡量。应用现代数学地质中的数理统计理论，对影响酸压效果的各项参数用相关分析法进行处理，量化各项参数，得到各参数的相关系数，根据相关系数大小确定影响压裂效果的分类指标。

相关分析是比较简单的方法，采用相关图分析，图上横坐标代表自变量，纵坐标代表因变量。将获得的各项资料依次用点子绘于图上，从点子的分布是否集中，分析其趋势，大致了解变量之间是否相关及相关程度。相关图虽可以说明变量间有无关系，但不能反映变量之间关系的密切程度，因此需要计算相关系数，来描述两个变量间线性相关关系的密切程度。

相关系数说明两个变量之间的相关程度，通常以 γ 表示样本的相关系数。

$$\gamma = \frac{\sum_{i=1}^{m} xy}{\sqrt{\sum_{i=1}^{m} x^2 \sum_{i=1}^{m} y^2}} \qquad (5-21)$$

式中，$x = x_i - \bar{x}$，$y = y_i - \bar{y}$，式(5-21)称为积矩相关系数式。

2) 偏相关关系分析方法

偏相关系数反映多因素同时存在的情况下，某一参数与酸压效果关系的有效方法，即描述 $P+1$ 个变量 y，X_1，X_2，X_3，$\cdots$，X_P 之中任意两个变量的线性相关程度，而这种线性相关是在去掉其余 $P-1$ 个变量的任意非空子集影响下的线性关系，特别是利用偏相关系数来度量 y 与某一自变量之间的依赖关系。

设相关系数矩阵所构成的主行列式为：

$$\Delta = \begin{vmatrix} r_{11} & r_{12} & \cdots & r_{1P} & r_{1y} \\ r_{21} & r_{22} & \cdots & r_{2P} & r_{2y} \\ \vdots & & & & \\ r_{P1} & r_{P2} & \cdots & r_{PP} & r_{Py} \\ r_{y1} & r_{y2} & \cdots & r_{yP} & r_{yy} \end{vmatrix} \qquad (5-22)$$

计算因变量 y 与自变量 X_1 的偏相关系数公式为：

$$r_{y,x_1} = \frac{-\Delta_{1y}}{\sqrt{\Delta_{yy}\Delta_{11}}} \tag{5-23}$$

计算 y 与 X_2 的偏相关系数为：

$$r_{y,x_2} = \frac{-\Delta_{2y}}{\sqrt{\Delta_{yy}\Delta_{22}}} \tag{5-24}$$

式中 Δ_{1y}、Δ_{2y}、Δ_{11}、Δ_{22}、Δ_{yy}——Δ 中元素 r_{1y}、r_{2y}、r_{11}、r_{22}、r_{yy} 的代数余子式。

5.4 酸压效果影响因素

根据岩溶及后期改造作用、流体分布规律、地震反射模式、钻井信息、测井解释、施工数据和生产动态等资料的综合分析研究，找出影响酸压效果的主次因素，建立 BP 神经网络选井评层模型，形成定量选井评层技术。

首先选择酸压层段的电性参数，进行方差和均方差处理，优选出酸压层段的地质参数，建立模型，对录井显示、岩性、裂缝级别三个定性描述因素采取定量打分，录井显示按显示好坏由低到高从 1 分到 10 分打分，岩性按砂屑含量由低到高从 1 分到 5 分打分，裂缝级别共分为三个级别，分别打分为 1 分、2 分、3 分，预测过程中在合理范围内动态调整施工规模，BP 神经网络模型据此自动判断某井层是否适合酸压施工。

5.4.1 储层类型分区酸压影响因素

阿克库勒凸起是前震旦系变质基底上发育的一个长期发展的、经历了多期构造运动、变形叠加的古凸起，先后经历了加里东期、海西期、印支–燕山期及喜马拉雅期等多次构造运动，发育多个不整合面，根据塔河油田油藏的成藏特点将储层划分为两类：一类为溶洞型区，该类储层为喀斯特地貌多溶洞裂缝发育；另一类为裂缝型区，该类储层裂缝发育但多被泥质填充，溶洞发育较少。对收集到的酸压井资料按这两种储层类型进行划分研究，计算得相关系数、偏相关系数及灰色关联度，见表 5-2 和表 5-3。

表 5-2 溶洞型区各参数对酸压效果的影响

溶洞型区	相关系数			偏相关系数			灰色关联度		
	产油/(t/d)	含水率/%	有效期/月	产油/(t/d)	含水率/%	有效期/月	产油/(t/d)	含水率/%	有效期/月
酸压跨度	0.066	0.061	0.094	0.062	-0.017	0.211	0.864	0.852	0.862
储集体距离	0.083	-0.057	-0.200	0.013	-0.029	-0.282	0.751	0.785	0.748
岩石成分	0.179	-0.230	0.121	0.268	-0.280	0.243	0.847	0.823	0.840
录井显示	0.180	-0.208	0.092	0.078	0.066	-0.039	0.845	0.814	0.834
裂缝级别	-0.030	0.086	-0.076	0.003	0.019	0.079	0.825	0.834	0.819
GR	-0.188	0.166	-0.176	0.055	-0.037	-0.124	0.829	0.878	0.844
CAL	-0.106	-0.132	-0.071	0.025	0.068	0.238	0.847	0.869	0.861

续表

溶洞型区	相关系数			偏相关系数			灰色关联度		
	产油/(t/d)	含水率/%	有效期/月	产油/(t/d)	含水率/%	有效期/月	产油/(t/d)	含水率/%	有效期/月
CNL	−0.112	−0.001	−0.064	0.056	−0.036	−0.099	0.844	0.881	0.850
AC	−0.134	0.023	−0.118	−0.207	0.046	−0.155	0.835	0.875	0.839
电阻率差值	0.031	−0.054	0.074	−0.130	0.088	−0.107	0.844	0.855	0.853
前置液量	0.105	0.004	−0.079	0.035	−0.090	−0.053	0.847	0.845	0.829
前置液排量	0.123	0.125	0.055	0.124	0.152	0.040	0.866	0.846	0.845
注酸量	0.044	0.085	−0.143	0.035	0.019	−0.139	0.842	0.841	0.820
注酸强度	−0.178	0.221	−0.255	−0.027	0.077	−0.083	0.827	0.871	0.830
酸排量	0.157	0.048	0.105	0.046	−0.138	−0.089	0.855	0.842	0.845

表 5-3 裂缝型区各参数对酸压效果影响

裂缝型区	相关系数			偏相关系数			灰色关联度		
	产油/(t/d)	含水率/%	有效期/月	产油/(t/d)	含水率/%	有效期/月	产油/(t/d)	含水率/%	有效期/月
酸压跨度	0.211	0.174	0.005	−0.114	0.412	−0.275	0.782	0.783	0.815
储集体距离	0.299	0.031	0.297	0.135	0.068	0.393	0.713	0.733	0.676
岩石成分	0.192	−0.115	−0.022	0.290	−0.397	0.072	0.769	0.753	0.806
录井显示	0.120	−0.112	0.066	0.155	−0.127	0.048	0.764	0.732	0.816
裂缝级别	0.052	−0.084	0.192	−0.153	0.031	−0.345	0.745	0.717	0.795
GR	−0.119	−0.021	0.134	−0.165	0.161	0.518	0.770	0.797	0.827
CAL	−0.034	0.066	−0.078	−0.035	0.513	−0.318	0.793	0.794	0.820
CNL	−0.107	0.164	−0.218	−0.175	−0.325	−0.337	0.784	0.811	0.820
AC	−0.069	0.170	−0.104	0.102	0.420	0.197	0.787	0.807	0.820
电阻率差值	−0.017	0.148	−0.108	0.040	0.254	0.009	0.771	0.794	0.825
前置液量	0.021	0.271	0.049	0.266	−0.020	0.039	0.795	0.800	0.835
前置液排量	−0.034	0.196	0.039	−0.270	0.264	−0.488	0.783	0.822	0.828
注酸量	−0.022	0.318	−0.011	−0.072	0.059	0.249	0.778	0.809	0.814
注酸强度	−0.244	−0.038	−0.018	−0.173	0.423	−0.152	0.768	0.780	0.820
酸排量	−0.046	0.200	0.166	0.015	−0.158	0.303	0.772	0.789	0.825

由表 5-2 和表 5-3 可知，溶洞型区和裂缝型区的各因素与压后产油、含水率及有效期的关系有较大差异，同一参数在两个区内各因素与产油、含水率、有效期的相关系数、偏相关系数及灰色关联度的大小及排序差别很大，说明按照储层类型把塔河油田划分为两个区的分法是可行的。

5.4.2 施工层位分区酸压影响因素

塔河油田奥陶系油气储集层集中分布在一间房组与鹰山组，各组岩石组合和沉积序列明显不同。遭受不同程度剥蚀，地层残留分布从老到新、从南到北越来越少。据此，对收集到的酸压井资料按施工层位进行划分研究，计算得相关系数、偏相关系数及灰色关联度，见表5-4和表5-5。

表5-4 一间房组各参数对酸压效果的影响

一间房组	相关系数			偏相关系数			灰色关联度		
	产油/(t/d)	含水率/%	有效期/月	产油/(t/d)	含水率/%	有效期/月	产油/(t/d)	含水率/%	有效期/月
酸压跨度	0.283	0.047	0.045	−0.049	0.299	−0.300	0.863	0.849	0.846
储集体距离	0.237	0.024	0.083	0.177	0.207	0.059	0.631	0.685	0.726
岩石成分	0.205	−0.144	0.116	0.394	−0.439	0.316	0.851	0.839	0.843
录井显示	0.119	−0.144	0.043	0.057	−0.044	0.021	0.843	0.826	0.842
裂缝级别	0.011	0.070	0.101	0.153	0.190	0.111	0.837	0.833	0.839
GR	−0.054	−0.046	−0.059	−0.068	−0.100	−0.091	0.854	0.877	0.860
CAL	−0.101	0.037	−0.062	−0.103	0.430	−0.067	0.865	0.882	0.865
CNL	−0.088	−0.035	−0.087	0.155	−0.489	0.145	0.867	0.884	0.859
AC	−0.081	0.006	−0.102	−0.152	0.443	−0.181	0.861	0.881	0.849
电阻率差值	0.025	0.008	0.107	0.013	0.013	−0.123	0.854	0.870	0.858
前置液量	0.063	0.104	−0.023	0.067	−0.054	−0.020	0.862	0.861	0.850
前置液排量	0.070	0.123	0.126	0.070	0.206	−0.051	0.863	0.874	0.856
注酸量	0.023	0.179	−0.092	0.079	−0.066	0.157	0.854	0.859	0.837
注酸强度	−0.279	0.061	−0.088	−0.237	0.296	−0.320	0.844	0.862	0.849
酸排量	0.071	0.044	0.208	−0.151	0.028	−0.049	0.852	0.851	0.854

表5-5 鹰山组各参数对酸压效果的影响

鹰山组	相关系数			偏相关系数			灰色关联度		
	产油/(t/d)	含水率/%	有效期/月	产油/(t/d)	含水率/%	有效期/月	产油/(t/d)	含水率/%	有效期/月
酸压跨度	−0.039	0.130	0.073	0.035	−0.004	0.151	0.832	0.823	0.850
储集体距离	0.046	−0.074	−0.136	−0.023	0.102	−0.127	0.758	0.766	0.780
岩石成分	0.136	−0.268	−0.049	0.226	−0.341	0.028	0.815	0.757	0.811
录井显示	0.199	−0.236	0.119	0.101	0.008	0.194	0.814	0.753	0.804
裂缝级别	−0.004	−0.016	−0.066	−0.121	−0.037	−0.181	0.797	0.779	0.790
GR	−0.269	0.338	−0.117	0.073	0.073	0.162	0.803	0.849	0.837
CAL	−0.041	−0.164	−0.056	0.054	−0.215	0.115	0.831	0.823	0.860

续表

鹰山组	相关系数			偏相关系数			灰色关联度		
	产油/(t/d)	含水率/%	有效期/月	产油/(t/d)	含水率/%	有效期/月	产油/(t/d)	含水率/%	有效期/月
CNL	−0.112	0.206	−0.070	−0.106	0.100	−0.287	0.806	0.850	0.843
AC	−0.141	0.138	−0.104	−0.182	0.082	−0.158	0.807	0.839	0.828
电阻率差值	−0.023	0.021	−0.131	−0.168	0.271	−0.260	0.815	0.797	0.831
前置液量	0.069	0.094	−0.027	−0.030	0.128	−0.044	0.821	0.805	0.807
前置液排量	0.010	0.208	−0.044	0.081	−0.090	−0.070	0.839	0.812	0.824
注酸量	0.010	0.126	−0.087	0.059	−0.143	−0.030	0.809	0.804	0.801
注酸强度	−0.100	0.270	−0.234	−0.012	0.099	−0.084	0.807	0.825	0.804
酸排量	0.082	0.155	0.047	0.061	0.012	0.071	0.825	0.799	0.821

由表5-4和表5-5可知，一间房组和鹰山组各因素与压后产油、含水率、有效期的相关性明显不同。一间房组和鹰山组部分参数与压后产油、有效期、含水率有着相反的相关性，有的参数虽然相关性正负相同，但相关程度却相差很大。因此，按照层位对酸压施工井效果分类划分的方法可行，以此为基础的酸压辅助决策模型预测结果会更加准确。

5.5 酸压辅助决策模型建立

采用前面选取的15个影响酸压效果的相关因素，确定相应区块的神经网络模型，输入参数并建立对应区块的神经网络模型。采用实验法确定神经网络结构，用训练样本训练神经网络，再用检测样本检验神经网络的泛化性，通过循环计算，最后从各方案中选择泛化性能最好的模型结构。

5.5.1 建模参数的处理

1）神经网络的各项参数及训练算法

（1）数据的前后处理。在使用历史数据训练神经网络以前，需要对数据做归一化前处理，选择的函数为：

$$X = \frac{2(x_i - min)}{max - min} - 1 \tag{5-25}$$

式中 max、min ——输入向量的最大值、最小值；
X ——预处理后的数据。

此函数可以很好地把输入向量压缩在一个很小的范围内。相应地，在使用训练好的网络进行预测时，同样需要使用后处理函数：

$$Y = 0.5(x_i + 1)(max - min) + min \tag{5-26}$$

式中 max、min ——输入向量的最大值、最小值；
Y ——后处理后的数据，即预测的真实数据。

(2) 神经网络结构。神经网络的结构是一项很重要的参数,其隐层数及隐层神经元数量直接影响着神经网络的学习能力及训练后神经网络的泛化能力(预测能力)。研究表明,对定义在集上的任何连续函数,均可构造一个单隐层神经网络逼近该函数,并且其逼近速度不超过该函数的最佳多项式逼近的二倍,据此选择单隐层结构,其结构如图 5-2 所示。

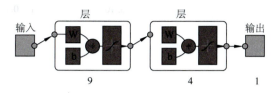

图 5-2 神经网络训练结构

其中,输入层到隐含层的转移函数为双极 S 型函数,隐含层到输出层也为双极 S 型函数。

(3) 神经网络的误差函数。神经网络的误差函数选用均方差函数,即

$$F = mse = \frac{1}{n}\sum_{n}^{1} e_i^2 = \frac{1}{n}\sum_{n}^{1} (t_i - a_i)^2 \qquad (5-27)$$

(4) 神经网络的训练算法。在训练神经网络时,采用 levenberg-marquardt 算法(LM 算法)。LM 算法对权值及偏置的调整算法为:

$$x(k+1) = x(k) - [J^T J + \mu I]^{-1} J^T e$$
$$H = J^T J \qquad (5-28)$$

式中 H——包含网络误差函数对权值和阈值一阶导数的雅可比矩阵;

e——网络的误差向量;

μ——系数。

此权值及偏置的调整算法是训练中等神经网络时收敛速度最快的算法,学习速率定为 0.5。

2) 建模实验方法

神经网络的结构对后续使用神经网络预测起着决定性的作用,但神经网络结构的确定一直没有较好的理论方法,均是采用经验法或实验法,依靠相关领域的经验来确定。本章所选取的方法为实验法,即每次预留部分样本称为检测样本,剩下的样本称为训练样本,检测样本与训练样本的分配要科学合理,在两部分中都要涵盖广,并且检测样本中有效井与无效井的比例要得当。用训练样本训练神经网络,再用检测样本检验神经网络的泛化性,通过循环计算最后从各种方案中选一个泛化性能最好的结构,这样得到的神经网络结构就能较好地符合现实情况。

5.5.2 选参方案确定

1) 选参方案确定

为了研究油井各参数对酸压效果的影响和在神经网络预测中对预测准确率的影响。对有关油井地质和施工参数,按照不同选参方法和不同的参数个数进行神经网络建模,然后运用所建的模型进行酸压预测工作。通过检验各选参方案的符合率,获得最好的选参方案。

2) 神经网络参数的选择

以往选参方案的确定虽然是在经验的指导下进行的，但仍带有随机性，而每一种组合都用神经网络计算是不可能的。为了找出最优的神经网络，采用以下选参方法：

(1) 分别对相关系数、偏相关系数及灰色关联度归一化。

(2) 分别选出以上三个指标中系数由大到小排列，排在前 $N+3$ 个参数记为W1、W2、W3，如果 $N+3>15$ 则取 15。

(3) 选出在W1、W2、W3中都存在的参数记为A1并记其个数为 L，如果 $L>N$ 则对每个参数的三个指标归一化后的系数进行相加，称为权值。选择按权值排列由大到小前 N 个作为输入参数，然后转第(7)步。如果 $L<N$ 则转第(4)步。

(4) 选出剩余参数中在两个指标中共同包含的参数，并把其系数加和记为权值。选择按权值排列由大到小前 M 个参数记为 A2，使得 $L+M=N$，A1+A2 即为输入参数，然后转第(7)步。如果没有 M 可以使得 $L+M=N$ 则转第(5)步。

(5) 对剩余的参数归一化值进行排序，取前 Q 个，记为A3，使得 $L+M+Q=N$，则A1+A2+A3 即为输入参数，转第(7)步。

(6) 如果输入参数里包含储集体距离一项，则依次往前补一个参数，作为第二组输入参数。

(7) N 值增加1，N 的取值范围为7~14，重复(2)~(6)的步骤，选取参数完毕。

通过以上参数选择方案，选出按储层类型划分的溶洞型区和裂缝型区，以及按层位划分出的一间房组和鹰山组 7~14 个参数的输入参数方案，具体参数选择方案见表 5-6 ~ 表 5-9。

表 5-6 溶洞型区神经网络参数输入方案

七参数	八参数	九参数	十参数	十一参数	十二参数	十三参数	十四参数
录井显示	录井显示	录井显示	录井显示	录井显示	录井显示	录井显示	录井显示
CAL	电阻率差值	电阻率差值	CAL	电阻率差值	岩石成分	裂缝级别	岩石成分
酸排量	酸排量	酸排量	酸排量	酸排量	酸排量	酸排量	酸排量
前置液排量	前置液排量	前置液排量	前置液排量	前置液排量	前置液排量	前置液排量	前置液排量
CNL	CNL	CNL	CNL	CNL	CNL	CNL	CNL
前置液量	前置液量	前置液量	前置液量	前置液量	前置液量	前置液量	前置液量
AC	AC	AC	AC	AC	AC	AC	AC
	CAL	GR	GR	GR	GR	GR	GR
		CAL	酸压跨度	酸压跨度	CAL	CAL	CAL
			注酸强度	注酸强度	酸压跨度	酸压跨度	酸压跨度
				CAL	注酸强度	注酸量	注酸量
					电阻率差值	注酸强度	注酸强度
						电阻率差值	电阻率差值
							裂缝级别

表 5-7 裂缝型区神经网络参数输入方案

七参数	八参数	九参数	十参数	十一参数	十二参数	十三参数	十四参数
酸压跨度	酸压跨度	酸压跨度	酸压跨度	酸压跨度	酸压跨度	酸压跨度	酸压跨度
CNL	CNL	CNL	CNL	CNL	CNL	CNL	CNL
GR	GR	GR	GR	GR	GR	GR	GR
前置液量	注酸强度	CAL	CAL	裂缝级别	裂缝级别	酸排量	岩石成分
前置液排量	AC	AC	AC	AC	AC	AC	AC
前置液量	前置液量	前置液排量	前置液排量	前置液排量	前置液排量	前置液排量	前置液排量
AC	前置液排量	注酸强度	注酸强度	注酸强度	注酸强度	注酸强度	注酸强度
	CAL	前置液量	注酸量	注酸量	注酸量	注酸量	注酸量
		注酸量	录井显示	录井显示	录井显示	录井显示	录井显示
			前置液量	前置液量	前置液量	前置液量	前置液量
				CAL	CAL	CAL	CAL
					酸排量	电阻率差值	电阻率差值
						裂缝级别	裂缝级别
							酸排量

表 5-8 一间房组神经网络参数输入方案

七参数	八参数	九参数	十参数	十一参数	十二参数	十三参数	十四参数
CAL	CAL	CAL	CAL	CAL	CAL	CAL	CAL
CNL	CNL	CNL	CNL	CNL	CNL	CNL	CNL
AC	AC	AC	AC	AC	AC	AC	AC
酸排量	酸排量	酸排量	酸排量	酸排量	酸排量	酸排量	酸排量
前置液排量	前置液排量	前置液排量	前置液排量	前置液排量	前置液排量	前置液排量	前置液排量
酸压跨度	前置液量	酸压跨度	酸压跨度	注酸量	裂缝级别	注酸量	岩石成分
注酸强度	酸压跨度	GR	GR	GR	GR	GR	GR
	注酸强度	前置液量	前置液量	前置液量	前置液量	前置液量	前置液量
		注酸强度	注酸强度	注酸强度	注酸强度	注酸强度	注酸强度
			录井显示	录井显示	录井显示	录井显示	录井显示
				酸压跨度	酸压跨度	酸压跨度	酸压跨度
					储集体距离	储集体距离	储集体距离
						裂缝级别	裂缝级别
							注酸量

表 5-9 鹰山组神经网络参数输入方案

七参数	八参数	九参数	十参数	十一参数	十二参数	十三参数	十四参数
录井显示	录井显示	录井显示	录井显示	录井显示	录井显示	录井显示	录井显示
AC	AC	AC	AC	AC	AC	AC	AC
CAL	酸压跨度	GR	前置液量	注酸量	注酸强度	注酸量	岩石成分
酸排量	酸排量	酸排量	酸排量	酸排量	酸排量	酸排量	酸排量

续表

七参数	八参数	九参数	十参数	十一参数	十二参数	十三参数	十四参数
电阻率差值	CAL	CAL	CAL	CAL	CAL	CAL	CAL
前置液排量	电阻率差值	电阻率差值	电阻率差值	电阻率差值	电阻率差值	电阻率差值	电阻率差值
GR	前置液排量	酸压跨度	酸压跨度	酸压跨度	酸压跨度	酸压跨度	酸压跨度
	GR	CNL	CNL	CNL	CNL	CNL	CNL
		前置液排量	前置液排量	前置液排量	前置液排量	前置液排量	前置液排量
		GR	GR	GR	GR	GR	GR
			前置液量	前置液量	前置液量	前置液量	前置液量
				裂缝级别	裂缝级别	裂缝级别	裂缝级别
					注酸强度	注酸强度	注酸强度
							注酸量

5.5.3 神经网络模型结构优选

1) 不同储层类型的酸压决策神经网络模型

（1）溶洞型储层酸压决策神经网络模型。

根据选参方案对溶洞型储层选择 7~15 个参数进行神经网络建模，隐层神经元数分别是 3~18 个，采用预留样本法对神经网络模型进行测试。图 5-3 为符合率大于或等于 73% 的神经网络模型选参方案与符合率对照图，表 5-10 为不同的神经网络结构训练详细情况。

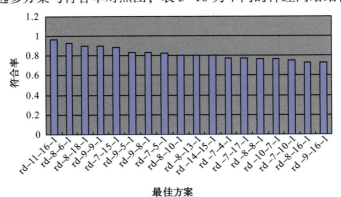

图 5-3 溶洞型区优秀参数组合与符合率

表 5-10 溶洞型区神经网络训练优选

最佳方案	正确率	测试样本(有效井)	正确测试个数	测试正确率	测试样本数(无效井)	正确测试个数	测试正确率
rd-11-16-1	0.966	27	27	1	3	2	0.67
rd-8-6-1	0.93	27	27	1	3	1	0.33
rd-8-18-1	0.9	27	26	1	3	1	0.33
rd-9-9-1	0.9	27	26	1	3	1	0.33

续表

最佳方案	正确率	测试样本（有效井）	正确测试个数	测试正确率	测试样本数（无效井）	正确测试个数	测试正确率
rd-7-15-1	0.88	35	33	0.94	5	2	0.4
rd-9-5-1	0.83	27	24	0.89	3	1	0.33
rd-9-8-1	0.83	27	24	0.89	3	1	0.33
rd-7-5-1	0.825	35	32	0.91	5	1	0.2
rd-8-10-1	0.8	27	23	0.85	3	1	0.33
rd-8-13-1	0.8	27	23	0.85	3	1	0.33
rd-14-15-1	0.8	27	23	0.85	3	1	0.33
rd-7-4-1	0.775	35	29	0.83	5	2	0.4
rd-7-17-1	0.775	35	29	0.83	5	2	0.4
rd-8-8-1	0.767	27	22	0.81	3	1	0.33
rd-10-7-1	0.767	26	22	0.85	4	1	0.25
rd-7-10-1	0.75	35	28	0.8	5	2	0.4
rd-8-16-1	0.73	27	21	0.78	3	1	0.33
rd-9-16-1	0.73	27	20	0.74	3	2	0.67

由图 5-2 可以得出，最优秀的神经网络模型出现在选择 11 个参数时，符合率为 96.6%。由表 5-10 可以看出，选 11 个参数训练时，选择 16 个隐层节点时具有最高的符合率，此时用于测试的有效井样本为 27 个，正确测试个数为 27 个，正确率为 100%，用于测试的无效井样本 3 个，正确测试个数 2 个，正确率为 67%。本模型对有效井的正确识别率大于对无效井的识别率。该方案的符合率比其他方案至少高出 3 个百分点，据此选择该方案定为溶洞型区的神经网络模型，即 11 个输入参数，单隐层结构，16 个隐藏节点。输入参数为录井显示、电阻率差值、酸排量、前置液排量、中子孔隙度、前置液量、声波时差、自然伽马、酸压跨度、注酸强度及井径。

（2）裂缝型储层酸压决策神经网络模型。

根据确定的裂缝型选参方案对裂缝型储层进行神经网络建模，网络采用单隐层结构，隐层节点数选择 3~18 个，采用预留样本法对神经网络模型进行测试。图 5-4 为符合率大于或等于 73% 的神经网络模型选参方案与符合率对照图，表 5-11 为不同的神经网络结构训练详细情况。

表 5-11 裂缝型区神经网络训练优选

最佳方案	正确率	测试样本（有效井）	正确测试个数	测试正确率	测试样本数（无效井）	正确测试个数	测试正确率
lf-11-7-1	0.85	17	14	0.82	3	3	1
lf-12-7-1	0.8	17	15	0.88	3	1	0.33
lf-12-10-1	0.8	17	14	0.82	3	2	0.67

续表

最佳方案	正确率	测试样本（有效井）	正确测试个数	测试正确率	测试样本数（无效井）	正确测试个数	测试正确率
lf-13-7-1	0.8	15	15	1	5	1	0.2
lf-13-9-1	0.8	15	14	0.93	5	2	0.4
lf-9-17-1	0.75	17	14	0.82	3	1	0.33
lf-10-10-1	0.75	17	13	0.76	3	2	0.67
lf-12-17-1	0.75	17	14	0.82	3	1	0.33
lf-13-16-1	0.75	15	14	0.93	5	1	0.2
lf-10-09-1	0.7	17	11	0.65	3	3	1
lf-12-5-1	0.7	17	11	0.65	3	3	1
lf-12-11-1	0.7	17	13	0.76	3	1	0.33
lf-7-7-1	0.65	17	11	0.65	3	2	0.67
lf-8-6-1	0.65	17	11	0.65	3	2	0.67
lf-8-14-1	0.65	17	11	0.65	3	2	0.67
lf-9-8-1	0.6	17	11	0.71	3	1	0.33

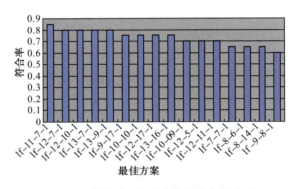

图 5-4 裂缝型区优秀参数组合与符合率

由图 5-4 可以看出，选 11 个参数第四种方案 7 个隐层节点时具有最高的符合率，此时符合率为 85%。表 5-11 给出了符合率大于或等于 60% 的所有网络的符合率与训练样本的详细信息，采用该参数组合训练时有 17 个有效井样本，测试正确个数 14 个，测试正确率 82.3%，无效井样本 3 个，测试正确个数 3 个，测试正确率为 100%，综合各种因素，选择第一个组合即输入参数为酸压跨度、中子孔隙度、自然伽马、裂缝级别、声波时差、前置液排量、注酸强度、注酸量、录井显示、前置液量及井径，网络为 11 参数输入，单隐层，7 个隐层节点，一个输出节点(11-7-1)的结构作为裂缝型区的选定神经网络模型。

2）不同施工层位的酸压决策神经网络模型

（1）一间房组酸压决策神经网络模型。

依据选参方案对一间房组进行神经网络建模，同样采用单隐层结构，隐层节点选择 3~18 个，模拟计算结果如图 5-5 及表 5-12 所示。

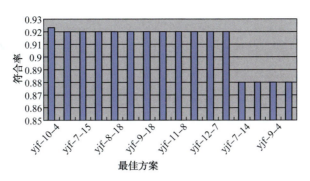

图 5-5 一间房组优秀参数组合与符合率

表 5-12 一间房组神经网络训练优选

最佳方案	测试最高符合率	测试样本（有效井）	正确测试个数	测试正确率	测试样本数（无效井）	正确测试个数	测试正确率
yjf-10-4-1	0.923	19	19	1	7	5	0.71
yjf-7-7-1	0.92	19	19	1	6	4	0.67
yjf-7-15-1	0.92	19	18	0.94	6	5	0.83
yjf-8-4-1	0.92	19	18	0.94	6	5	0.83
yjf-8-18-1	0.92	19	18	0.94	6	5	0.83
yjf-9-15-1	0.92	19	19	1	6	4	0.67
yjf-9-18-1	0.92	19	18	0.94	6	5	0.83
yjf-10-16-1	0.92	19	19	1	6	4	0.67
yjf-11-8-1	0.92	19	18	0.94	6	5	0.83
yjf-11-15-1	0.92	19	18	0.94	6	5	0.83
yjf-12-7-1	0.92	19	19	1	6	4	0.67
yjf-13-15-1	0.92	19	19	1	6	4	0.67
yjf-7-14-1	0.88	19	17	0.94	6	3	0.5
yjf-7-17-1	0.88	19	17	0.94	6	3	0.5
yjf-9-4-1	0.88	19	18	0.94	6	4	0.67
yjf-9-9-1	0.88	19	18	0.94	6	4	0.67

由图 5-5 可以得出，一间房组最优秀的神经网络模型出现在选择 10 个参数时，符合率为 92.3%。由表 5-12 可以看出，选 10 个参数训练时选择 4 个隐层节点具有最高的符合率，此时用于测试的有效井样本为 19 个，正确测试个数 19，正确率 100%，用于测试的无效井样本 7 个，正确测试个数 5 个，正确率 71%。本模型对有效井的正确识别率大于对无效井的识别率。据此选择该方案为溶洞型区的神经网络模型，即 10 个输入参数，单隐层结构，4 个隐藏节点。输入参数为井径、中子孔隙度、声波时差、酸排量、前置液排量、酸压跨度、自然伽马、前置液量、注酸强度及录井显示。

（2）鹰山组酸压决策神经网络模型。

根据选参方案对鹰山组数据进行神经网络建模，采取一个隐层，隐层节点数为 3~18 个，模拟计算结果如图 5-6 及表 5-13 所示。

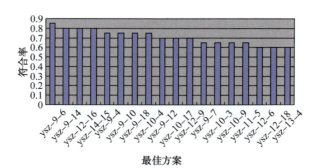

图 5-6 鹰山组优秀参数组合与符合率

表 5-13 鹰山组神经网络训练优选

最佳方案	测试最高符合率	测试样本（有效井）	正判个数	测试正确率	测试样本数（无效井）	正判个数	测试正确率
ysz-9-6-1	0.85	17	16	0.94	3	1	0.33
ysz-9-14-1	0.8	17	14	0.82	3	2	0.67
ysz-12-16-1	0.8	17	13	0.76	3	3	1
ysz-14-15-1	0.8	17	15	0.88	3	1	0.33
ysz-9-4-1	0.75	17	14	0.82	3	1	0.33
ysz-9-10-1	0.75	17	13	0.76	3	2	0.67
ysz-9-18-1	0.75	17	14	0.82	3	1	0.33
ysz-10-4-1	0.75	17	14	0.82	3	1	0.33
ysz-9-12-1	0.7	17	13	0.76	3	1	0.33
ysz-10-17-1	0.7	17	13	0.76	3	1	0.33
ysz-12-9-1	0.7	17	13	0.76	3	1	0.33
ysz-9-7-1	0.65	17	11	0.71	3	2	0.67
ysz-10-3-1	0.65	17	12	0.71	3	1	0.33
ysz-10-9-1	0.65	17	12	0.71	3	1	0.33
ysz-11-5-1	0.65	17	11	0.65	3	2	0.67
ysz-12-6-1	0.6	17	11	0.71	3	1	0.33
ysz-12-18-1	0.6	17	11	0.71	3	1	0.33
ysz-13-4-1	0.6	17	11	0.71	3	1	0.33

由图 5-6 可以看出，方案 ysz-9-6 明显优于其他方案。由表 5-13 可知，对该方案的训练使用了 17 个有效井样本，正确判断个数为 16 个，正确率 94%，使用了 3 个无效井，正确判断个数为 1 个，正确率 33%。即该模型对有效井的判断精度高于对无效井的判断精度。该方案总的符合率为 85%，是所有方案中最高的一个，高出其他方案 5 个百分点以上，故选为最优神经网络模型，其输入参数为录井显示、声波时差、自然伽马、酸排量、井径、电阻率差值、酸压跨度及中子孔隙度。

5.5.4 神经网络模型的确立

通过模拟计算与分析得出，对塔河油田缝洞型油藏进行神经网络建模按储层类型划分时，溶洞型区采用 11-16-1 结构即 11 维输入，单隐层结构，16 个隐层节点，1 个输出接点，裂缝型区采用 11-7-1 结构。按施工层位划分时，一间房组采用 10-4-1 结构，鹰山组采用 9-6-1 结构，见表 5-14。

表 5-14 选用神经网络模型结构

分类方法	类 别	神经网络结构	符合率/%
储层类型	溶洞型区	11-16-1	96.6
	裂缝型区	11-7-1	85
施工层位	一间房组	10-4-1	92.3
	鹰山组	9-6-1	85

由表 5-14 可以看出，按照储层类型对塔河油田碳酸盐岩缝洞型油藏进行分区所得的神经网络模型的符合率高于按施工层位划分时的符合率。从上节的神经网络优选表的数据可知，神经网络对有效井的识别率高于对无效井的识别率。

5.6 酸压辅助设计模型

辅助优化设计是从施工工艺类型优选和施工参数的优化两个方面出发，利用数学统计方法中的神经网络、正交设计等手段，得到所要改造井的各类参数或者取值范围，从而帮助压裂设计人员制定初步优化方案，并建立储层改造辅助设计系统模型，进一步优选出最佳的压裂工艺和施工参数，总思路如图 5-7 所示。

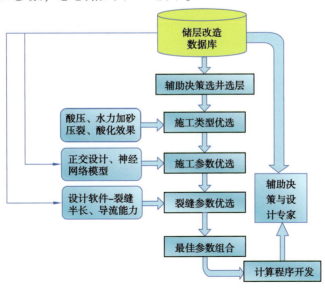

图 5-7 辅助设计总思路

1）施工工艺类型

根据塔河地区的地层特征及施工井统计，碳酸盐岩的溶洞型和基质型储层一般不进行压裂改造。裂缝充填型储层含油性较好，可直接进行大规模水力加砂压裂。小型溶洞型、裂缝较发育型、裂缝欠发育型储层先以复合酸压为主，如酸压效果不好则可进行水力加砂压裂。

2）施工参数

前期已经选出的影响塔河油田稳产的主要酸压施工参数，包括注入酸量、酸液排量、前置液量及前置液排量。要确定某口待改造井的施工参数，需要应用以往的类似改造井储层参数及施工参数，可应用正交设计优选出几种施工参数。另外，在前面的研究中统计了200多口井的施工参数和储层参数等，已经训练形成了成熟的神经网络模型，正可以利用其进行施工参数的优化。

3）裂缝参数

塔河油田酸压井的裂缝半长和导流能力等裂缝参数难以监测、统计，在此不做辅助设计，仅做裂缝参数优化设计。

5.6.1 施工工艺类型优选

为了实现裂缝的深穿透及增加渗滤面积和沟通远井缝洞的概率，达到增产稳产的目的，主要有常规酸压、水力加砂压裂及复合酸压三项工艺可供选择。储层类型不同，相应选取的改造措施不同。塔河油田奥陶系碳酸盐岩储层类型可分为溶洞型、小溶洞型、裂缝型、缝洞充填型和基质型。

1）常规酸压工艺技术

常规酸压工艺存在酸压反应速度快和长时间高地应力下酸化压裂缝易闭合的特点。对于碳酸盐岩溶洞型和基质型储层，如后期产量较低，可进行酸压改造解堵，提高油井产量。

2）水力加砂压裂工艺技术

水力加砂压裂一般可在储层中造 300～500m 的缝长，加砂压裂裂缝由于有支撑剂的支撑，人工裂缝的高导流作用时效较长。可用于裂缝相对发育、含油性较好的缝洞型储层，提高储层渗透率。

3）复合酸压技术

与常规酸压工艺相比，采用该技术可获得更长的裂缝，实现大规模加砂压裂，延长储层改造后的增产有效期。小型溶洞型、裂缝较发育型、裂缝欠发育型储层以先进行大规模酸压为主。

5.6.2 施工参数优化

要确定某口待改造井的施工参数，需要应用以往的类似改造井储层参数及施工参数，确定各个参数的范围，组成 N 种方案，应用正交设计优选出几种方案，然后进行方案优劣的选择。基于塔河油田历年储层改造施工统计及高效酸压工艺技术现场试验，统计了 200 多口井的施工参数，训练形成了成熟的神经网络模型，可以利用其进行施工参数的优化。

对影响油藏稳产的酸压施工参数，共选用 4 个因素进行正交设计，其中每个因素取 3 个值。这样根据需要选择具有 4 个参数、3 个水平值的正交表 L9，只需要做 9 次模拟计算就能反映出总共 $3^4=81$ 次实验所代表的规律。以塔河油田 12 区的某井为例，分别按照相同储层类型下不同施工层位进行计算，得到各方案的决策系数。决策系数越大，方案可实施性越高。取前三个方案为酸压施工参数推荐方案。由表 5-15 可知，不同层位地层特征不同，所推荐的施工方案不同。

表 5-15　施工参数方案优选

方　案	前置液量/m^3	前置液排量/(m^3/min)	注入酸量/m^3	酸液排量/(m^3/min)	决策系数	
					鹰山组	一间房组
方案一	450	6	400	6.5	0.55	0.40
方案二	450	5.5	340	6	0.87	0.85
方案三	450	5	280	5.5	0.68	0.86
方案四	375	6	340	5.5	0.90	0.94
方案五	375	5.5	280	6.5	0.76	0.52
方案六	375	5	400	6	0.50	0.59
方案七	300	6	280	6	0.95	0.90
方案八	300	5.5	400	5.5	0.71	0.72
方案九	300	5	340	6.5	0.41	0.49

5.7　酸压选井人工智能系统

采用优选出的神经网络模型，编写酸压辅助决策与设计系统，运行流程如图 5-8 所示。

系统设计遵循以下原则：系统界面人机对话清楚、操作简单，系统内部运算代码尽可能封装，使模块之间联系最小化。软件从设计上考虑了读取历史数据的方便性，设计了保存已决策井的数据功能，方便后期资料查询调用。

为决策一口井的某一井段是否适合酸压施工或酸压施工后是否能达到建产目的，需要输入一些关键的参数来进行决策。参数包括录井显示、裂缝级别、地层密度、声波时差、自然伽马、深浅电阻率差值、井径、施工排量、前置液量及注酸强度等，操作界面如图 5-9 所示。

决策参数输入完成后，即可对该井段是否适合酸压施工进行预测。软件采用按层位和储层类型两种方法来决策是否适合酸压施工。两种模型的建立均基于塔河油田的历史数据，决策界面如图 5-10 所示。

模拟预测完毕，预测结果以 Word 形式输入以该井命名的 Word 文件中，文件里面记录了各项参数的值及决策系数，基础数据可以以文本的形式来保存，供以后查看，决策结果如图 5-11 所示。

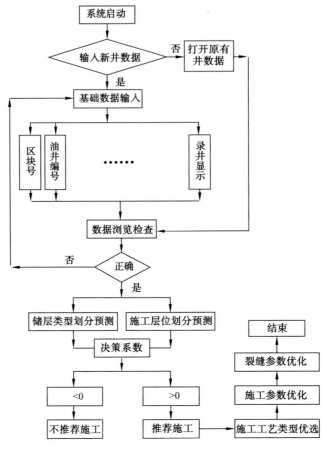

图 5-8　酸压选井人工智能系统运行流程

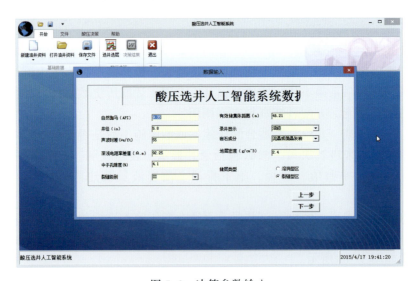

图 5-9　决策参数输入

图 5-10 酸压决策界面

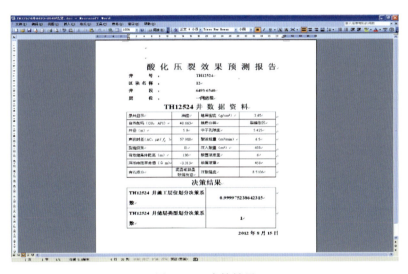

图 5-11 决策结果

运用酸压选井人工智能系统对 2012 年以后酸压施工的 14 井次进行模拟预测。酸压前预测结果与压后实际结果对比见表 5-16，结果显示按储层类型分区情况下的平均符合率为 85%，按施工层位划分情况下的平均符合率为 92%。

表 5-16 酸压效果预测

序 号	井 号	压后试油	储层类型划分		施工层位划分	
			压前预测	压后评价	压前预测	压后评价
1	TH12524	油层	是	符合	是	符合
2	TH10123	油层	否	不符合	是	符合
3	TH10245	含油水层	否	符合	否	符合

续表

序 号	井 号	压后试油	储层类型划分		施工层位划分	
			压前预测	压后评价	压前预测	压后评价
4	TH10122	油层	是	符合	是	符合
5	TH12160	油层	是	符合	是	符合
6	TH10354	油层	是	符合	是	符合
7	TH10121	油层	是	符合	是	符合
8	TH12171	油层	是	符合	是	符合
9	TH12525	油层	是	符合	是	符合
10	TH12360	油层	是	符合	否	不符合
11	TH12165	油层	是	符合	是	符合
12	TH12364	油层	是	符合	是	符合
13	TH10356	油层	是	符合	是	符合
14	TH10124	油层	否	不符合	是	符合
15	符合率/%		85		92	

注："是"代表预测结果是油层，建议施工；"否"代表预测结果不是油层，不建议施工。

第6章 深穿透复合酸压机理及工艺技术

碳酸盐岩缝洞型油藏储集体分布复杂，受勘探和钻井精度的影响，部分井未能直接钻遇缝洞体，为实现井与缝洞储集体的有效沟通，需要构建一定长度的酸蚀人工裂缝。在高温、高闭合压力的碳酸盐岩缝洞型油藏中，存在酸岩反应速度快、滤失严重、有效酸蚀缝长度短、导流能力低等一系列问题，制约着酸压改造效果。针对这些问题，本章从深穿透复合酸压机理、酸压工艺、施工参数优化及现场应用等方面进行阐述。

6.1 酸蚀裂缝导流能力形成机理

酸压过程中，酸液在裂缝内外压差作用下滤失进入地层与岩石发生反应。由于地层的非均质性，酸液在裂缝中的流速不均匀，反应后形成粗糙的裂缝表面。酸压后，缝内流体压力下降，在闭合应力作用下，裂缝表面发生不均匀闭合。酸压成功的关键在于储层岩石的非均质性，缝面酸蚀较少的区域，对整个面形成支撑作用，酸蚀较多的区域裂缝保持张开并相互连通，形成具有一定导流能力的通道，酸蚀裂缝表面如图 6-1 所示。

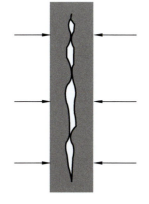

图 6-1 酸蚀裂缝示意图

酸压过程中，酸液注入过程包括酸液在裂缝内的流动、酸岩在裂缝表面反应、酸液滤失到地层及裂缝宽度变化，酸压裂缝如图 6-2 所示。数学模型为：

动量方程：

$$\rho(\vec{u} \cdot \nabla) = -\nabla p + \mu [\nabla^2 \vec{u}] \tag{6-1}$$

式中，$\vec{u} = \{u, v, w\}$。

连续性方程：

$$\nabla \cdot \vec{u} = 0 \tag{6-2}$$

酸液浓度分布方程：

$$\frac{\partial C_D}{\partial t} + u\frac{\partial C_D}{\partial x} + v\frac{\partial C_D}{\partial y} + w\frac{\partial C_D}{\partial z} = \frac{\partial}{\partial y}\left(D_{eff}\frac{\partial C_D}{\partial y}\right)$$

$$C_D = \frac{C_A}{C_i} \qquad (6-3)$$

式中　C_D——无因次酸液浓度；
　　　D_{eff}——酸液有效扩散系数；
　　　t——时间；
　　　C_A——酸液浓度，$kmol/m^3$；
　　　C_i——入口处酸液浓度，$kmol/m^3$。

裂缝表面的酸液浓度由酸岩反应速度和酸液传质速度决定，即由该边界条件隐式给定，y_1 和 y_2 分别表示两裂缝表面位置。

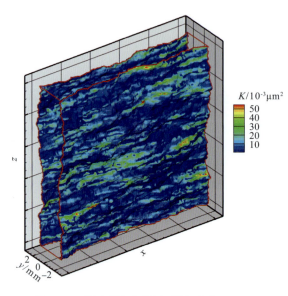

图 6-2　酸压裂缝示意图（据牟建业，2011）

$$D_{eff}C_i\frac{\partial C_D}{\partial y} = E_f\left(C_iC_D - C_{eqm}\right)^{n'}(1-\phi)\bigg|_{y_1} \qquad (6-4)$$

$$-D_{eff}C_i\frac{\partial C_D}{\partial y} = E_f\left(C_iC_D - C_{eqm}\right)^{n'}(1-\phi)\bigg|_{y_2} \qquad (6-5)$$

裂缝宽度变化方程：

$$\frac{\partial y_1(x,z,t)}{\partial t} = \frac{\beta MW_{acid}C_i}{\rho(1-\phi)}\left(fv_LC_D - D_{eff}\frac{\partial C_D}{\partial y}\right)\bigg|_{x,y_1,z} \qquad (6-6)$$

$$\frac{\partial y_2(x,z,t)}{\partial t} = \frac{\beta MW_{acid}C_i}{\rho(1-\phi)}\left(fv_LC_D - D_{eff}\frac{\partial C_D}{\partial y}\right)\bigg|_{x,y_2,z} \qquad (6-7)$$

一部分滤失酸液在进入地层前与裂缝表面反应，f 表示滤失酸液进入地层前与裂缝表面反应的百分比；β 表示酸溶解岩石的质量与消耗酸的质量之比；ρ 表示岩石的密度，kg/m^3；ϕ 为孔隙度；v_L 为裂缝壁面上的滤失速度，m/s。

用地质统计规律分析裂缝表面渗透率及岩性分布。在给定注入条件下，采用上述模型能模拟出酸蚀裂缝的表面形状。图 6-3 显示渗透率分布对裂缝表面形状的影响，渗透率分布决定裂缝表面滤失分布，酸液在滤失进入地层前刻蚀裂缝表面，滤失量不同，裂缝表面的形态也不同。渗透率随机分布时，腐蚀表面也随机分布，渗透率分布与流动方向分布关联强度大时，易形成沟槽，相应的导流能力较强。图 6-4 显示岩性分布对酸蚀表面的影响，岩性分布通过反应速度差异来影响裂缝表面形状，灰岩与白云岩在高温下反应速度差异较小，腐蚀沟槽深度相对较浅，岩性分布相对关联强度较大，有利于形成沟槽。

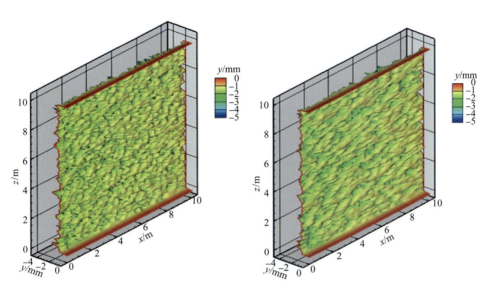

图 6-3 渗透率对酸蚀表面形状的影响(渗透率分布关联强度从左上到右下逐渐增大)

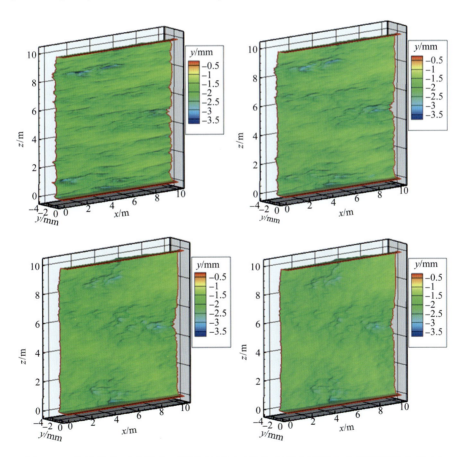

图 6-4 岩性分布对酸蚀表面形状的影响(从左上到右下垂向关联强度注入增大)

酸压后裂缝表面在闭合应力下闭合(图6-5)。裂缝表面发生变形,导流能力随闭合应力增加而降低。导流能力与闭合应力大小、裂缝表面形状及岩石属性(弹性模量、嵌入强度)有关。

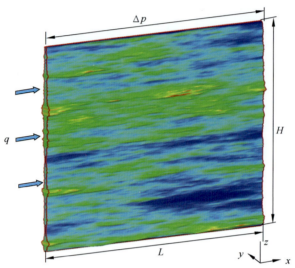

图6-5 裂缝闭合后的形状(据牟建业,2011)

裂缝表面较粗糙,裂缝导流能力由表面形状决定。粗糙裂缝表面可近似成多个椭圆(图6-6),计算每个椭圆形变,然后计算相应闭合压力下的裂缝综合导流能力。

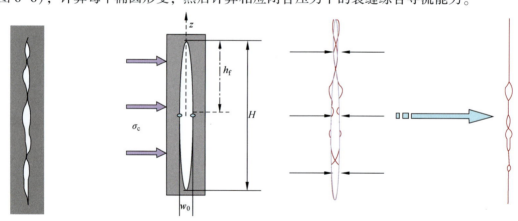

图6-6 裂缝闭合时的形状(据牟建业,2011)

$$w(z) = w_0(z) - \frac{4\sigma_c}{E'}\sqrt{h_f^2 - z^2} \tag{6-8}$$

式中 $w(z)$——椭圆宽度分布,m;
$w_0(z)$——椭圆最大宽度,m;
σ_c——闭合应力,MPa;
E'——平面应变模量,Pa;
h_f——椭圆长轴半径,m;
z——垂直方向的长度自变量,m。

6.2 酸蚀裂缝导流能力预测模型

6.2.1 N-K 模型

D. E. Nierod 和 K. F. Kruk 选用 San Angelo 白云岩作为实验对象模拟酸压过程，对岩石溶解量和酸蚀裂缝导流能力进行测试，得到 N-K 模型。用该经验公式计算酸蚀裂缝导流能力时使用的是酸蚀裂缝理想缝宽，酸蚀裂缝理想缝宽可通过岩石溶解量计算得到：

$$C_f = 1.46 \times 10^7 w_i^{2.446} e^{-C\sigma} \quad C = \begin{cases} (13.9 - 1.3\ln S_f) \times 10^{-3}, & S_f < 137.9\text{MPa} \\ (3.8 - 0.28\ln S_f) \times 10^{-3}, & S_f > 137.9\text{MPa} \end{cases} \quad (6-9)$$

式中 C_f——酸蚀裂缝导流能力，$10^{-3}\mu m^2 \cdot m$；
　　　w_i——酸蚀裂缝理想宽度，m；
　　　σ——闭合压力，MPa；
　　　S_f——岩石的上覆压力，MPa。

N-K 模型考虑了岩石溶解量、岩石上覆应力及闭合应力的影响且不需要酸蚀裂缝表面特征参数。N-K 模型是被使用最多、适用范围最广的酸蚀裂缝导流能力计算模型。但 N-K 模型是在室内实验基础上得到的，对高温高压条件下的酸蚀裂缝导流能力的计算有一定的局限性，且该模型未考虑储层岩性的影响。Nasr-El-Din 等对石灰岩和白云岩地层进行研究后，对 N-K 模型进行了修正：

$$wk_f = C_1 \times e^{-C_2 S} \quad (6-10)$$

（1）石灰岩地层：

$$C_1 = 0.165(DREC)^{0.8746}$$

$$C_2 \times 10^3 = \begin{cases} 26.567 - 2.634\ln(RES), & 0 < RES < 137.9\text{MPa} \\ 26.567 - 0.202\ln(RES), & 137.9\text{MPa} < RES < 3447.5\text{MPa} \end{cases}$$

（2）白云岩地层：

$$C_1 = 13.29(DREC)^{0.5592}$$

$$C_2 \times 10^3 = \begin{cases} 18.6383 - 0.7479\ln(RES), & 0 < RES < 137.9\text{MPa} \\ 2.3147 - 0.1513\ln(RES), & 137.9\text{MPa} < RES < 3447.5\text{MPa} \end{cases}$$

式中 wk_f——酸蚀裂缝导流能力，$10^{-3}\mu m^2 \cdot m$；
　　　S——闭合应力，MPa；
　　　$DREC$——理想条件下，0MPa 闭合应力作用下的酸蚀裂缝导流能力，$10^{-3}\mu m^2 \cdot m$；
　　　RES——岩石的上覆压力，MPa。

6.2.2 "钉床"模型

Gangi 等提出了"钉床"模型，将裂缝壁面的粗糙颗粒假设为直径相同、高度不同的束状棒条体，裂缝导流能力计算方程为：

$$C_f(\sigma) = C_{f0}\left[1 - \left(\frac{\sigma}{M}\right)^m\right] \quad (6-11)$$

式中　$C_f(\sigma)$——闭合应力 σ 作用下的酸蚀裂缝导流能力，$10^{-3}\mu m^2 \cdot m$；

　　　C_{f0}——0MPa 闭合应力下的酸蚀裂缝导流能力，$10^{-3}\mu m^2 \cdot m$；

　　　M——粗糙高度分布的均匀根，无因次；

　　　m——常数，$0<m<1$，表征粗糙表面高度。

该模型虽然考虑了闭合应力和壁面粗糙度的影响，但未考虑酸蚀作用对壁面几何形态的影响，也没有考虑储层岩性、刻蚀沟槽、溶坑、酸蚀蚓孔等对裂缝导流能力的影响。

6.2.3　Walsh 模型

Walsh 等在酸压实验数据的基础上，考虑了闭合应力对裂缝导流能力的影响，得到酸蚀裂缝壁面粗糙颗粒随机分布，且流体流型为层流的酸蚀裂缝导流能力计算模型：

$$\frac{C_f}{C_{f0}} = \left[1 - \frac{\sqrt{2\eta}}{w_0}\left(\frac{\sigma}{\sigma_0}\right)\right]^3 \quad (6-12)$$

式中　η——粗糙高度的均方根，m；

　　　w_0——0MPa 闭合压力下的缝宽，m。

该模型将表征裂缝壁面几何形态的参数视为定值，但要获取表征酸蚀裂缝壁面几何形态的参数是非常困难的。该模型未考虑酸蚀作用对壁面几何形态的影响及储层岩性、刻蚀沟槽、溶坑、蚓孔等对裂缝导流能力的影响。另外，该模型也未给出平均裂缝宽度的计算方法。

6.2.4　Tsang 和 Witherpoon 模型

Tsang 和 Witherpoon 采用孔隙模型描述裂缝几何形态，将粗糙度引入模型，并将断裂岩石的机械性能与裂缝粗糙表面联系起来，得到酸蚀裂缝导流能力计算公式：

$$C_f = \frac{w^3}{12}, \quad w^3(d,\sigma) = \frac{\int_0^{w_0-d}(w_0-d-h)^3 p(h)dh}{\int_0^{w_0} p(h)dh} \quad (6-13)$$

式中　w——裂缝宽度，m；

　　　d——裂缝的变形量，m；

　　　h——粗糙高度，m；

　　　$p(h)$——粗糙高度的分布函数。

该模型利用孔隙模型的物理性质，预测了有效杨氏模量的增长情况。该模型可用于预测水力压裂形成的粗糙裂缝的导流能力，但要获得闭合应力作用下裂缝的变形量是很困难的。从理论上讲，Tsang 和 Witherpoon 模型可以用来预测粗糙裂缝的导流能力，但是具体操作起来却非常困难。因为裂缝的粗糙表面在闭合应力的作用下会发生变形，这是难以预测的。

6.2.5　Gong 模型

Gong 等在考虑酸蚀作用对裂缝壁面粗糙度和岩石强度、岩石弹塑性影响的基础上，将裂缝壁面接触面积、裂缝开度与裂缝壁面粗糙颗粒分布、闭合应力联系起来，得到了闭合应力作用下裂缝导流能力的计算模型：

$$C_{\mathrm{f}} = C_{\mathrm{fo}} \left[1 - \left(\frac{\gamma}{1+\gamma} \right) \cdot \left(\frac{2\sigma}{C\sigma_{\mathrm{r}}} \right)^{\frac{1}{r}} \right]^6 \tag{6-14}$$

式中　　σ_{r}——杨氏模量，MPa；

γ——分布函数曲线的形状修正参数。

$\gamma=4$，为高斯分布；$\gamma=1$，为理想均匀分布；$\gamma=\infty$，为尖峰（峰值）。

该模型在计算酸蚀裂缝导流能力过程中使用的参数都是通过实验测得的。Gong 等建立的酸蚀裂缝导流能力计算模型不能对大尺寸的非均匀刻蚀形态（如刻蚀沟槽）与小尺寸的非均匀刻蚀形态（如溶坑）随闭合压力的变化规律进行描述，且该研究中的实验不具备较好的重复性。用该模型计算酸蚀裂缝导流能力时要用到裂缝宽度的标准偏差和接触比等参数，而这些参数都是很难获取的。

6.2.6　Mou 模型

该模型通过求解稳态、不可压缩条件下的 N-S 方程，得到压力场和速度场的分布情况（在该模型中采用的时间步长极短）。该模型分别得出了针对渗透率非均质性为主要控制因素、矿物分布非均质性为主要控制因素，以及渗透率非均质性和矿物分布非均质性共同作用下的裂缝导流能力计算方法。

N-K 方程计算 0MPa 闭合应力下的裂缝导流能力公式为：

$$(k_{\mathrm{f}}w)_0 = Cw_{\mathrm{i}}^n \tag{6-15}$$

式中，$C = 1.47 \times 10^7$；$n = 2.47$；$(k_{\mathrm{f}}w)_0$ 为 0MPa 闭合应力条件下的酸蚀裂缝导流能力，$10^{-3}\mu\mathrm{m}^2 \cdot \mathrm{m}$；$w_{\mathrm{i}}$ 为酸蚀裂缝理想缝宽，m；系数 C 和指数 n 都不随渗透率和矿物分布非均质性的改变而改变。在方程中，0MPa 闭合应力下的裂缝导流能力计算公式与 N-K 方程中的形式一样，只是 C 和 n 值发生了变化：

1）渗透率分布非均质性为主要因素

$$C = 4.48 \times 10^9 (1 + \{a_1 \mathrm{arf}[a_2(\lambda_{\mathrm{D},x} - a_3)] - a_4 \mathrm{erf}[a_5(\lambda_{\mathrm{D},z} - a_6)]\}$$
$$\sqrt{\mathrm{e}^{\sigma_{\mathrm{D}}} - 1}) \cdot [a_7 \mathrm{arf}(a_8 \sigma_{\mathrm{D}})]^3 \tag{6-16}$$

式中，在高滤失条件下 $n = 2.49$，$a_1 = 1.82$，$a_2 = 3.25$，$a_3 = 0.12$，$a_4 = 1.31$，$a_5 = 6.71$，$a_6 = 0.03$，$a_7 = 0.20$，$a_8 = 0.78$。

2）矿物分布非均质性为主要影响因素

$$C = 4.48 \times 10^9 [1 + b_1(1 - f_{\mathrm{calcite}})^{b_2}](b_3 f_{\mathrm{calcite}}^{b_4})^3 \tag{6-17}$$

式中，$n = 2.52$，$b_1 = 2.97$，$b_2 = 2.02$，$b_3 = 0.13$，$b_4 = 0.56$。

3）渗透率和矿物分布非均质性共同作用

$$C = 4.48 \times 10^9 (1 + d_1 + \{d_2 \mathrm{erf}[d_3(\lambda_{\mathrm{D},x} - d_4)] - d_5 \mathrm{erf}[d_6(\lambda_{\mathrm{D},z} - d_7)]\}$$
$$\sqrt{\mathrm{e}^{\sigma_{\mathrm{D}}} - 1}) \cdot (d_8 f_{\mathrm{calcite}}^{d_9} + d_{10} \sigma_{\mathrm{D}})^3 \tag{6-18}$$

式中，$n = 2.52$，$d_1 = 0.2$，$d_2 = 1.0$，$d_3 = 5.0$，$d_4 = 0.12$，$d_5 = 0.6$，$d_6 = 3.5$，$d_7 = 0.03$，$d_8 = 0.1$，$d_9 = 0.43$，$d_{10} = 0.14$。

计算出 0MPa 闭合应力条件下裂缝的导流能力之后，再对闭合应力作用下的裂缝导流能力进行计算：

$$wk_f = \alpha e^{-\beta \sigma_c} \tag{6-19}$$

式中　α——闭合压力下的导流能力，$10^{-3} \mu m^2 \cdot m$；

　　　β——杨氏模量及其他影响参数，无因次；

　　　σ_c——闭合应力，MPa。

该模型对裂缝壁面的微观刻蚀形态和油藏宏观非均质性进行了模拟计算，并通过实验对计算结果进行了验证。该模型研究的矿物种类单一、酸液类型少，未考虑裂缝壁面粗糙度及闭合应力对导流能力的影响，也未考虑不能被盐酸溶解的矿物对计算结果的影响及天然裂缝对流体滤失的影响。

6.2.7　Deng 模型

在 Mou 模型的基础上，J. Deng 等就闭合应力对酸蚀裂缝导流能力的影响进行了研究。该模型在考虑了裂缝粗糙度、酸蚀裂缝几何形态及闭合应力对酸蚀裂缝导流能力影响的基础上，对酸蚀裂缝导流能力进行了模拟计算。该模型先用若干椭圆对闭合应力作用下的裂缝宽度进行表征，再根据二维的质量守恒方程得到流速和压降的分布情况，然后计算裂缝的导流能力：

$$C_f = \frac{q\mu x_f}{h_f \Delta P} \tag{6-20}$$

式中　q——流速，m^3/d；

　　　μ——流体黏度，$MPa \cdot s$；

　　　ΔP——压降，MPa；

　　　x_f——缝长，m；

　　　h_f——缝高，m。

但是，该模型计算的是二维酸液浓度分布，也未考虑酸液滤失的影响。

6.3　酸蚀裂缝导流能力实验

6.3.1　酸液类型的影响

酸液类型影响酸岩反应速度，酸岩反应速度决定单位裂缝面积上的岩溶蚀量，从而影响酸蚀裂缝导流能力，研究不同类型酸液在不同酸岩接触时间下的导流能力，有助于为不同类型的酸液选择合适的注入量（或注入时间）提供依据。实验测试胶凝酸与交联酸对酸蚀裂缝导流能力的影响。

相同酸岩接触时间下的胶凝酸和交联酸酸蚀裂缝导流能力对比如表 6-1 和图 6-7 所示，在同样的酸岩接触时间下，交联酸对应的导流能力低。这是因为胶凝酸的黏度比交联酸的黏度小，H^+ 扩散系数较大，反应速率较快，刻蚀的沟槽相对较深，岩板表面更加凹凸不平，在闭合压力下不易闭合。

在相同的闭合压力条件下，20min 时胶凝酸对应的导流能力与 40min 时的交联酸对应的导流能力接近，60min 时胶凝酸对应的导流能力与 80min 时交联酸对应的导流能力接近。交联酸黏度高，滤失低，与岩石反应速度慢，有助于增加活酸的作用距离，但是要形成较高的导流能力，需要更长的注入时间。胶凝酸黏度低，滤失大，酸岩反应速度快，有助于增加导流能力，要得到较长的活酸作用距离，需要增大排量。为增加酸蚀作用距离，获得较高的导流能力，可通过胶凝酸与交联酸交替注入的方式来实现。

表 6-1　酸液类型对酸蚀裂缝导流能力的影响

编号	酸类型	酸岩接触时间/min	岩溶蚀量/g	不同压力下短期导流能力/$\mu m^2 \cdot cm$							
				10MPa	25MPa	40MPa	55MPa	70MPa	80MPa	90MPa	100MPa
A	胶凝酸	20	16.04	107	32	14.6	5.5	2.6	1.2	0.67	0.31
E	交联酸	20	10.52	32	13.8	4.6	2.4	0.9	0.45	0.16	0.08
B	胶凝酸	40	30.24	275	107	41.2	15.3	6.7	4.6	3.1	2.1
F	交联酸	40	20.40	107	44.2	15.3	6.1	2.7	1.5	0.92	0.46
C	胶凝酸	60	48.76	519	229	91.5	32.0	15.6	10	8.8	6.4
G	交联酸	60	32.70	214	70.1	22.9	9.2	4.1	2.7	1.8	1.4
D	胶凝酸	80	62.86	503	218	82.4	27.5	13.1	7.9	5.2	3.7
H	交联酸	80	42.96	351	156	53.4	20.7	8.5	4.3	2.7	2

注：初始缝宽 8mm，温度 130℃。

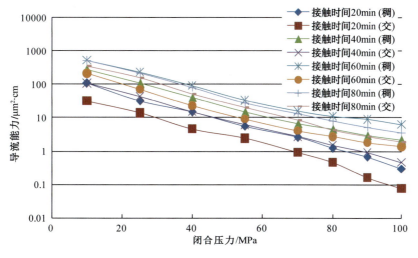

图 6-7　胶凝酸和交联酸酸蚀裂缝导流能力对比

6.3.2 酸液浓度的影响

采用酸蚀裂缝导流仪,测试胶凝酸、交联酸在不同浓度下的裂缝导流能力,酸液浓度为10%~30%,闭合压力为20~90MPa,驱替总量均为1000mL,实验温度为120℃。

1) 胶凝酸

在闭合压力20~90MPa条件下,不同浓度胶凝酸的导流能力测试如表6-2和图6-8所示。

表6-2 胶凝酸浓度对岩板导流能力的影响

闭合压力/MPa	10%胶凝体系		15%胶凝酸体系		20%胶凝酸体系		25%胶凝酸体系		30%胶凝酸体系	
	导流能力/μm²·cm	保持率/%	导流能力/μm²·cm	保持率/%	导流能力/μm²·cm	保持率/%	导流能力/μm²·cm	保持率/%	导流能力/μm²·cm	保持率/%
20	14.94	100.0	17.06	100.0	19.04	100.0	20.43	100.0	21.76	100.0
30	13.16	88.0	15.17	88.9	16.84	88.4	18.22	89.2	19.02	87.4
40	10.74	71.8	12.85	75.3	14.11	74.1	14.85	72.7	15.72	72.3
50	8.65	57.8	10.53	61.7	12.42	65.3	13.58	66.5	14.12	64.9
60	6.94	46.4	8.00	46.9	9.38	49.3	11.58	56.7	12.74	58.6
70	6.11	40.8	6.94	40.7	8.42	44.2	9.79	47.9	10.62	48.8
80	4.84	32.4	6.11	35.8	7.05	37.1	7.90	38.7	8.91	41.0
90	4.10	27.5	5.06	29.7	6.53	34.3	7.37	36.1	7.94	36.5

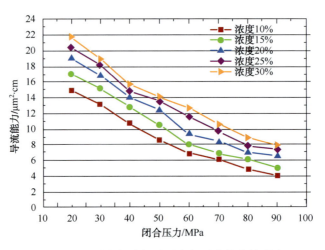

图6-8 不同浓度胶凝酸对岩板导流能力的影响

2) 地面交联酸

在闭合压力20~90MPa条件下,不同浓度交联酸的导流能力测试如表6-3和图6-9所示。

表 6-3 交联酸浓度对岩板导流能力的影响

闭合压力/MPa	10%交联酸		15%交联酸		20%交联酸		25%交联酸		30%交联酸	
	导流能力/μm²·cm	保持率/%	导流能力/μm²·cm	保持率/%	导流能力/μm²·cm	保持率/%	导流能力/μm²·cm	保持率/%	导流能力/μm²·cm	保持率/%
20	25.60	100	28.30	100	30.90	100	33.30	100	36.20	100
30	21.79	85.1	24.54	86.7	27.25	88.2	29.94	89.9	32.69	90.3
40	18.74	73.2	21.31	75.3	24.07	77.9	26.67	80.1	29.36	81.1
50	13.29	51.9	15.48	54.7	17.77	57.5	20.41	61.3	22.91	63.3
60	9.65	37.7	11.35	40.1	12.98	42.0	14.45	43.4	17.30	47.8
70	6.81	26.6	8.18	28.9	9.64	31.2	11.29	33.9	13.25	36.6
80	4.81	18.8	5.74	20.3	6.86	22.2	8.19	24.6	10.53	29.1
90	3.74	14.6	4.44	15.7	5.62	18.2	7.29	21.9	9.23	25.5

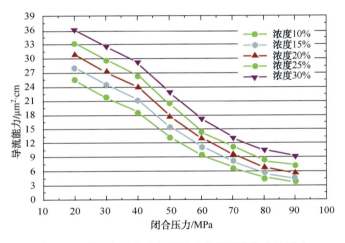

图 6-9 不同浓度地面交联酸对岩板导流能力的影响

从以上实验结果可以看出：①裂缝导流能力随着闭合压力的增大而逐渐减小；②在同一闭合压力下，酸液浓度越大，裂缝导流能力越大。

6.3.3 酸岩接触时间的影响

大量实验表明，随着岩石溶蚀量增加，酸蚀裂缝的导流能力先增加后下降，即存在最佳的岩石溶蚀量。主要是因为溶蚀体积过小，酸在裂缝壁面产生的酸蚀通道较小，在裂缝闭合时，本来就较小的通道进一步缩小，使得导流能力下降；如果溶蚀体积过大，酸在裂缝壁面产生的酸蚀通道较大，但壁面上的支撑面积较小，在裂缝闭合时会丧失支撑作用而使导流能力下降；在溶蚀体积适中时，裂缝壁面上既有一定的酸蚀通道也有一定的支撑面积，导流能力在闭合应力增加时下降缓慢。该观点与 Broaddus(1968)、Anderson(1989)、Van Domelen(1994) 等学者的实验取得的认识一致。

本章实验中采用的酸液有胶凝酸、交联酸，酸岩接触时间选取了 20min、40min、

60min 和 80min，测量导流能力时闭合应力在 0~100MPa 之间选取了 8 个点，先通酸，再测导流能力。通酸前后分别测定岩板质量，通过质量变化来分析酸液类型和酸岩接触时间对岩溶量的影响。

胶凝酸酸岩接触时间和闭合应力对导流能力的影响如表 6-4 和图 6-10 所示，在半对数坐标系中，导流能力与闭合应力近似呈直线关系，导流能力随闭合应力增加下降较快，在目标地层高闭合应力下，导流能力较低。从 20min 开始增加酸岩接触时间，导流能力增加，岩溶蚀量也随接触时间成比例增加，20min 接触时间导流能力较低，40min 接触时间导流能力明显增加，60min 和 80min 接触时间下的导流能力无明显差别。需要指出的是，80min 酸岩接触时间下的导流能力略低于 60min 的导流能力，说明 60min 胶凝酸注入时间已经达到了导流能力的上限。对于典型的酸压施工，80min 接触时间较长，一般井底裂缝能达到或高于该接触时间，20min 接触时间较短，裂缝远端的酸岩接触时间一般接近该值。实验结果表明，在 130℃ 下，即使是胶凝酸，20min 酸岩接触时间较短，岩溶量较小，导流能力较低，当酸岩接触时间高于 60min 后，增加接触时间，导流能力不会成比例增加。

表 6-4 胶凝酸酸蚀裂缝短期导流能力数据

编号	酸类型	酸岩接触时间/min	岩溶蚀量/g	不同闭合应力下导流能力/μm²·cm							
				10MPa	25MPa	40MPa	55MPa	70MPa	80MPa	90MPa	100MPa
A	胶凝酸	20	16.04	107	32	14.6	5.5	2.6	1.2	0.67	0.31
B	胶凝酸	40	30.24	275	107	41.2	15.3	6.7	4.6	3.1	2.1
C	胶凝酸	60	48.76	519	229	91.5	32.0	15.6	10	8.8	6.4
D	胶凝酸	80	62.86	503	218	82.4	27.5	13.1	7.9	5.2	3.7

注：初始缝宽 8mm，温度 130℃。

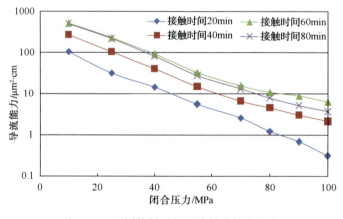

图 6-10 不同接触时间下胶凝酸导流能力

交联酸黏度比胶凝酸高，高黏度降低酸液扩散系数，从而降低酸岩总体反应速度，虽然交联酸用量对导流能力影响规律与胶凝酸有类似之处，但还是表现出一些差别。交联酸酸岩接触时间和闭合应力对导流能力的影响如表 6-5 和图 6-11 所示，在半对数坐标系中，导流能力与闭合应力近似呈直线关系，导流能力随闭合应力下降很快，在目标地层高闭合应力下，导流能力较低。从 20min 开始增加酸岩接触时间，岩溶蚀量也随接触时间成比例增加，导流能力随接触时间增加而增加，80min 时间下的导流能力明显高于 60min 接触时间，因为交联酸与岩石反应速度较慢，80min 接触时间还没使导流能力达到上限。与胶凝酸相比，同样接触时间下，胶凝酸有明显更大的岩溶量和更高的导流能力。注入交联酸时，要得到同样的导流能力，交联酸需要注入更长时间，20min 交联酸注入时间偏短，80min 交联酸注入时间还没达到导流能力上限。

表 6-5　不同接触时间交联酸酸蚀裂缝短期导流能力

编号	酸类型	酸岩接触时间/min	岩溶蚀量/g	不同闭合应力下短期导流能力/μm²·cm							
				10MPa	25MPa	40MPa	55MPa	70MPa	80MPa	90MPa	100MPa
E	交联酸	20	10.52	32	13.8	4.6	2.4	0.9	0.45	0.16	0.08
F	交联酸	40	20.40	107	44.2	15.3	6.1	2.7	1.5	0.92	0.46
G	交联酸	60	32.70	214	70.1	22.9	9.2	4.1	2.7	1.8	1.4
H	交联酸	80	42.96	351	156	53.4	20.7	8.5	4.3	2.7	2

注：初始缝宽 8mm，温度 130℃。

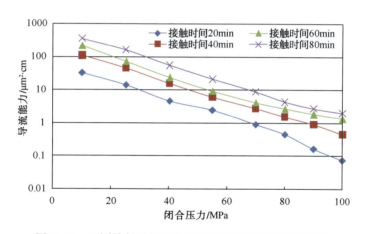

图 6-11　不同接触时间下交联酸酸蚀裂缝导流能力对比

6.3.4　岩石矿物成分的影响

目前，酸压工艺技术中，使用较广泛的酸液体系均以盐酸为主体。储层岩石中可与盐酸发生反应的矿物有方解石、白云石、菱铁矿和绿泥石，其中方解石和白云石为多数储层中的主要反应矿物。

对于复杂岩性地层而言，岩石矿物成分中方解石和白云石含量（可反应物含量）决定着酸岩反应速率和酸蚀裂缝导流能力。对于碳酸盐岩地层，可反应矿物在早期沉积或后期改造过程中夹杂着有机质或其他矿物等杂质，其杂质含量决定着酸压改造的效果。图 6-12 为海相沉积泥晶灰岩酸岩反应前后的对比图片，反应前该岩石颜色较深的灰质含有早期成岩过程中的有机质成分，而颜色较浅的为后期充填进入的方解石。通过对比可以看出，碳酸盐岩中含有机质的灰岩与酸液反应较慢,而后期充填进入的方解石与酸液反应速率较快。

图6-12 泥晶灰岩酸蚀前后岩石表面对比

无论是复杂岩性或是碳酸盐岩,可反应物或溶蚀较快的成分相对于自身岩石矿物成分均可称为易溶蚀物。酸压改造后裂缝闭合面上不易溶蚀的部位起支撑作用,易溶蚀的部位则形成流动通道,因此地层岩石中易溶蚀物含量对酸岩反应速率及酸蚀裂缝导流能力有重要影响,且相同岩性中易溶蚀物的含量越多其溶蚀速率越快。依据不同溶蚀速率下岩石酸蚀裂缝导流能力室内实验,分析岩石易溶蚀物的含量对酸蚀裂缝导流能力的影响。

根据图6-13实验结果,作出岩心溶蚀速率与10MPa和50MPa下导流能力增加倍比关系,如图所示,岩心溶蚀速率与导流能力增加倍比呈抛物线关系,根据拟合结果在低闭合应力条件下,灰岩溶蚀速率为6.52×10^{-4}g/(cm^2·s)时,导流能力增加倍比分别达到最大值463.21;在高闭合压力条件下,灰岩溶蚀速率为6.22×10^{-4}g/(cm^2·s)时,导流能力增加倍比达到最大值3076.67。

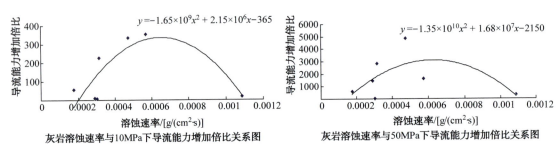

图6-13 10MPa和50MPa下白云岩与灰岩溶蚀速率与导流能力增加倍比关系

易溶蚀物含量与连通岩心概率呈幂函数关系(图6-14),当易溶蚀物含量超过30%时,易溶蚀物连通岩心的概率较大,易形成有效酸蚀裂缝导流通道。反之,酸蚀后岩心表面沟槽不易形成有效导流通道。

根据应力与接触面积关系可求出易溶蚀物含量与酸蚀后裂缝接触面上应力关系,从图6-15可以看出,不同原始应力(40MPa、50MPa、60MPa)条件下,当易溶蚀物含量大于40%时,酸蚀裂缝接触面上的应力骤然升高,迅速超过100MPa,此时岩心接触面易发生破碎变形,导致酸蚀裂缝导流能力降低。

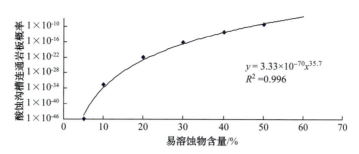

图 6-14　易溶蚀物含量与酸蚀沟槽连通岩心概率关系

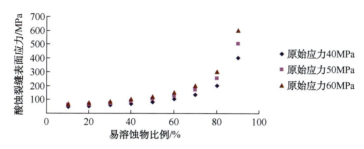

图 6-15　易溶蚀物含量与酸蚀后裂缝面应力关系

综上所述，当岩心裂缝面上易溶蚀物含量超过 40% 时，酸蚀裂缝接触面上应力大，裂缝不易保持；当岩心裂缝面上易溶蚀物含量低于 30% 时，酸蚀后沟槽不易连通，无法形成有效导流通道。因此，岩心裂缝面上易溶蚀物含量在 30%～40% 之间时，酸蚀效果最好。

6.3.5　注入工艺的影响

在酸压过程中，当低黏度酸液进入互不混溶的高黏度前置液中后，流体间相界面会产生微小扰动而变得不稳定，严重时出现"指状"或"树枝状"的复杂驱替前缘，即缝内酸液指进（图 6-16）。指进会对多相流体的流动、传热与传质及流动反应等造成重要影响。低黏液体注入高黏液体时，由于黏度差异，会出现黏滞指进现象，如果酸液在缝内不均匀分布，将产生不均匀的刻蚀形态，有利于提高裂缝导流。

酸液指进的力学机理在于，在液-液两相流中，相间作用力主要表现为界面张力，它能使流体间相界面具有与流体一样的流动性，可发生变形、破碎、融合等复杂现象。界面张力是由于界面处分子作用力不平衡而产生的沿界面作用于相界面的力，是分子力的一种表现，方向与分界线相切（图 6-17）。相内分子同时受到同类分子力的作用，分子力场处于相对平衡状态，即合力为 0（如分子 1）。但对于界面上的分子（如分子 a），既要受到相内分子力的作用，又要受到另一相内分子的作用，使界面上分子合力不等于 0，力场不再保持平衡，界面张力合力指向液体内部。在某些情况中，界面张力起着支配性作用，它会促使相界面具有最低的能量状态，使相界面的表面积最小，并使流体由低表面张力区向高表面张力区流动。

图 6-16　酸液交替指进示意图

采用长度 1m 的长岩板，在酸液用量一定的情况下，分别用单一的胶凝酸、压裂液与胶凝酸两级交替的方式进行驱替，用三维岩板扫描仪对刻蚀后的岩板表面进行扫描（图 6-18）。扫描图像显示，采用单一酸液驱替的岩板刻蚀相对较均匀，而交替注入刻蚀的岩板沟槽较深，非均匀程度高，从而导流能力高。

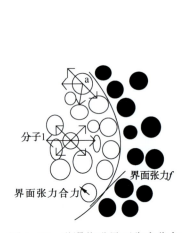

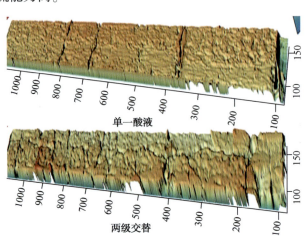

图 6-17　黏滞指进界面张力分布　　图 6-18　单一酸液注入与两级交替注入刻蚀形态

6.3.6　闭合应力的影响

塔河油田碳酸盐岩储层酸蚀后形成的裂缝在闭合应力作用下闭合，闭合时间的长短影响闭合量的大小，这是由裂缝面中岩石所能承受的闭合应力大小、岩石嵌入强度等物理性质决定的。根据岩石流变学理论，岩石的应力-应变随着闭合应力的作用时间而变化，闭合时间增加，岩石骨架颗粒发生弹塑性变形而紧密接触，导致裂缝闭合量增大，裂缝导流能力减弱（图 6-19）。

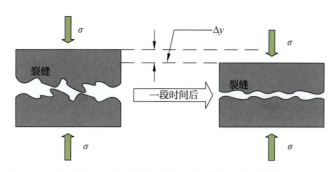

图 6-19　应力作用时间增加裂缝面变形模型（据周林波，2016）

地层中的裂缝面上含有很多微凸体，对裂缝起着一定的支撑作用，形成具有良好导流能力的通道，在闭合应力作用下，裂缝面随着闭合应力的作用而逐渐闭合，且随着闭合时间的延长，这些凹凸体被挤破、压碎，使得裂缝中的支撑物减少，裂缝闭合量变大，导致最终导流能力减弱。

实验表明，随着闭合压力增加，稠化酸、交联酸形成的酸蚀裂缝导流能力下降很快。闭合应力从 10MPa 增加到 50MPa，导流能力降低 85%（图 6-20）。

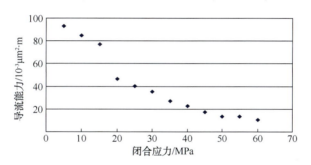

图 6-20　岩板酸蚀导流能力（2000mL 胶凝酸驱替）

6.3.7　支撑模式的影响

高闭合应力下酸蚀裂缝导流能力较低，为提高导流能力，探索酸蚀后岩石本体自支撑和支撑剂人工支撑模式下的导流能力。

加砂酸蚀裂缝长期导流能力与酸蚀裂缝长期导流能力对比（表 6-6 和图 6-21）显示，在高闭合应力下，加砂酸蚀裂缝在初期及稳定期的导流能力均比不加砂时导流能力高，由此可知复合酸压是提高导流能力的措施之一。

表 6-6　加砂酸蚀裂缝与酸蚀裂缝长期导流能力数据

编号	支撑剂尺寸/目	铺砂浓度/(kg/m²)	岩石溶蚀量/g	不同时间、100MPa 闭合应力下裂缝的导流能力/μm²·cm							
				0h	24h	48h	72h	96h	120h	144h	168h
R	40/70	3	26.05	100	50	20	10	7	6	5	5
P	40/70	0	25.54	28	12	7	4.5	2.5	1.5	1	1

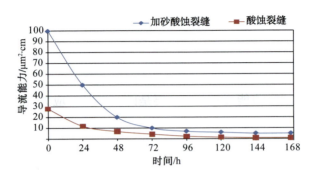

图 6-21 加砂酸蚀裂缝与酸蚀裂缝长期导流能力对比

6.3.8 不同加砂参数的影响

1) 支撑剂粒径的影响

基于酸液类型和酸岩接触对酸蚀裂缝导流能力的影响实验分析，选择胶凝酸酸蚀 60min 后的裂缝进行加支撑剂导流能力实验，所用支撑剂为 20/40 目、30/50 目、40/70 目的陶粒，铺砂浓度为 1.5kg/m²，测试裂缝导流能力随闭合压力的变化（表 6-7 和图 6-22）。

表 6-7 支撑剂尺寸对酸蚀裂缝导流能力的影响

编号	支撑剂尺寸/目	铺砂浓度/(kg/m²)	岩溶量/层	g	不同闭合应力下裂缝的导流能力/μm²·cm						
					10MPa	25MPa	40MPa	55MPa	70MPa	80MPa	90MPa	100MPa
J	20/40	1.5	1	49.38	290	171	105	50	24	15	8.3	3.1
K	30/50	1.5	1.5	47.74	262	154	90	46	31	21.5	14.7	8.3
L	40/70	1.5	2.5	50.16	150	98	61	40	27.5	23	18	12.2
1#	100	1.5	5	53.06	16	11	8.3	5.4	2.9	1.6	0.93	0.55

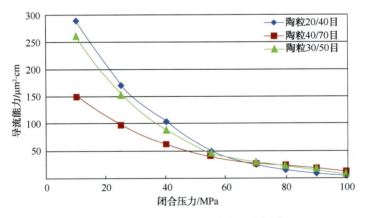

图 6-22 支撑剂粒径对导流能力的影响

在低闭合应力下，无支撑剂酸蚀裂缝导流能力比加支撑剂时的导流能力高，因为支撑剂填充了酸蚀沟槽，反而降低了导流能力；在高闭合应力下，有支撑剂的导流能力比不加支撑剂的导流能力高，因为高闭合应力下，酸蚀裂缝表面变形严重，支撑剂起到支撑裂缝的作用，有助于增加导流能力，有支撑剂时导流能力随闭合应力下降相对缓慢。在闭合应力低于70MPa时，酸蚀加砂裂缝导流能力大小顺序为：陶粒20/40目>陶粒30/50目>陶粒40/70目；当闭合压力高于70MPa时，30/50目与40/70目陶粒支撑剂导流能力较接近，20/40目陶粒支撑剂导流能力较低，主要是因为高闭合应力下支撑剂嵌入，且大粒径支撑剂容易破碎，影响导流能力，考虑到施工中的加砂可操作性，推荐使用40/70目支撑剂。

2）铺砂浓度的影响

基于酸类型、酸液用量、支撑剂尺寸对酸蚀导流能力影响的实验结果，选择胶凝酸驱替60min，40/70目的陶粒，铺砂浓度分别为0.75kg/m²、1.5kg/m²、3kg/m²，测试酸蚀裂缝导流能力随闭合压力的变化，研究支撑剂铺砂浓度对导流能力的影响规律，优选支撑剂铺砂浓度（表6-8和图6-23）。

表6-8 不同铺砂浓度下酸蚀裂缝导流能力数据

编号	支撑剂尺寸/目	铺砂浓度/(kg/m²)	岩溶量/层	g	不同闭合应力下裂缝的导流能力/μm²·cm							
					10MPa	25MPa	40MPa	55MPa	70MPa	80MPa	90MPa	100MPa
M	40/70	0.75	1	49.23	281	145	83	34	20	14.5	11.2	8.5
J	40/70	1.5	2.5	50.16	150	98	61	40	27.5	23	18	12.2
N	40/70	3.0	5	50.26	96	67	51	37	29	24.5	21	18.6

注：胶凝酸，酸岩接触时间60min。

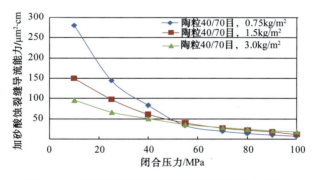

图6-23 不同铺砂浓度下酸蚀裂缝导流能力变化

实验表明，闭合应力低于40MPa时，不同导流能力的大小顺序为：铺砂浓度0.75kg/m²>1.5kg/m²>3kg/m²，在低闭合压力下，导流能力主要由粗糙裂缝表面获得，支撑剂起到填充沟槽的作用，即铺设浓度越低，导流能力越高；闭合压力高于70MPa时，不同铺砂浓度裂缝的导流能力大小顺序为：铺砂浓度3kg/m²>1.5kg/m²>0.75kg/m²，在高闭合压力下，裂缝表面变形严重，支撑剂起到支撑裂缝的作用，即铺砂浓度越高，导流能力越高。在目标储层高闭合应力下，现场选择多高的铺砂浓度，取决于现场能顺利施工的最高铺砂浓度。

6.4 有效酸蚀缝长的影响因素

6.4.1 酸液属性的影响

酸与碳酸盐岩的反应是只在液-固界面上进行的酸-岩复相反应,因而影响复相反应的因素为液-固两相界面的性质和大小。将与酸液接触的岩石视为一个壁面(图6-24),任一固体表面吸附物质的剩余力场都被考虑到,假设其反应过程中包含吸附作用步骤,因此酸与碳酸盐岩的反应历程可描述为:①H^+从溶液中扩散到岩石表面;②被吸附的H^+与岩石在其表面发生反应;③反应产物(Ca^{2+}与Mg^{2+})以传质方式离开岩石表面。

上述三个步骤中由速度最慢的一步控制整个反应速度。对于灰岩与盐酸的反应,H^+的传质是整个反应过程中最慢的一步,因此H^+有效扩散系数决定着酸岩反应速度。低温下,盐酸与白云岩的反应速度受传质和表面反应速度共同控制,高温条件下,受传质控制。

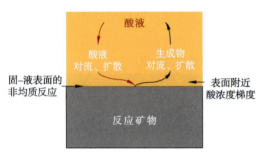

图6-24 酸岩反应示意图(牟建业,2011)

表面反应为酸液中的H^+在岩面上与碳酸盐岩的反应。对碳酸盐岩储层来说,表面反应速度非常快,几乎是H^+一接触岩面,反应就立刻完成。H^+在岩面上反应后,Ca^{2+}、Mg^{2+}和CO_2气泡等反应生成物就在接近岩面的液层里进行堆积。岩面附近这一堆积生成物的微薄液层,称为扩散边界层,该边界层的性质不同于溶液内部的性质。在溶液内部,在垂直于岩面的方向上,没有离子浓度差;而在边界层内部,在垂直于岩面的方向上,存在离子浓度差。由于边界层内离子浓度差的存在,反应物和生成物在各自的离子浓度梯度作用下向相反的方向移动。这种由于离子浓度差而产生的离子移动,称为离子的扩散作用。

在离子交换过程中,除了扩散作用以外,还有因密度差异而产生的自然对流作用。实际在进行酸处理时,酸液将按不同的流速流经裂缝或孔隙,H^+会发生对流传质。当裂缝壁面粗糙且形状不规则时,容易形成漩涡,酸液流动过程中会产生离子的强迫对流。总之,酸液中的H^+是通过对流(包括自然对流和一定条件下的强迫对流)和扩散两种形式,透过边界层传递到岩面。H^+的传质速度就是其透过边界层到达岩面的速度,H^+传质到裂缝表面的速度等于表面消耗H^+的速度,即处于平衡状态。

$$-D_e \frac{\partial C}{\partial y} = E_f^0 \, e^{-E_a/(RT)} C^n \tag{6-21}$$

式中　C——酸液浓度;

　　　D_e——有效扩散系数;

　　　E_f^0——反应速度常数;

　　　E_a——反应活化能;

　　　T——温度。

总体反应速度由传质速度和表面反应速度控制，灰岩与盐酸表面反应速度非常快，总体反应速度受传质控制，因此分析总反应速度对酸蚀缝长的影响时，仅考虑有效传质速度的影响。

1）有效扩散系数的影响

酸液总消耗速度取决于两个方面：传质速度和表面反应速度，而总消耗速度决定了活酸作用距离。灰岩与盐酸反应速度受传质速度控制，H^+有效扩散系数越大，酸蚀裂缝的长度越长（图6-25）。另外，酸液体系不同，H^+传质速度也不同，导致酸蚀作用的有效距离存在较大差异（图6-26）。

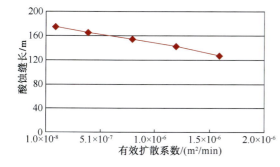

图6-25 氢离子有效扩散系数对酸蚀缝长的影响

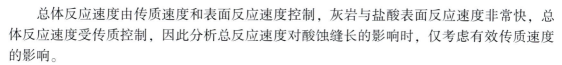

图6-26 不同酸液类型的酸蚀距离

2）酸液黏度的影响

酸液黏度反映酸液滤失渗流阻力，增加黏度有利于降低滤失。采用酸液流动反应模型，模拟不同酸液黏度对滤失的影响，图6-27显示了不同酸液黏度下的酸液滤失，20mPa·s、50mPa·s、80mPa·s、150mPa·s、300mPa·s黏度对应的酸液滤失分别为0.024m³/m²、0.016m³/m²、0.014m³/m²、0.01m³/m²，黏度为80mPa·s时比20mPa·s的滤失减少1倍多，因此保持酸液在地层中的高黏度对降滤失非常重要。

图6-28显示黏度对酸蚀缝长的影响，增加酸液黏度能增加有效酸蚀缝长。酸液黏度低于50mPa·s时，缝长随酸液黏度的增加而快速增加，黏度较高时酸蚀缝长随酸液黏度增加而趋于平缓。

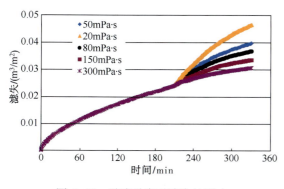

图6-27 酸液黏度对滤失的影响

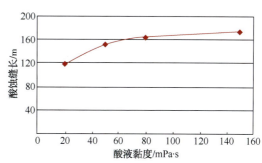

图6-28 酸液黏度对酸蚀缝长的影响

6.4.2 排量的影响

酸岩反应为发生在矿物表面的复相反应，降低面容比有利于降低总反应速度。排量决定酸液在裂缝里的流速，增加排量，降低酸液停留时间，相当于减小面容比，从而降低总反应速度，增加活酸作用距离。图6-29显示有效酸蚀缝长随排量的变化规律。排量较低时，大部分酸液消耗在井底附近，酸蚀裂缝较短，近井地带裂缝导流能力较强，类似于短宽缝；增加排量，有效酸蚀缝长增加，近井地带裂缝导流能力降低，远井地带裂缝导流能力有所提高，即变为长窄缝。当排量大于 $7m^3/min$ 后，酸蚀缝长增加相对减缓；排量过高，对施工设备、井口及管柱管线要求过高。在塔河油田酸压工程条件下，排量在 $7\sim9m^3/min$ 较合适。

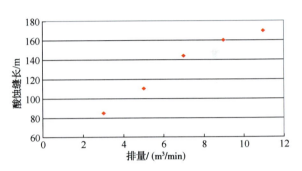

图6-29 有效酸蚀缝长随排量变化

6.4.3 酸液用量的影响

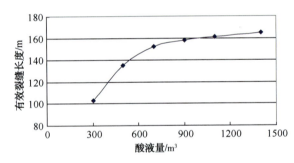

图6-30 有效酸蚀缝长随注酸量变化

酸液是酸压导流能力形成的关键，只有通过酸岩反应得到粗糙的裂缝表面才能形成导流能力，导流能力大小与岩石溶解量有关，岩石溶解量与酸液注入量有关。有效酸蚀缝长与酸液注入量有关，注入量越大，酸液作用距离越长。由于酸岩反应和滤失作用，酸蚀缝长不会随注酸量无限增加，酸液规模存在一个合理的取值范围。下面模拟酸蚀裂缝导流能力和有效酸蚀缝长随注酸量变化规律，注酸量分别为 $300m^3$、$500m^3$、$700m^3$、$900m^3$、$1100m^3$、$1400m^3$ 时的酸蚀缝长如图6-30所示，增加注酸量，导流能力和有效酸蚀缝长都增加，因为岩石溶解量和活酸作用距离增加了，初始增加幅度较大，当注酸量大于 $700m^3$ 后，酸蚀缝长增长变缓。在塔河油田酸压工程条件下，$700m^3$ 左右酸量较合适。

6.4.4 酸液有效反应时间

旋转圆盘仪测得的反应速度为表面反应速度，酸液在地层中消耗的时间由表面反应速度和传质速度共同决定，即使测出了酸液传质系数，也无法得到酸液在地下的有效作用时间，因为酸液消耗速度与面容比有关，用地层条件下裂缝中的面容比测得的酸液消耗时间接近实际情况。实验用中空的岩心代替裂缝，通过选取合适的孔半径，使面容比接近地层裂缝的面容比（图6-31）。酸液有效作用距离还与滤失有关，实验中不能模拟滤失情况，另外地层条件下裂缝宽度随距离变化，裂缝远端裂缝窄，酸液消耗更快。

图 6-31 通酸前后岩心

表 6-9 表明，在较低温度下(95℃)，胶凝酸在酸压条件下最多消耗 22min，130℃ 时最多消耗 18min，实际消耗时间比这更短。表 6-10 表明，交联酸在 130℃ 下最多能消耗 23min，在 95℃ 下能消耗 30min。胶凝酸反应快，无法满足造缝需要，反应更慢的交联酸能增加有效酸蚀缝长。为提高有效酸蚀缝长和保证足够的酸蚀导流能力，推荐用交联酸和胶凝酸组合。

表 6-9 胶凝酸有效作用时间及反应速度

岩心编号	温度/℃	时间/min	内孔直径/cm	岩心长度/cm	过酸前质量/g	过酸后质量/g	酸液有效作用时间/min	反应速度/[g/(cm²·min)]
6	130	10	1.6	5.4	44.031	42.141	17.31	0.017
1	130	20	1.6	7.6	62.016	57.021	18.44	0.016
3	130	40	1.6	7.65	62.515	51.694	17.13	0.018
2	95	15	1.6	7.67	62.477	59.409	22.72	0.013
5	95	17	1.6	5.6	46.537	43.948	22.28	0.014

表 6-10 交联酸有效作用时间及反应速度

岩心编号	温度/℃	时间/min	内孔直径/cm	岩心长度/cm	过酸前质量/g	过酸后质量/g	酸液有效作用时间/min	反应速度/[g/(cm²·min)]
4	130	20	1.6	5.21	44.12	41.26	22.08	0.0136
7	130	20	1.6	7.62	62.09	58.31	23.85	0.0123
8	95	20	1.6	7.89	62.91	59.74	30.16	0.00999
9	95	20	1.6	5.72	46.62	44.28	29.62	0.0102

6.4.5 顶替液量的影响

酸压中注入前置液和酸液后，裂缝壁面温度降低，特别是近井地带裂缝内温度较低，降低了反应速度，施工结束时，近井裂缝内是刚注入的酸液，所以施工结束时近井裂缝地带酸液浓度较高。酸压后若立即停泵，酸液继续滤失，同时通过扩散和对流方式运移到裂缝表面发生反应，使近井裂缝导流能力较强，而远离井底裂缝的导流能力迅速降低，限制了有效酸蚀距离。在超大规模酸压中，使用过量顶替液，不但将井筒里的酸液顶入地层，还能将近井地带的酸液顶入裂缝远端，增加活酸作用距离。顶替酸液时，酸液在裂缝里向前流动，同时继续滤失，以及与裂缝表面发生反应。随着顶替过程进行，酸液浓度逐渐降低,直到酸液失去活性,此时顶替已不能增加酸蚀缝长。

温度对酸岩反应速度影响大,它不仅影响表面反应速度,还影响传质速度。注入裂缝内的液体温度较低时,在缝内产生热交换,裂缝表面温度下降,特别是近井地带,液体与裂缝表面接触时间长,温度降低幅度最大。计算裂缝内温度场分布对准确预测酸蚀缝长十分重要。

图6-32显示注入一段时间后裂缝里的温度分布,近井地带裂缝温度较低,因此其酸岩反应速度低,泵注结束时近井裂缝内酸浓度较高,用过量的顶替液将井筒及近井裂缝里的酸液顶入裂缝远端,有助于增加酸蚀缝长。

通过模拟不同顶替液量下的酸蚀缝长,研究顶替液量对酸蚀缝长的影响,图6-33显示酸蚀缝长随顶替液量的变化规律。顶替液为0表示仅注入前置液和酸液,其对应的酸蚀缝长为142m。随顶替液量增加,有效酸蚀缝长增加,初始酸蚀缝长增加较快,随后增加缓慢,顶替到300m³时,酸蚀缝长不再增加。模拟结果表明,过顶替增加有效酸蚀缝长的能力有限,增加酸蚀缝长小于20m。过量顶替的另一作用是避免近井裂缝过度溶蚀,导致裂缝表面在闭合应力下被压碎而降低导流能力,同时将近井地带的酸液顶入裂缝远端,增加裂缝远端的导流能力。合适的顶替液量确定为酸液失去活性时的用量,即300m³左右。

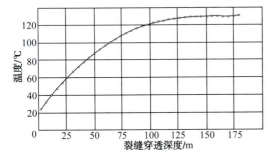

图6-32 裂缝中温度场分布规律

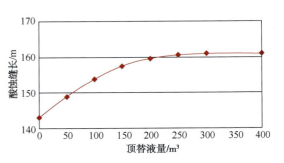

图6-33 酸蚀缝长随顶替液量变化

6.4.6 多级交替注入工艺的影响

在酸压中,过量的酸液滤失被认为是限制活酸作用的主要原因。酸岩反应使裂缝表面不能形成有效的滤饼,滤失酸液溶解岩石,增加孔隙度,降低渗流阻力,从而增加酸液滤失。滤失酸液在油藏内流动,选择性地通过大孔道,并扩大经过的孔道,形成蚓孔或增加天然裂缝宽度,增加滤失深度和面积,从而造成滤失量进一步增加。在大型酸压中,为降低酸液滤失除使用降滤失剂外,常采取多级交替注入方式,用前置液堵塞酸溶扩大的孔隙,同时降低裂缝温度,从而减缓反应速度,达到增加酸蚀作用距离的目的。

采用相同的酸液用量,模拟不同的交替级数对酸蚀缝长的影响(图6-34),结果表明,随着交替级数的增加,酸蚀缝长逐渐增加。当交替级数达到三级以上时,酸蚀缝长的增加幅度逐渐变缓。

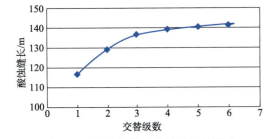

图6-34 注入级数对酸蚀缝长的影响

6.5 酸液有效作用距离计算

酸液有效作用距离即酸液成为残酸前在裂缝中流动的距离,这与酸液的反应速度密切相关,很大程度上也受施工参数的影响。

6.5.1 残酸浓度测定方法

通过实验测定在地层闭合压力条件下不同酸液浓度的酸蚀裂缝导流能力,并建立拟合关系。计算酸蚀裂缝导流能力近似等于酸蚀前的裂缝导流能力的酸液浓度范围 C_t。

(1) 通过实验获得酸蚀前裂缝导流能力与闭合压力的拟合关系:

$$K_{W(前)} = aP^b \tag{6-22}$$

式中　$K_{W(前)}$——酸蚀前裂缝导流能力值,$\mu m^2 \cdot cm$;
　　　P——闭合压力,MPa;
　　　a、b——与实验方法和地层岩石成分有关的参数。

根据式(6-22)计算在地层闭合应力下的裂缝导流能力值 $K_{W(前)}$。

(2) 在地层闭合应力条件下的不同酸液浓度与酸蚀裂缝导流能力的拟合关系:

$$K_{W(后)} = mC_t^n \tag{6-23}$$

即

$$C_t = e^{\ln[K_{W(后)}/m]/n}$$

式中　$K_{W(后)}$——酸蚀后裂缝导流能力值,$\mu m^2 \cdot cm$;
　　　C_t——形成 $K_{W(后)}$ 的酸液浓度,mol/L;
　　　m、n——与实验条件和地层岩石有关的参数;
　　　e——自然对数。

根据定义计算在地层闭合应力条件下酸蚀裂缝导流能力 $K_{W(后)}$ 近似等于酸蚀前裂缝导流能力 $K_{W(前)}$ 时的残酸浓度值 C_t。根据实验数据,计算不同类型酸液残酸浓度(表6-11)。胶凝酸和交联酸残酸浓度分别为1.34%和2.29%。

表6-11　不同闭合应力下酸液体系的残酸浓度(鲜酸20%)

酸液种类	不同闭合应力下残酸浓度值/%					平均值/%
	10MPa	20MPa	30MPa	40MPa	50MPa	
胶凝酸	1.34	1.34	1.35	1.35	1.33	1.34
交联酸	1.8	2.29	2.76	2.57	2.07	2.29

6.5.2 计算模型及方法

酸蚀有效作用距离的计算思路如图6-35和图6-36所示。

图6-35　裂缝网格划分

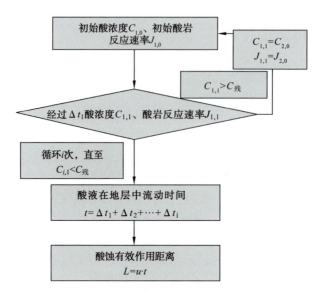

图 6-36　酸液有效作用距离计算思路

酸蚀有效作用距离计算方法：假设裂缝高度一定，缝宽取平均值，缝长方向上酸液浓度不断发生变化，不考虑缝长方向上温度变化。

（1）酸液在人工裂缝中的平均流速 u：

$$u = \frac{Q}{2wh} \tag{6-24}$$

（2）单位体积在地层中的反应速率：

$$J = 2J_s \cdot \frac{S}{V} \frac{v_{i,0}}{v_{i,1}} \sqrt{\frac{Q}{4}} \tag{6-25}$$

式中　2——酸液与裂缝两个壁面同时反应；

　　　J_s——实验测试酸岩反应速率；

　　　J——折算地层酸岩反应速率；

　　　$\dfrac{S}{V}$——实验条件对应地层条件时面容比的换算，单位体积酸液的面容比 $\dfrac{S}{V} = \dfrac{2h\Delta x}{hw\Delta x}$；

　　　h——缝高；

　　　w——平均缝宽；

　　　Δx——单位长度；

　　　$v_{i,0}$——酸液（鲜酸）黏度，mPa·s；

　　　$v_{i,1}$——反应 t_i 时刻酸液的瞬时黏度，mPa·s；

　　　Q——施工排量，m³。

（3）酸浓度变化：

$$C_{i,1} = C_{i,0} - J_{i,0}\Delta t_i, \quad i = 1, 2, 3, \cdots \tag{6-26}$$

式中　$C_{i,0}$——第 i 个网格开始时的酸液浓度；

　　　$C_{i,1}$——第 i 个网格结束时的酸液浓度。

(4) 迭代计算收敛条件：

$$C_{i,1} < C_t$$

(5) 有效作用距离：

$$L = u(\Delta t_1 + \Delta t_2 + \Delta t_3 + \cdots) \tag{6-27}$$

6.5.3 作用距离计算

模拟 6.0m³/min 排量条件下，不同酸液类型、不同酸液浓度、不同温度条件下的有效酸蚀距离，结果见表 6-12。酸液浓度越高，有效作用距离越长，温度越高，有效作用距离越短。相同温度与酸液浓度条件下，交联酸的有效作用距离为胶凝酸的 1.38~1.46 倍。在 130℃、酸液浓度 20% 的条件下，胶凝酸有效作用距离为 83.1m，地面交联酸有效作用距离为 116.6m。

表 6-12 不同酸液类型、不同酸液浓度、不同温度下有效作用距离

温度/℃	有效作用距离/m					
	酸液浓度 15%		酸液浓度 20%		酸液浓度 25%	
	胶凝酸	交联酸	胶凝酸	交联酸	胶凝酸	交联酸
70	157.9	229.8	168.0	244.9	175.1	254.7
100	108.1	154.0	115.1	164.1	120.0	170.7
130	78.0	109.4	83.1	116.6	86.6	121.3
160	58.6	81.4	62.5	86.8	65.2	90.3
190	45.6	62.9	48.6	67.1	50.7	69.8

模拟计算条件：平均缝宽 0.1cm，缝高 50m，施工排量 6.0m³/min。

相同浓度和温度、不同排量下有效作用距离见表 6-13，排量越大，有效作用距离越长。130℃、浓度 20%、排量由 4.0m³/min 增加到 6.0m³/min 时，胶凝酸的作用距离由 68.7m 增加到 83.1m，交联酸的作用距离由 95.4m 增加到 116.6m。若考虑液体对地层的降温，有效作用距离会更长。

表 6-13 不同排量下有效作用距离

排量/(m³/min)	130℃不同酸液有效作用距离/m			
	酸液浓度 15%		酸液浓度 20%	
	胶凝酸	交联酸	胶凝酸	交联酸
4.0	64.5	89.5	68.7	95.4
5.0	71.6	100.0	76.2	106.5
6.0	78.0	109.4	83.1	116.6
7.0	83.8	118.1	89.3	125.8
8.0	89.2	126.1	95.0	134.4

模拟计算条件：平均缝宽 0.1cm，缝高 50m，温度 130℃。

6.6 深穿透复合酸压工艺技术

基于酸蚀缝长与导流能力影响因素分析,形成水力压裂与酸压复合的改造工艺,即深穿透复合酸压技术。

6.6.1 水力压裂与酸压复合工艺

1) 技术原理与特点

常规酸压改造工艺难以形成酸蚀距离长、中长期导流能力高的人工裂缝,将水力压裂和酸化压裂工艺相互结合,发挥各工艺措施的优点,一方面通过水力加砂压裂形成导流能力较强的长距离充填缝;另一方面通过酸与裂缝壁面的碳酸盐岩反应,加宽充填缝,进一步增强导流能力。两种工艺相结合,最终形成一条具有高导流能力的复合酸蚀-支撑裂缝(图6-37和图6-38),实现最佳的改造效果。

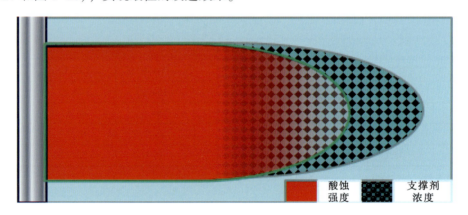

图6-37 水力压裂与酸压复合改造工艺技术示意图

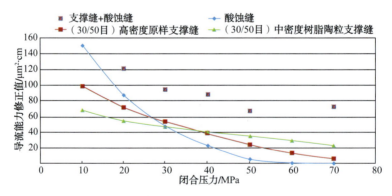

图6-38 不同改造工艺导流能力实验对比

2) 施工参数优化

优化施工参数,首先要确定施工参数的合理取值范围。采用油藏数值模拟方法,以累计产量最大化为原则,确定裂缝半长(图6-39)。

由图 6-39 可以看出，累计产量随着裂缝长度的增加而增大，但当裂缝长度大于 150m 时，裂缝长度增大，产量增加幅度降低，建议裂缝长度为 150m 左右。

利用压裂设计软件计算分析施工规模、酸液规模、砂比及施工排量对裂缝几何形态和导流能力的影响，各因素的水平值见表 6-14。

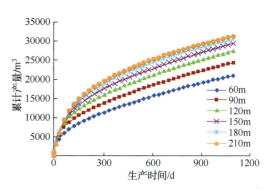

图 6-39　不同压裂缝长下生产时间与累计产量的关系

表 6-14　影响裂缝延伸的各参数水平值

因　素	施工规模/m³	酸液规模/m³	砂　比	施工排量/(m³/min)
水平 1	600	200	5	4
水平 2	800	300	10	5
水平 3	1000	400	15	6
水平 4	1200	500	20	7

模拟时，以裂缝有效半缝长(酸蚀半缝长与支撑半缝长之和)及导流能力为目标，观察不同施工参数条件下裂缝几何参数的情况，为便于分析，优选有代表性的几组数据进行阐述。

施工规模的影响分析：砂比 15%、酸压规模 400m³、排量 4~7m³/min 时，分析不同施工规模下的有效半缝长和导流能力。

由图 6-40 可以看出，有效半缝长均随施工规模的增大而增大，导流能力随施工规模的增大而减小，主要是因为施工规模增大，导致酸液比例减小，而刻蚀裂缝壁面的能力减弱。以有效半缝长大于 150m、导流能力大于 $300 \times 10^{-3} \mu m^2 \cdot m$ 为基准，优选的酸压规模方案见表 6-15。综合考虑，推荐施工规模大于 800m³。

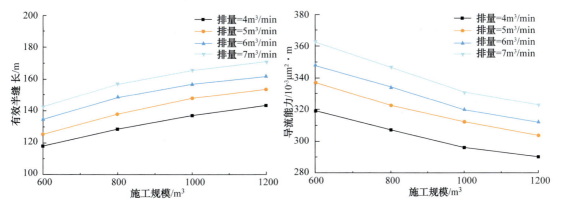

图 6-40　施工规模对半缝长及导流能力的影响

表 6-15 酸压规模优选方案

排量/(m³/min)	5	6	6	7	7	7
施工规模/m³	1200	1000	1200	800	1000	1200

酸液规模的影响分析：砂比 15%、排量 6m³/min、施工规模 600~1200m³ 时，分析不同酸液规模下的半缝长和导流能力。

由图 6-41 可以看出，对于不同的施工规模，有效裂缝半缝长均随酸液规模的增大而减小，主要是因为在施工规模一定的情况下，随着酸液规模的增大，造缝前置液量减小，而导流能力均随酸液规模的增大而增大，这是因为随着酸液的增多，刻蚀裂缝壁面、沟通地层微裂缝的能力增强。以有效半缝长大于 150m、导流能力大于 $300 \times 10^{-3} \mu m^2 \cdot m$ 为基准，优选的酸液规模方案见表 6-16。综合考虑，推荐酸液规模大于 300m³，总规模大于 1000m³。

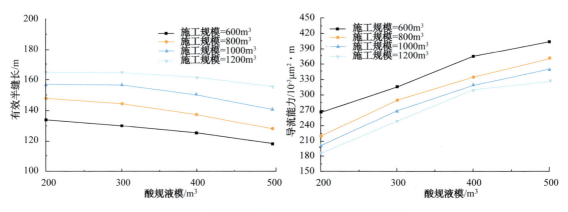

图 6-41 酸液规模对半缝长及导流能力的影响

表 6-16 酸液规模优选方案

施工规模/m³	1000	1200	1200
酸液规模/m³	300	400	500

砂比的影响分析：排量 6m³/min、施工规模 1200m³、酸液规模 200~500m³ 时，分析不同砂比下的半缝长和导流能力。

由图 6-42 可以看出，对于不同的酸液规模，有效裂缝半缝长均随砂比的增大而增大，但导流能力随着砂比的增大而减小，主要原因是随着砂比的增大，主携砂阶段将大量的支撑剂带入地层，导致后期酸液进入地层困难，降低酸液效率。以有效半缝长大于 150m、导流能力大于 $300 \times 10^{-3} \mu m^2 \cdot m$ 为基准，优选的砂比方案见表 6-17。综合考虑，推荐砂比为 15% 左右。

排量的影响分析：施工规模 1200m³、酸液规模 400m³、砂比 5%~20% 时，分析不同排量下的有效半缝长和导流能力。

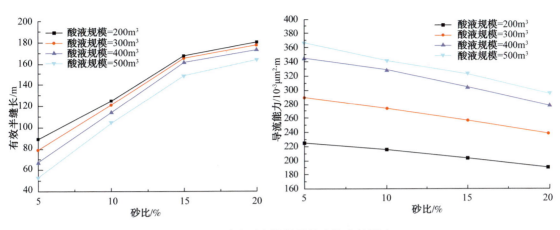

图 6-42 砂比对半缝长及导流能力的影响

表 6-17 砂比优选方案

酸液规模/m³	300	400	500
砂比/%	15	15	15

由图 6-43 可以看出，对于不同的砂比，有效裂缝半缝长和导流能力随排量的增大而增大。以有效半缝长大于 150m，导流能力大于 $300\times10^{-3}\mu m^2\cdot m$ 为基准，优选的排量方案见表 6-18。综合考虑，推荐排量为大于 6m³/min。

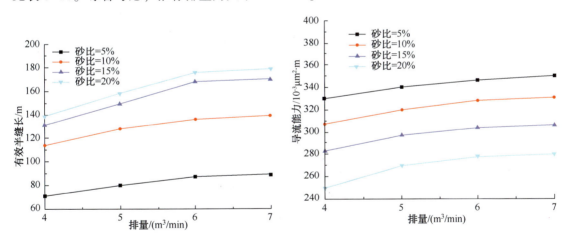

图 6-43 排量对半缝长及导流能力的影响

表 6-18 排量优选方案

砂比/%	15	15
排量/(m³/min)	6	7

综上分析，推荐最佳酸蚀裂缝与水力裂缝比例范围为 0.7~1.0，优选的施工规模大于 1000m³，酸液规模大于 300m³，砂比 15% 左右，排量大于 6 m³/min。

6.6.2 酸液携砂复合工艺

1) 技术原理与特点

针对近井地带储层欠发育或水平最大地应力方向上远处存在一个或多个储集体的低产低效井,通过先期注水提高地层能量降低滤失、大前置液+粉陶段塞降低滤失的同时提高缝长与导流能力,大排量高泵压施工作业促进裂缝延伸,油管浅下降低摩阻及酸液过顶替等组合技术,沟通140m以外储集体。针对远离主断裂的裂缝型碳酸盐岩储层进行酸压改造时,在沟通远端储集体造长缝的过程中,酸液反应速度过快及酸液滤失大,造成有效酸蚀缝长有限和裂缝远端导流能力低的问题,提出了加砂压裂+酸压裂、交联酸携砂压裂等加砂复合酸压工艺,在人工裂缝远端起支撑作用并提高裂缝端部导流能力。

采用交联酸携砂复合技术可以将加砂压裂和酸压两种工艺的优点结合起来,形成比酸压更长的裂缝,压裂砂的加入可形成具有长期导流能力的支撑裂缝,酸液又可以改善基质渗流能力,从而实现深穿透的酸压改造目标。

常规酸压改造工艺难以形成有效沟通距离长、中长期导流能力高的人工裂缝,将水力压裂和酸化压裂工艺相互结合。一方面,通过水力加砂压裂形成导流能力较强的长充填缝,延伸到地层深部;另一方面,酸压过程中通过酸与缝壁的碳酸盐岩反应,加宽充填缝,进一步增强其导流能力。这两种工艺结合,形成一条具有高导流能力的复合酸蚀-支撑裂缝(图6-44),达到最佳的改造效果。

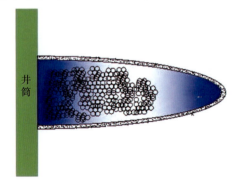

图6-44 酸携砂刻蚀-支撑裂缝示意图

2) 施工参数优化

利用压裂设计软件分析施工规模、酸液规模、砂比及施工排量对裂缝几何形态和导流能力的影响,各因素的水平值见表6-19。

表6-19 影响裂缝延伸的各参数水平值

因素	施工规模/m³	酸液规模/m³	砂比/%	施工排量/(m³/min)
水平1	600	200	5	4
水平2	800	300	10	5
水平3	1000	400	15	6
水平4	1200	500	20	7

模拟时,以有效半缝长及导流能力为目标,观察不同施工参数条件下裂缝几何参数的情况,为便于分析,优选具有代表性的几组数据进行分析。

施工规模的影响分析:砂比15%、酸压规模400m³、排量4~7m³/min时,分析不同施工规模下的有效半缝长和导流能力。

由图6-45可以看出,对于不同的排量,有效半缝长随施工规模的增大而增大,导流能力随施工规模的增大而减小。以有效半缝长大于140m，导流能力大于$300\times10^{-3}\mu m^2\cdot m$为基准，优选的施工规模方案见表6-20。综合考虑，推荐施工规模大于800m³。

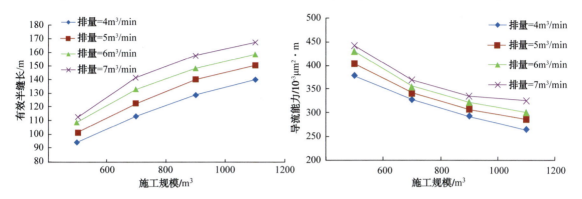

图6-45 施工规模对半缝长及导流能力的影响

表6-20 施工规模优选方案

排量/(m³/min)	5	6	6	6	7	7	7
施工规模/m³	1000	800	1000	1200	800	1000	1200

酸液规模的影响分析：砂比15%、排量6m³/min、施工规模600~1200m³时，分析不同酸液规模下的半缝长和导流能力。

由图6-46可以看出，对于不同的施工规模，酸蚀裂缝半缝长和导流能力随酸液规模的增大而增大。以酸蚀半缝长大于140m，导流能力大于$300\times10^{-3}\mu m^2\cdot m$为基准，优选的酸液规模方案见表6-21。综合考虑，推荐酸液规模大于400m³。

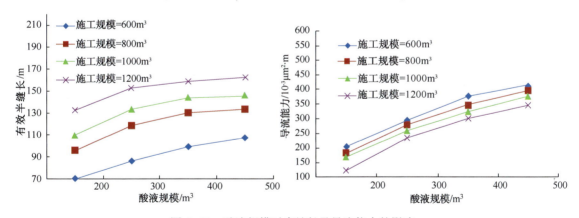

图6-46 酸液规模对半缝长及导流能力的影响

表6-21 酸液规模优选方案

施工规模/m³	800	800	1000	1000	1200	1200
酸液规模/m³	400	500	400	500	400	500

砂比的影响分析：排量6m³/min、施工规模1200m³、酸液规模200~500m³时，分析不同砂比下的半缝长和导流能力。

由图 6-47 可以看出，对于不同的酸液规模，酸蚀裂缝半缝长和导流能力随砂比的增大而增大。以酸蚀半缝长大于 140m，导流能力大于 $300\times10^{-3}\mu m^2\cdot m$ 为基准，优选的砂比方案见表 6-22。综合考虑，推荐砂比 15%~20%。

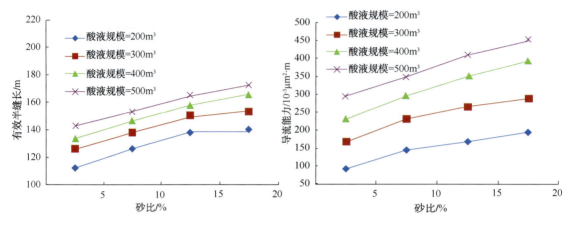

图 6-47　砂比对半缝长及导流能力的影响

表 6-22　砂比优选方案

酸液规模/m³	400	400	500	500
砂比/%	15	20	15	20

排量的影响分析：施工规模 1200m³、酸液规模 400m³、砂比 5%~20% 时，分析不同排量下的半缝长和导流能力。

由图 6-48 可以看出，对于不同的砂比，酸蚀裂缝半缝长和导流能力随排量的增大而增大。以酸蚀半缝长大于 150m，导流能力大于 $300\times10^{-3}\mu m^2\cdot m$ 为基准，优选的排量方案见表 6-23。综合考虑，推荐排量 5~7m³/min。

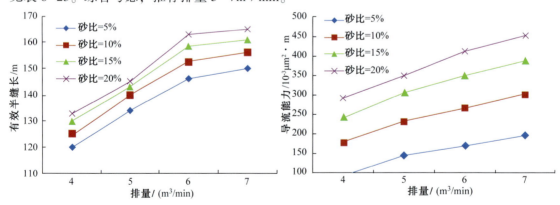

图 6-48　排量对半缝长及导流能力的影响

表 6-23　排量优选方案

砂比/%	15	15	20	20	20
排量/(m³/min)	6	7	5	6	7

综上分析，优选的施工规模大于800m³，酸液规模大于400m³，砂比15%~20%，排量5~7m³/min。

6.6.3　不同酸液类型交替酸压工艺

采用高黏压裂液与低黏压裂液交替注入，会形成指进现象，对裂缝壁面形成差异性刻蚀。裂缝壁面差异性刻蚀的程度与液体的黏度比、液体的组合类型、注入级数、注入排量等因素有关。

1）交替液体黏度优化

采用数值模拟软件模拟酸液交替注入的指进现象和非均匀流动特征（图6-49），黏度比在2∶1~5∶1之间时，差异性刻蚀的程度较高。

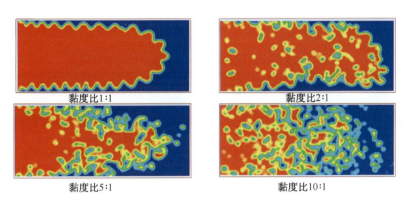

图6-49　不同黏度比条件下交替注入刻蚀形态

2）不同酸液与压裂液交替。

（1）胶凝酸与压裂液组合。

实验中按顺序交替注入：胶凝酸（30min）+压裂液（30min）+胶凝酸（30min）+压裂液（30min）+胶凝酸（30min），为避免实验误差，开展3组平行实验，实验结果见表6-24。

表6-24　胶凝酸+压裂液交替注入导流能力实验结果

组别	每级时间/min	胶凝酸级数	压裂液级数	岩板溶蚀量/g	不同压力下裂缝短期导流能力/μm²·cm						
					15MPa	30MPa	45MPa	60MPa	75MPa	90MPa	100MPa
1	30	3	2	48.45	519	229	91.5	32	15.6	10	8.8
2	30	3	2	44.96	467	213	85	29	14	8.9	5.8
3	30	3	2	46.97	503	220	89	30	15.3	9.6	7.4
平均	30	3	2	46.79	496	221	89	30	15	9.5	7.3

（2）交联酸与压裂液交替。

实验中按顺序交替注入：交联酸（30min）+压裂液（30min）+交联酸（30min）+压裂液（30min）+交联酸（30min），为避免实验误差，开展3组平行实验，实验结果见表6-25。

表 6-25　交联酸+压裂液交替注入导流能力实验结果

组别	每级时间/min	交联酸级数	压裂液级数	岩板溶蚀量/g	不同压力下裂缝短期导流能力/$\mu m^2 \cdot cm$						
					15MPa	30MPa	45MPa	60MPa	75MPa	90MPa	100MPa
1	30	3	2	34.21	314	110.1	52.9	30	11.1	7.4	4.1
2	30	3	2	30.57	295	96.1	47.8	27.9	13.5	8.6	4.3
3	30	3	2	32.12	302	94.3	48.7	28.4	12.7	6.8	3.4
平均	30	3	2	32.30	303.7	100	49.8	28.8	12.4	7.6	3.9

（3）自生酸与压裂液多级交替。

实验中按顺序交替注入：自生酸（30min）+压裂液（30min）+自生酸（30min）+压裂液（30min）+自生酸（30min），为避免实验误差，开展3组平行实验，实验结果见表6-26。

表 6-26　自生酸+压裂液交替注入导流能力实验结果

组别	每级时间/min	自生酸级数	压裂液级数	岩板溶蚀量/g	不同压力下裂缝短期导流能力/$\mu m^2 \cdot cm$						
					15MPa	30MPa	45MPa	60MPa	75MPa	90MPa	100MPa
1	30	3	2	22.12	111.3	64	32	14.8	5.2	2.3	1.1
2	30	3	2	23.97	123.1	68.2	36.7	16.3	6.8	3.1	1.3
3	30	3	2	22.64	114.4	66.1	33.4	15.1	5.7	2.1	1
平均	30	3	2	22.91	116.2	66.1	34.0	15.4	5.9	2.5	1.1

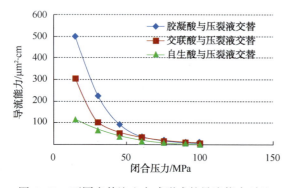

图 6-50　不同交替注入方式形成的导流能力对比

通过以上三种酸液与压裂液的交替注入（图6-50），其形成的导流能力依次为：胶凝酸和压裂液交替>交联酸和压裂液交替>自生酸和压裂液交替。

3）交替注入级数优化

多级交替酸压工艺，交替注入的级数增加能有效减少酸液的滤失，但注入级数过多，会增加现场施工难度，不符合现实情况，因此对注入级数的优化有很重要的现实意义。

根据前面液体交替类型的优选结果，选择胶凝酸+压裂液交替注入。保持胶凝酸及压裂液的用量、排量、配方等条件一致，仅改变注入级数，对比刻蚀效果。

（1）2级交替注入。

液体注入方法：450mL胶凝酸+300mL压裂液+450mL胶凝酸+300mL压裂液。刻蚀前后的岩板如图6-51和图6-52所示。

第6章 深穿透复合酸压机理及工艺技术

图 6-51　刻蚀前岩板形态

图 6-52　刻蚀后岩板形态

（2）3级交替注入。

液体注入方法：300mL胶凝酸+200mL压裂液+300mL胶凝酸+200mL压裂液+300mL胶凝酸+200mL压裂液。刻蚀前后的岩板如图6-53和图6-54所示。

图 6-53　刻蚀前岩板形态

图 6-54　刻蚀后岩板形态

（3）4级交替注入。

液体注入方法：225mL胶凝酸+150mL压裂液+225mL胶凝酸+150mL压裂液+225mL胶凝酸+150mL压裂液+225mL胶凝酸+150mL压裂液。刻蚀前后的岩板如图6-55和图6-56所示。

图 6-55　刻蚀前岩板形态

图 6-56　刻蚀后岩板形态

（4）5级交替注入。

液体注入方法：180mL胶凝酸+120mL压裂液+180mL胶凝酸+120mL压裂液+180mL胶凝酸+120mL压裂液+180mL胶凝酸+120mL压裂液+180mL胶凝酸+120mL压裂液。刻蚀前后的岩板如图6-57和图6-58所示。

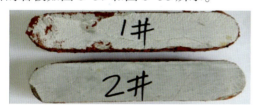

图 6-57　刻蚀前岩板形态

图 6-58　刻蚀后岩板形态

199

根据表6-27和图6-59的实验结果可知，注入级数对导流能力的影响不大，注入级数为3级时，导流能力略大，因此优选注入级数为3级。

表6-27 不同注入级数下导流能力实验结果

组别	每级时间/min	胶凝酸级数	压裂液级数	岩板溶蚀量/g	不同压力下裂缝短期导流能力/μm²·cm						
					15MPa	30MPa	45MPa	60MPa	75MPa	90MPa	100MPa
1	30	2	2	46.32	487	188.2	82.1	26.3	11.4	8.2	6.3
2	30	3	3	49.96	563.9	245	98.7	38.2	18.6	10.7	8
3	30	4	4	48.11	524	217	85.4	28.7	12.9	8.9	7.4
4	30	5	5	47.22	501	198.9	83.4	27.9	12.3	7.8	7.2

4）注入排量优化

保持其他条件不变，改变酸液注入速率，分别设置为0.05m/s、0.08m/s、0.11m/s，对应井口注入排量为3m³/min、5m³/min、7m³/min，分别进行数值模拟，结果如图6-60所示。

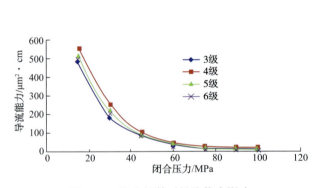

图6-59 注入级数对导流能力影响

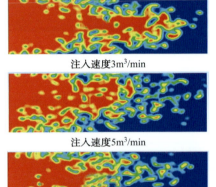

图6-60 不同注入速率指进形态对比

为了量化表征指进产生的酸液非均匀分布程度，采用非均匀系数来描述非均匀流动程度，具体为当指进前缘到达出口时，注入流体未波及面积占通道总面积的比例：

$$\eta = \frac{未波及面积}{总面积} \times 100\%$$

由图6-61可以看出，当酸液与前置液的黏度比为2∶1~5∶1、注入级数为3级的情况时，随着注酸速率增加，指进程度、非均匀系数呈递增的趋势，尤其是注酸速率在0.1m/s以上，即排量大于5.0m³/min时，非均匀系数更高，说明酸液指进程度与注酸速率正相关，

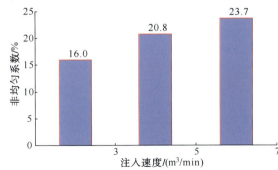

图6-61 不同注入速度下的指进程度

即注酸速率越大，酸液指进越严重。在现场实施过程中，注入低黏酸液时，应在施工条件允许的情况下尽量提高施工排量。

6.7 深穿透复合酸压现场应用

针对不同类型油藏特点及单井地质需求，为提高单井稳产效果，应用水力压裂与酸化压裂、酸液携砂复合酸压、多级交替酸压工艺，现场累计实施 426 井次，有效率 97.6%，建产率 88%，累计产油 480×10⁴t，效果显著。

1）压裂与酸压复合施工井例

YB1-2X 井采用压裂与酸压复合酸压工艺，施工曲线如图 6-62 所示，挤入地层液量 1500m³，累计加 40/60 目陶粒 25.72t。压后拟合见表 6-28 和图 6-63，有效酸蚀缝长达 142.1m，实现对远部储层有效动用，与同地质背景井相比，稳产时间提升 4 倍，生产效果明显提升。

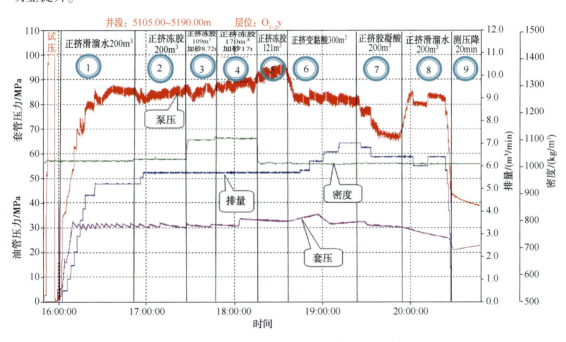

图 6-62　YB1-2X 井压裂与酸压复合酸压施工曲线

表 6-28　YB1-2X 井净压力拟合结果

地层闭合应力/MPa	91.42	闭合应力梯度/(MPa/m)	0.0178
闭合时间/min	9.0	测定的净压力/MPa	1.04
平均缝宽/cm	0.41	液体效率/%	18.4
动态缝长/m	158.0	有效缝长/m	142.1
动态缝高/m	53.2	导流能力/10⁻³μm²·m	420.0

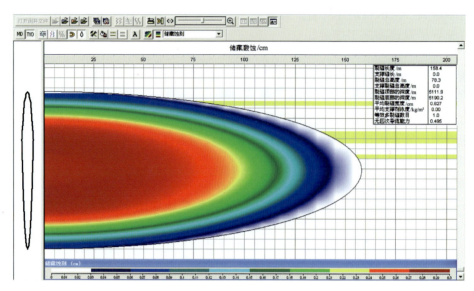

图 6-63 YB1-2X 井压裂与酸压复合工艺裂缝剖面

2) 液体复合多级交替酸压施工井例

SHB7 井储层中部深度 7844.8m，温度 152℃，储层闭合压力达 140MPa 以上，预计井口压力达 90MPa 以上，为提升改造距离和导流能力，综合考虑施工安全，采用三级交替注入酸压工艺，完成酸压施工，施工曲线如图 6-64 所示。挤入地层总液量 1320m³（滑溜水 120m³+压裂液 550 m³+酸液 650m³），最高泵压 94.4MPa，最大排量 6.8m³/min。

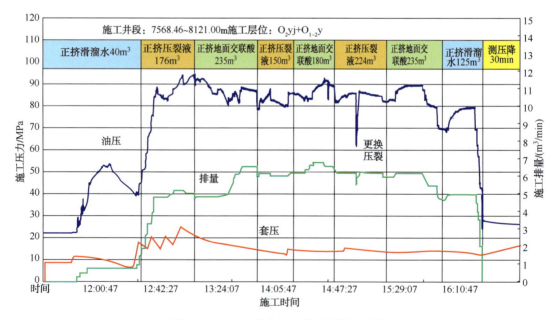

图 6-64 SHB7 井多级交替酸压施工曲线

压后拟合结果如表 6-29 和图 6-65 所示，有效酸蚀缝长达 147.3m，压后初产 100.6t/d，增产倍比为 12.5，深穿透改造效果显著。

表 6-29　SHB7 井净压力拟合结果

参　数	酸蚀缝长/m	缝高/m	缝宽/cm
设计	139.6	67.3	0.518
拟合	147.3	72.8	0.669

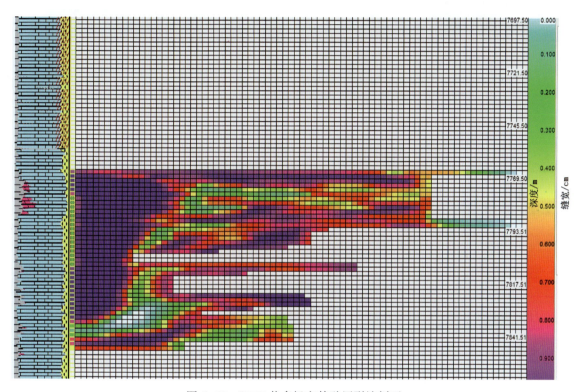

图 6-65　SHB7 井多级交替酸压裂缝剖面

第7章 酸压缝高控制机理及工艺技术

7.1 碳酸盐岩缝高扩展模型

7.1.1 裂缝扩展的力学模型

综合采用弹性力学、断裂力学、流体力学及物质平衡原理,建立裂缝延伸控制模型。

连续性方程:

$$-\frac{\partial q(x,t)}{\partial x} = \frac{2h(x,t)c_t}{\sqrt{t-\tau(x,t)}} + \frac{\partial A(x,t)}{\partial t} \quad (7-1)$$

压降方程:

$$\frac{\partial P(x,t)}{\partial x} = -2^{n+1}\left[\frac{(2n+1)q(x,t)}{n\Phi(n)h(x,t)}\right]^n \frac{k}{w(x,0,t)^{2n+1}} \quad (7-2)$$

裂缝宽度方程:

$$W(x,z,t) = f[P(x,t), h(x,t)] \quad (7-3)$$

裂缝高度方程:

$$\frac{\partial P(z)}{\partial x} = f[h(x,t)] \quad (7-4)$$

式中 $q(x,t)$ ——t 时刻距裂缝中心 x 处的压裂液体积流量,m³/min;
  $A(x,t)$ ——t 时刻距裂缝中心 x 处的裂缝横截面面积,m²;
  $h(x,t)$ ——t 时刻距裂缝中心 x 处的裂缝高度,m;
  $W(x,z,t)$ ——t 时刻距裂缝中心 x 处的横截面上纵向 z 处的缝宽,m;
  t ——施工泵注时间,min;
  c_t ——压裂液的综合滤失系数,m/min$^{1/2}$;
  $\tau(x,t)$ ——t 时刻压裂液到达距裂缝中心 x 处所需时间,min;
  $P(x,t)$ ——t 时刻距裂缝中心 x 处的流体压力,MPa;
  n ——幂律压裂液的流态指数,无因次;
  k ——幂律压裂液的稠度系数,Pa·s^n。

采用如表 7-1 所示参数计算分析缝高扩展。

表 7-1　缝高扩展模型计算参数

因　素	剪切模量/GPa	断裂韧性/MPa·m$^{1/2}$	应力差/MPa	注液时间/min	排量/(m³/min)	流态指数/无因次	稠度系数/(Pa·s²)	滤失系数/m/min$^{1/2}$
水平1	20	1.9	8	50	6.0	0.8	2.0	0.001
水平2	15	1.2	5	35	4.5	0.55	1.25	0.0005
水平3	10	0.8	3	20	3.0	0.4	0.5	0.0002
极差	0.03	1.17	11.64	3.4	6.66	5.16	7.18	7.97
重要性	8	7	1	6	4	5	3	2

采用正交实验的极差分析确定影响酸压裂缝高度的主控因素依次为地层应力差、压裂液滤失系数、压裂液稠度系数、施工排量、施工规模、岩石断裂韧性和弹性模量。选取典型的地应力差、注液排量和稠度系数，计算结果如图 7-1 所示。

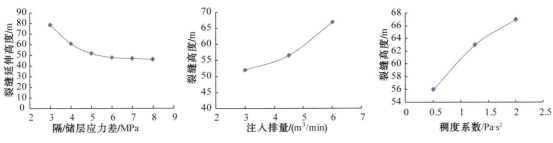

图 7-1　裂缝高度扩展的影响因素

（1）地应力的影响：储层与隔层的水平最小地应力差是影响裂缝垂向延伸的主要因素，应力差达 5MPa 时，应能有效控制裂缝高度。

（2）施工排量的影响：排量越大，缝高越大，塔河油田底水油藏的酸压排量应控制在 $(4.5\pm0.5)\mathrm{m}^3/\mathrm{min}$。

（3）稠度系数的影响：压裂液的黏度越高，缝高越大，为获得最佳压裂效果，解决高黏压裂液带来的缝宽、缝长与缝高的矛盾，采用控缝高压裂技术，有利于裂缝在长度方向上的延伸。

7.1.2　裂缝穿层扩展的判别准则

考虑岩层界面内聚力、摩擦系数、抗张强度的裂缝穿层扩展判别准则：

$$\lambda = \frac{C_o/\mu + \sigma_y'}{T_o + \sigma_x'} > \lambda_{cr} = \frac{1+\mu}{3\mu} \quad (7-5)$$

式中　C_o——岩石内聚力，MPa；

　　　T_o——界面两侧材料的抗张强度，MPa；

　　　μ——岩石界面的摩擦系数；

　　　σ_i，σ_i^r——裂缝尖端有效应力和远场有效应力（$i=x$，y），MPa。

当 $\lambda > \lambda_{cr}$ 时，水力裂缝向隔层扩展。

取岩石内聚力 C_o = 17.93MPa,内摩擦角 φ = 38.4°,抗张强度 T_o = 10MPa,计算分析水力裂缝穿层扩展的临界条件(图7-2)。选取塔河油田6口井的储层资料,进行控缝高酸压分析,结果如图7-3所示,水力裂缝易穿过岩层界面向隔层扩展,导致缝高过度增长。

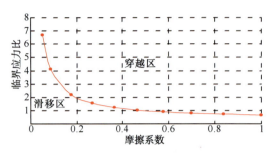

图7-2 裂缝穿层扩展的判别曲线　　图7-3 塔河油田裂缝穿层扩展的判别结果

应用线弹性断裂力学理论,计算作用于裂缝壁面上的应力在裂缝上、下两端产生的应力强度因子。基于张开型裂缝延伸准则,模拟计算裂缝延伸控制图版(图7-4)。

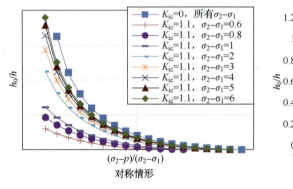
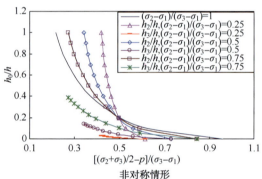

图7-4 裂缝穿过隔层的高度

隔层与储层间的水平最小地应力差越大,裂缝越难进入隔层扩展,有利于缝高控制。塔河油田隔层与储层的水平最小地应力差一般较小,裂缝易在高度上延伸,需要控缝高。

7.1.3 人工隔层控缝高模拟分析

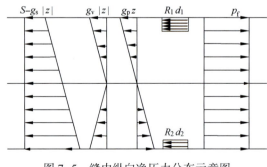

图7-5 缝内纵向净压力分布示意图

酸压裂缝中心位于储层内部时,缝内纵向应力分布如图7-5所示,结合数值模拟模型,针对塔河油田计算分析储层厚度(25m、50m)、隔层与储层水平最小地应力差(1.5MPa、3MPa)、隔层强度(0.5MPa/m、1.0MPa/m、1.5MPa/m),以及隔层厚度(0.5m、1.5m、2.5m)等因素对水力裂缝缝高扩展的影响,部分计算结果如图7-6所示。

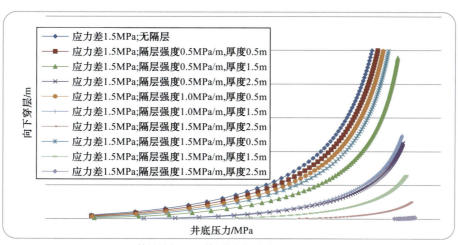

储层厚度25m,储层与隔层应力差1.5MPa

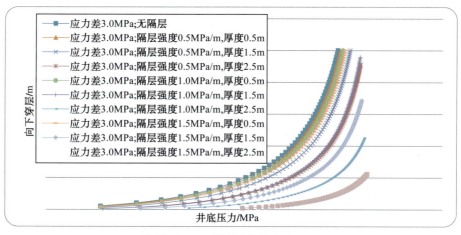

储层厚度50m,储层与隔层应力差3MPa

图 7-6　人工隔层对裂缝高度扩展的影响

结果显示,人工隔层的强度和厚度是裂缝高度扩展的主要控制因素,其次为隔层与储层的水平最小地应力差、储层的厚度。

7.1.4　人工隔层控缝高力学模型

酸压过程中通过工程手段在储层上、下建立人工隔层,连续性方程、压降方程和裂缝宽度方程依然适用,分别表征为:

(1) 连续性方程:

$$-\frac{\mathrm{d}q(x,\ t)}{\mathrm{d}x} = \lambda(x,\ t) + \frac{\mathrm{d}A(x,\ t)}{\mathrm{d}t} \tag{7-6}$$

$$\lambda(x,\ t) = \frac{2h_a \cdot C}{\sqrt{t - \tau(x)}} \tag{7-7}$$

(2) 压降方程:

$$\frac{dP}{dx} = -\frac{32k}{3\pi}\left(\frac{2n+1}{n}\right)^n \frac{Q^n}{h^n w^{2n+1}} \qquad (7-8)$$

(3) 裂缝宽度方程:

$$w(\eta) = \frac{2(1-\nu)P(z)l}{G}\sqrt{1-\eta^2} \qquad (7-9)$$

裂缝高度方程因存在人工隔层而有所变化:

$$K_c = \frac{1}{\sqrt{\pi l}}\left[\int_{-l}^{-H_f}(P_f - S_2)\sqrt{\frac{l+z}{l-z}}dz + \int_{-H_f}^{H_f}(P_f - S_1)\sqrt{\frac{l+z}{l-z}}dz + \int_{H_f}^{l}(P_f - S_2)\sqrt{\frac{l+z}{l-z}}dz\right] \qquad (7-10)$$

式中　K_c——岩石断裂韧性，MPa/m$^{1/2}$；

Q——缝中流体流量，m^3/min；

P_f——缝中流体压力，MPa；

G——岩石剪切模量，MPa；

ν——岩石泊松比，无因次；

S_1、S_2——储层和隔层的水平最小地应力，MPa。

此时，酸压裂缝扩展模拟的流程如图 7-7 所示。

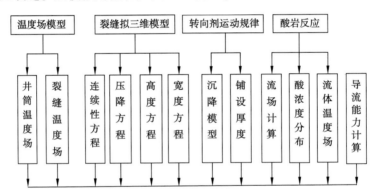

图 7-7　人工隔层酸压裂缝扩展模拟流程图

以塔河油田储层数据为基础，考虑三种方案，分别模拟酸压裂缝的扩展延伸形态（图 7-8），计算参数及结果见表 7-2。

在不加沉降剂的情况下，裂缝最大高度为 80.24m（方案 1）；在加沉降剂的情况下，携带液泵入结束后，如果不停泵则裂缝高度为 75.74m（方案 2），比方案 1 的裂缝高度降低了 4.5m，如果停泵 30min，则裂缝高度为 66.19m（方案 3），比方案 1 的裂缝高度降低了 14.05m，比方案 2 的裂缝高度降低了 9.55m（图 7-8）。因此，加入沉降剂后停泵一定时间，让携带液中的沉降剂最大限度地下降，控制缝高扩展的效果将更好。

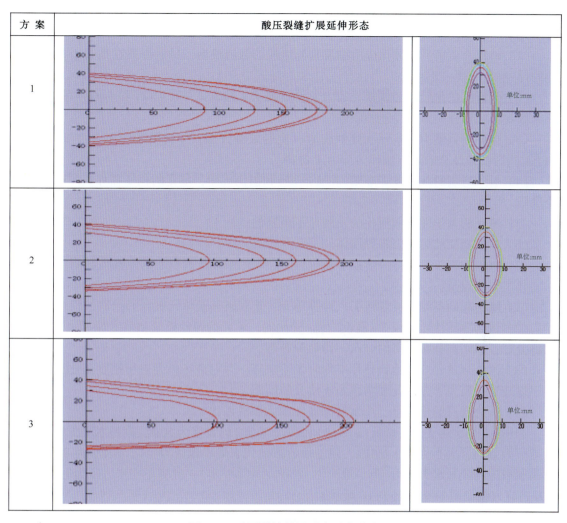

图 7-8 酸压裂缝扩展形态动态分布

表 7-2 裂缝扩展形态的几何参数对比

对比方案	携带液		停泵时间/min	前置液		酸液		裂缝几何尺寸		
	体积/m³	排量/(m³/min)		体积/m³	排量/(m³/min)	体积/m³	排量/(m³/min)	H_{fmax}/m	W_{avg}/m	L_f/m
方案 1	—	—	—	200	5	250	6	80.24	7.63	186.3
方案 2	50	3.0	0.0	200	5	250	6	75.74	7.42	196.7
方案 3	50	3.0	30	200	5	250	6	66.19	6.92	208.1

7.1.5 裂缝延伸数值模拟分析

1) 基于 RFPA^{2D} 的数值模拟

RFPA^{2D}（Realistic Failure Process Analysis）以弹性力学为基础进行应力分析，以弹性损

伤理论及其修正后的库仑破坏准则为基础进行介质变形和破坏分析。利用 RFPA 建立二维有限元平面应变模型，基本思路是：

（1）材料介质模型离散化成由细观基元组成的数值模型，材料介质在细观上是各向同性的弹-脆性或脆-塑性介质。

（2）假定离散化后的细观基元的力学性质服从某种统计分布规律（如韦伯分布），由此建立细观与宏观介质力学性能的联系。

（3）按弹性力学中的基元线弹性应力、应变求解方法，分析模型的应力、应变状态，RFPA 利用线弹性有限元方法作为应力求解器。

（4）引入适当的基元破坏准则（相变准则）和损伤规律，基元的相变临界点用修正的库仑准则。

（5）基元的力学性质随演化的发展是不可逆的。

（6）基元相变前后均为线弹性体。

（7）材料的裂纹扩展是一个准静态过程，忽略因快速扩展引起的惯性力影响。

其主要特点是：

（1）将材料的不均质性参数引入计算单元，宏观破坏是单元破坏的积累过程。

（2）认为单元性质是线弹-脆性或脆-塑性的，单元的弹性模量和强度等其他参数服从某种分布，如正态分布、韦伯分布、均匀分布等。

（3）认为当单元应力达到破坏准则时发生破坏，并对破坏单元进行刚度退化处理，故可以以连续介质力学方法处理物理非连续介质问题。

（4）认为岩石的损伤量、声发射同破坏单元数成正比。

利用 RFPA^{2D} 建立的模型长（x 方向）和高（y 方向）均设定为 50m，模型水平方向代表最大地应力方向，大小为 119.6MPa，模型垂直方向代表最小地应力方向，大小为 89.8MPa，孔眼和裂缝均施加水力压力（最小地应力+2MPa×计算时步）。计算不同水力压力时 x 方向、y 方向应力图如图 7-9 和图 7-10 所示。

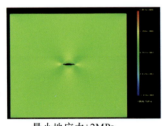 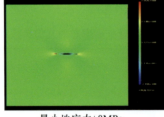 

　　最小地应力+2MPa　　　　　最小地应力+8MPa　　　　　最小地应力+15MPa

图 7-9　不同水力压力时 x 方向应力图

（1）当净压力小于 4MPa 时，属于岩土应力累计阶段，裂缝扩展效应不明显，之后随着孔眼内水力压力逐渐增加，裂缝两尖端向左右两边界扩展。

（2）随着孔眼内水力压力逐渐增加，裂缝两尖端外的岩体应力集中效应越来越明显，压应力越来越大，当该应力超过岩体抗压强度时，岩体发生剪切变形破坏，裂缝进一步扩展。

（3）随着孔眼内水力压力逐渐增加，裂缝两尖端内的缝周岩体拉应力的范围越来越大，当超过岩体抗拉强度时，岩体发生拉伸破坏变形，裂缝宽度逐渐扩大。

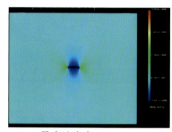 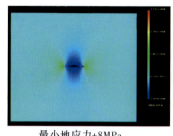 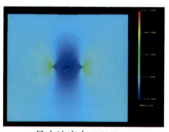

|最小地应力+2MPa|最小地应力+8MPa|最小地应力+15MPa|

图 7-10　不同水力压力时 y 方向应力图

2) 基于 $FLAC^{3D}$ 数值模拟

当 $FLAC^{3D}$ 达到平衡或稳定的塑性流动时，通过显式有限差分来模拟三维连续介质的力学行为，其力学响应主要通过特殊的数学模型和数值计算过程得到，基本原理及相关方程如下。

(1) 数学模型与计算流程。

介质的力学行为主要来源于一般原理(应变定义、运动规律)和理想材料的本构关系，其主要涉及力学(应力)和运动学(应变率、速度)变量、几何方程、材料参数、边界条件和初始条件等。

① 符号约定。

在 $FLAC^{3D}$ 中采用拉格朗日算法，介质中通过矢量 x_i、u_t、v_i、v_i/dt，$i=1,3$，来定义一个点的坐标、位移、速度及加速。记号 a_i 表示矢量 a_i 的第 i 个分量，在笛卡尔坐标系中：A_{ij} 表示张量 $[A]$ 的第 (i,j) 个分量；结构受压为负，变形伸长为正；爱因斯坦求和记号只针对下标 i，j，$k(i,j,k=1,2,3)$。

② 应力。

介质中一已知点的应力状态通过对称应力张量 σ_{ij} 来表示。任意斜面上的应力矢量 t 可以通过柯西公式得到(拉为正)：

$$t_i = \sigma_{ij} n_j \tag{7-11}$$

式中　n——任意斜面上的单位法向矢量。

③ 应变率和转动率。

假设介质的离子以张量 $[v]$ 运动。在一个无限短时间 dt 内，介质产生一个无限小的应变为 $v_i dt$，相关的应变率张量可以写成：

$$\xi_{ij} = \frac{1}{2}(v_{i,j} + v_{j,i}) \tag{7-12}$$

第一应变率张量描述了体积单元的膨胀程度。张量 ξ_{ij} 中没有包含变形率，由于速度矢量的平移和角速度的转动，一个体积单元会产生一个瞬时的刚体位移：

$$\Omega_i = -\frac{1}{2} e_{ijk} \omega_{jk} \tag{7-13}$$

式中　e_{ijk}——置换符号；

　　　ω——表示转动率张量。

定义如下：

$$\omega_{ij} = \frac{1}{2}(v_{i,j} - v_{j,i}) \tag{7-14}$$

④ 运动平衡方程。

采用连续介质的动量原理和柯西公式，平衡方程如下：

$$\sigma_{ij,j} + \rho b_i = \rho \frac{\mathrm{d}v_i}{\mathrm{d}t} \tag{7-15}$$

式中　ρ——介质的密度；

　　　b——单位体力；

　　　$\mathrm{d}v/\mathrm{d}t$——速度矢量对时间的导数。

在静力计算过程中，$\mathrm{d}[v]/\mathrm{d}t$ 为 0，式(7-15)简化为如下偏微分方程：

$$\sigma_{ij,j} + \rho b_i = 0 \tag{7-16}$$

⑤ 边界条件和初始条件。

应力边界条件主要通过式(7-11)来表示，位移边界主要通过指定边界的速度分量为 0 来实现。初始条件中体力是可以施加的，但需要指定初始应力状态。

⑥ 本构方程。

式(7-12)和式(7-15)中包含 9 个方程，以及 15 个未知量，其中 6 个应力分量、6 个应变分量及 3 个速度分量。描述介质应力、应变关系的本构方程含 6 个方程，定义如下：

$$[\hat{\sigma}]_{ij} = H_{ij}(\sigma_{ij}, \xi_{ij}, \kappa) \tag{7-17}$$

式中　$[\hat{\sigma}_{ij}]$——共轭应力张量；

　　　H——已知函数；

　　　κ——考虑加载历史变量。

$$[\hat{\sigma}]_{ij} = \frac{\mathrm{d}\sigma_{ij}}{\mathrm{d}t} - \omega_{ik}\sigma_{kj} + \sigma_{ik}\omega_{kj} \tag{7-18}$$

式中　$\mathrm{d}\sigma/\mathrm{d}t$——应力矢量 $[\sigma]$ 对时间的实导数；

　　　ω——转动率张量。

（2）数值方程与计算流程。

FLAC^{3D}通过以下三个步骤进行求解：①有限差分逼近(变量的一阶导数、时间导数用有限差分来逼近)；②离散逼近(将连续介质离散化，离散化网格中包括外力和内力，均作用在单元节点的三个方向上)；③动态求解方法(在平衡方程中引入惯性定律，使系统慢慢达到平衡)。

连续介质的运动定律通过以上三个步骤，转化为离散单元节点上的牛顿定律。一般的微分方程可通过时间显示差分求解，数值计算流程如下：

① 网格离散。

将模拟区域网格离散化，每个单元由程序自动离散为四面体单元。模拟前可选择是采用一种离散方法还是采用混合离散方法，一般在应力和位移变化比较剧烈的区域推荐采用混合离散方法。

② 初始条件和边界条件。

求解问题的边界条件包括初始应力、面力、体力、集中荷载和位移边界。初始阶段，所有的应力和节点速度均为 0,之后开始施加初始应力。面力和体力在内部被转化为等效节点荷载。集中荷载施加在表面的节点上,位移边界条件由节点的速度来精确控制。以上构成数值计算的初始状态。

③ 主要的计算步骤。

FLAC^{3D}采用显式的有限差分,对每一时间步的计算过程为:由节点速度计算新的应变率;通过应变率,采用本构方程计算新的上一步的应力;由应力和力,通过运动方程导出新的节点速度和位移。

每个时间步都重复上述三个步骤,在求解过程中监测最大不平衡力,这个力要么趋于零,表示整个系统达到平衡状态,要么等于一非零常数,表明部分或整个系统达到材料的稳定塑性流动状态。

④ 应变率计算。

从一个已知的速度场,开始计算应变率,对单元中的每个四面体来说,采用以下有限差分方程来计算:

$$\xi_{ij} = -\frac{1}{6V}\sum_{l=1}^{4}(v_i^l n_j^l + v_j^l n_i^l)S^l \tag{7-19}$$

混合离散后计算新的对角应变率张量。对一个四面体 l 来说,公式如下:

$$\xi_{ij}^{[l]} = \eta_{ij}^{[l]} + \frac{\xi^z}{3}\delta_{ij} \tag{7-20}$$

ξ^z 为单元的第一应变率不变量的平均值,计算公式如下:

$$\xi^z = \frac{\sum_{k=1}^{n_t}\xi^{[k]}V^{[k]}}{\sum_{k=1}^{n_t}V^{[k]}} \tag{7-21}$$

式中 n_t ——单元中四面体的组合数;

$V^{[k]}$ ——四面体 k 的体积。

⑤ 应力计算。

在一个单元中,通过增量本构方程 H_{ij}^* 计算每个四面体的应力增量。

$$\Delta\sigma_{ij} = \Delta\hat{\sigma}_{ij} + \Delta\sigma_{ij}^C \tag{7-22}$$

$$\Delta[\hat{\sigma}_{ij}] = H_{ij}^*(\sigma_{ij},\Delta\varepsilon_{ij}) \tag{7-23}$$

$$\Delta\varepsilon_{ij} = -\frac{\Delta t}{6V}\sum_{l=1}^{4}(v_i^l n_j^l + v_j^l n_i^l)S^{(l)} \tag{7-24}$$

在小变形模式中不考虑应力修正项 $\Delta\sigma_{ij}^C$,在大变形模式中需要修正如下:

$$\Delta\sigma_{ij}^C = (\omega_{ik}\sigma_{kj} - \sigma_{ik}\omega_{kj})\Delta t \tag{7-25}$$

$$\omega_{ij} = -\frac{1}{6V}\sum_{l=1}^{4}(v_i^l n_j^l - v_j^l n_i^l)S^{(l)} \tag{7-26}$$

新的应力通过附加应力增量得到,混合离散后通过式(7-27)及式(7-28)计算新的对角化的应力张量。

$$\sigma_{ij}^{[l]} = s_{ij}^{[l]} + \sigma^z\delta_{ij} \tag{7-27}$$

$$\sigma^z = \frac{\sum_{k=1}^{n_t} \sigma^{[k]} V^{[k]}}{\sum_{k=1}^{n_t} V^{[k]}} \tag{7-28}$$

⑥ 节点质量计算。

四面体节点 l 的质量贡献公式如下：

$$m^l = \frac{\alpha_1}{9V}\max\left[(n_i^l S^l)^2,\ i=1,3\right] \tag{7-29}$$

计算过程中所有的时间步都是统一的，全局节点质量 $M^{<l>}$ 由所有与之共点的四面体采用式(7-29)求和所得。

$$M^{<l>} = [m]^{<l>} \tag{7-30}$$

在小变形模式中，节点质量值在循环开始前只计算一次，在大变形模式中，每 10 步计算一次。

(3) 实例计算与分析。

以塔河油田奥陶系岩层为例，设置模型长和宽均为 50m、高为 300m、顶面高为 5500m，采用 6 节点 5 面体单元进行网格划分，共 97200 个单元、55292 个节点。

裂缝扩展随时间的变化规律：孔眼+预置裂缝(高 5m)，在孔眼内 $z=50$m 处施加 5MPa 的水力净压力，沿地层深部呈线性分布，不同时间步条件下孔眼周围塑性区分布如图 7-11 所示。

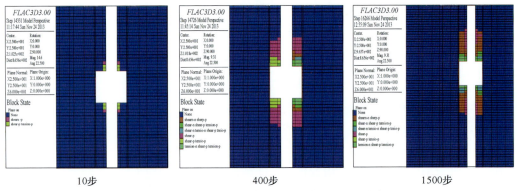

图 7-11 不同时间步条件下孔眼周围塑性区分布

① 施加在井眼内的水力压力向岩体四周扩散，岩体内的地应力重新分布，达到屈服条件后形成塑性区，进入破坏状态。

② 随着时间步的增加，塑性区分布范围逐步扩大，表现为垂向缝高逐渐增加，且压裂初期(0~800 步)，缝高增长的速度较快，达到一定时间步后(800~1600 步)，缝高增长的速度变缓。

③ 岩体先在预置裂缝尖端破裂(第 10 步)，后逐渐向岩体深部扩展(第 10~1500 步)，一定时间后缝高保持为某一定值。

裂缝随预置裂缝位置变化规律：孔眼+预裂缝(高 5m)，在孔眼的不同高度位置(孔底 50~55m、孔中下部 60~65m、孔中部 100~105m、孔中上部 200~205m)预置裂缝，计算 33000 时间步后模型达到平衡状态(图 7-12)。

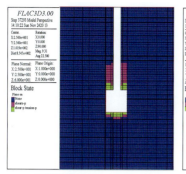 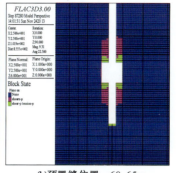 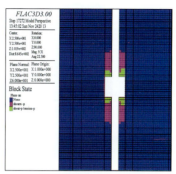

(a)预置缝位置：50~55m　　(b)预置缝位置：60~65m　　(c)预置缝位置：100~105m

图 7-12　不同位置的预置裂缝对塑性区分布的影响

孔底[图 7-12(a)]岩土存在堵塞效应，导致该部位的塑性区较小；孔中下部与孔中部处[图 7-12(b)]岩体塑性区范围无明显差异；孔中上部[图 7-12(c)]塑性区范围明显大于其他部位。

裂缝扩展随堵塞长度的变化规律：孔眼+预裂缝(5m)，预置裂缝下端井眼处分别设置高度为 1m、1.5m、2m、3m 的堵塞段(强度参数高于岩体)，运行 33000 时间步后模型达到平衡状态(图 7-13)。

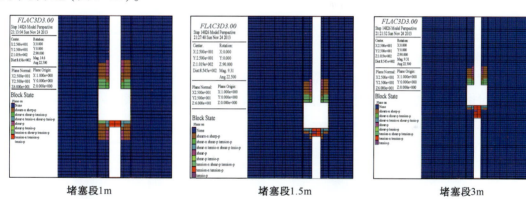

堵塞段1m　　　　　　　堵塞段1.5m　　　　　　　堵塞段3m

图 7-13　堵塞段长度对塑性区分布的影响

① 堵塞段长度小于 1.0m，对二次裂缝的扩展无抑制作用。
② 堵塞段长度 1.5m，预置裂缝下端的二次裂缝穿过堵塞体，该长度为抑制裂缝纵向扩展的临界堵塞长度。

7.2　控缝高压裂模拟实验

7.2.1　压裂物理模拟实验

1) 常规压裂缝高扩展实验

采用常规压裂模拟试样进行实验，裂缝扩展形态如图 7-14 所示，裂缝在井底起裂后快速向外扩展，缝高无法控制。

图 7-14　常规压裂裂缝扩展形态

2) 压裂封堵实验

压裂试样制备过程中，在顶、底位置处加入堵塞材料，结果显示，裂缝在缝高方向上未完全穿过试样顶、底边界，对封堵材料控缝高有一定的抑制作用(图 7-15)。

图 7-15　裂缝延伸路径

3) 界面对裂缝扩展的影响实验

在高应力作用下，界面层处的黏结强度及摩擦阻力增加，裂缝穿层扩展(图 7-16)，即可通过改变层间界面的力学特性控制缝高扩展。

4) 层间应力差对裂缝扩展的影响实验

压裂实验过程中，液体注入速度 0.5mL/s，加载上覆压力为 20.7MPa，层间应力差为 0MPa、1.72MPa、3.45MPa、6.89MPa，裂缝扩展形态如图 7-17 所示。

界面两侧正应力9.17MPa　　　　　　　　界面两侧正应力6.89MPa

图 7-16　不同应力条件下裂缝扩展穿过岩层界面(环氧树脂黏接)

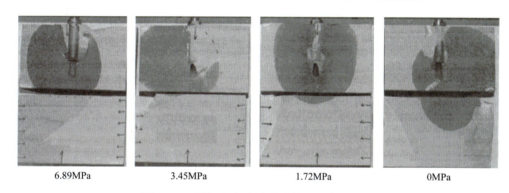

6.89MPa　　　3.45MPa　　　1.72MPa　　　0MPa

图 7-17　层间应力差对裂缝扩展形态的影响

结果显示，裂缝纵向缝高的扩展受层间应力差的影响较大，层间应力差越大，裂缝扩展进入高应力层区域越困难，层间应力差越小，裂缝越容易进入高应力层区域扩展。Teufel 和 Clark 的实验表明，隔层与储层的水平最小地应力差达 5MPa 时，能完全抑制裂缝向隔层延伸。

7.2.2　人工隔层控缝高实验

影响裂缝高度扩展的四个主要因素为裂缝上下末端阻抗值、岩石力学特性、地层应力差及施工参数。岩石力学特性和地层应力差由地质结构本身所决定，而裂缝上下末端阻抗值可通过人工隔层来改变。人工隔层控制缝高扩展，一般采用上浮控缝高剂控制裂缝向上延伸，下沉控缝高剂控制裂缝向下延伸及同时使用两种控缝高剂控制裂缝向上下延伸。

1）携带液性能测试

控缝高剂主要用来形成人工隔层，阻止裂缝垂向扩展。控缝高剂在携带液中的升降及其速度取决于携带液黏度、控缝高剂的浓度及两者的密度差。采用 HPG 稠化剂按石油天然气行业标准配制携带液，分析控缝高剂的沉/浮速度。测试两种一级 HPG 稠化剂的浓度在 0.1%~0.5% 时，稠度系数、流态指数和视黏度的变化，测试结果如图 7-18~图 7-20 所示。

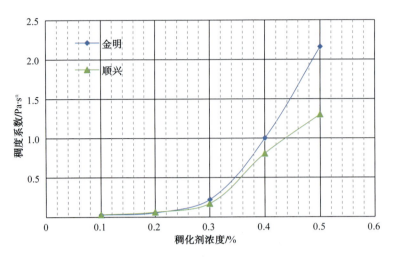

图 7-18　不同类型稠化剂的稠度系数与浓度的关系

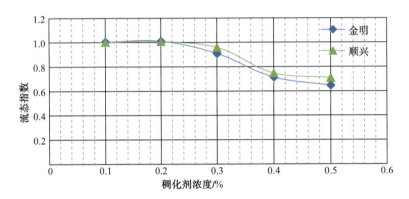

图 7-19　不同类型稠化剂的流态指数与浓度的关系

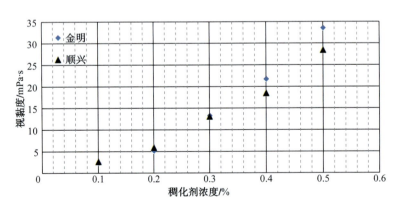

图 7-20　不同类型稠化剂的稠化能力对比

结果显示：①稠化剂浓度较小时，携带液流变性近似为牛顿流体，随着稠化剂浓度增加（>0.3%），携带液逐渐偏离牛顿流体，其非牛顿流体特性增强。②不同稠化剂在不同浓度下有不同的黏度。③为保证一定的视黏度 5~10mPa·s，稠化剂的浓度应控制在 0.2%~0.3% 范围内；如要求视黏度 20mPa·s，则稠化剂的浓度应为 0.4%。

2) 控缝高转向剂沉浮速度测试

混砂液中转向剂(下沉剂、上浮剂)的粒径不均匀,且密度存在差异。现场应用前,通过实验来测定控缝高剂在不同浓度介质中的沉浮特性。

(1) 上浮剂上浮速度测试。

实验测试了2种上浮剂(砂),在6种不同的稠化剂浓度及上浮剂浓度条件下的上浮速度(共测试72组,每组测3次并进行平均)。上浮剂的上浮速度与稠化剂浓度、上浮剂浓度的关系如图7-21和图7-22所示。

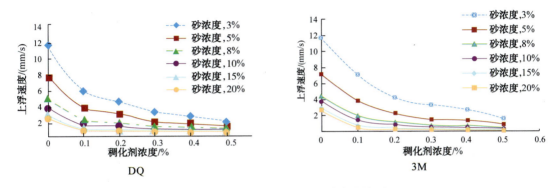

图 7-21 上浮速度与增稠剂浓度的关系

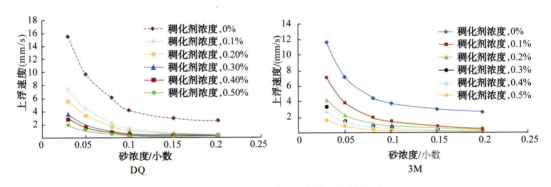

图 7-22 上浮速度与上浮剂浓度的关系

① 上浮剂浓度一定时,上浮速度随稠化剂浓度的增大而减小,当稠化剂浓度超过0.2%后,上浮速度减缓。

② 增稠剂浓度一定时,上浮剂的上浮速度随上浮剂浓度增加而减小,上浮剂浓度小于5%时,上浮速度受上浮剂浓度影响较大;上浮剂浓度大于8%时,上浮速度减小幅度变缓。

③ 不同类型上浮剂的上浮速度不同,但上浮剂浓度的临界值基本一致即5%~8%。

(2) 下沉剂下沉速度测试。

实验方案与上浮剂上浮速度测试相同,下沉剂下沉速度与稠化剂浓度、下沉剂浓度的关系如图7-23和图7-24所示。

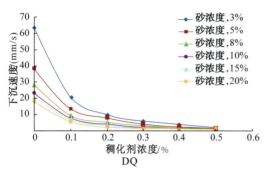
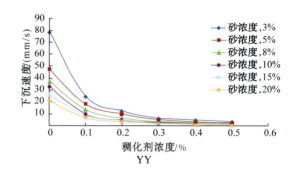

图 7-23 下沉速度与增稠剂浓度关系

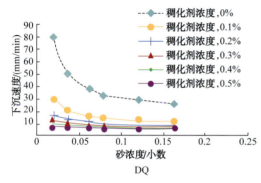
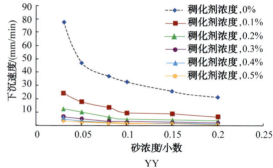

图 7-24 下沉速度与下沉剂浓度关系

① 增稠剂浓度一定时，下沉速度随稠化剂浓度增大而减小。稠化剂浓度小于 0.1% 时影响明显；稠化剂大于 0.2% 时，下沉速度减缓。

② 增稠剂浓度一定时，下沉剂的下沉速度随下沉剂浓度增加而减小。下沉剂浓度小于 5% 时，下沉速度受下沉剂浓度影响较大；下沉剂浓度大于 10% 时，下沉速度减小幅度变缓。

③ 不同类型下沉剂的下沉速度不同，但下沉剂浓度的临界值基本一致即 5%~10%。

3) 人工隔层性能实验评价

实验设备采用岩心流动实验仪，主要由储液罐、岩心夹持器、围压泵、回压调节器、压力表、阀门管线等组成；携带液根据国内外经验，采用胍胶配制；岩样采用人造岩心，沿轴向半剖开，在岩心的一端嵌入紫铜片后再进行黏合，使之形成具有楔形裂缝的试样。

(1) 下沉剂隔层强度实验评价。

通过理论分析，人工隔层性能的关键影响因素为控缝高剂粒度及其分布、携带液黏度、控缝高剂用量(浓度)及携带液流量。为综合评价各因素的影响，实验采用 3 种下沉剂(30/50 目陶粒、40/70 目粉陶和 40/70 目覆膜砂)，3 种携带液黏度(5mPa·s、10mPa·s 和 20mPa·s)及 3 种下沉剂浓度(4%、8% 和 12%)，实验结果如图 7-25 和图 7-26 所示。

下沉剂浓度为 4% 时，人工隔层强度为 2.97~6.58MPa/m；下沉剂浓度为 8% 时，强度为 2.36~6.81MPa/m；浓度为 12% 时，强度为 2.43~6.95MPa/m。

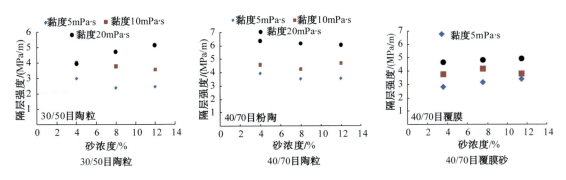

图 7-25 隔层强度与下沉剂浓度的关系

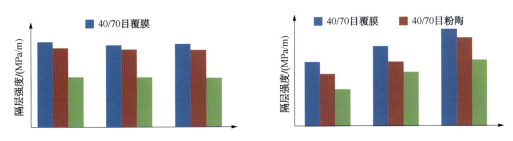

图 7-26 隔层压力梯度随与浓度关系

① 40/70 目粉陶与覆膜砂粒度分布相近，形成的人工隔层压力梯度基本相同，30/50 目陶粒所形成的人工隔层压力梯度低于粉陶和覆膜砂形成的人工隔层强度，主要原因在于 30/50 目陶粒的粒度大于粉陶和覆膜砂。

② 同一类型下沉剂的人工隔层强度基本不受浓度影响，但隔层强度随携带液黏度增加而增加。

③ 隔层强度主要取决于下沉剂的类型（核心是粒度分布），其次是携带液黏度，与浓度基本无关。

（2）上浮剂隔层强度实验评价。

实验方案与下沉剂隔层强度实验相同，测试结果如图 7-27 所示。S1 上浮隔层强度为 4.84~11.58MPa/m，S2 上浮隔层强度为 5.32~12.16MPa/m，3M 上浮隔层强度为 6.49~13.39MPa/m。不同上浮剂隔层强度各不相同，隔层强度随上浮剂浓度、携带液黏度的增加而增加，其中携带液黏度的影响略大于上浮剂浓度的影响。

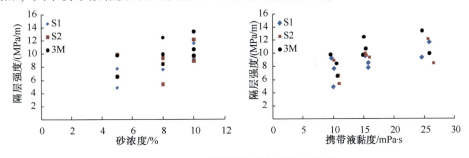

图 7-27 上浮隔层强度与浓度的关系

4）人工隔层稳定性实验评价

针对塔河油田工程情况，评价转向剂（粒度分布）、酸压裂缝高度（30m、50m、70m）、工作液黏度（50mPa·s、100mPa·s、150mPa·s、200mPa·s）、施工排量（2.5m³/min、3.5m³/min、4.5m³/min、4.5m³/min）及转向剂浓度对隔层稳定性的影响。

实验使用清水作为流体介质，采用透明平行板装置（裂缝宽度0.8mm、高度15cm），按照相似理论计算模拟流速一般为0.5~1.5m/min，最大模拟流速为4.58m/min，如图7-28所示。

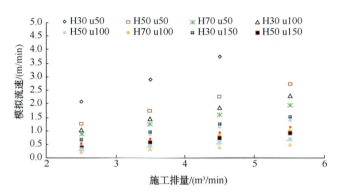

图7-28 隔层稳定性实验模拟流速分布

（1）下沉隔层稳定性实验。

流速达20m/min时（超过工程条件的最大模拟流速），布砂状态未改变且无上浮剂流出，表明下沉剂隔层为稳定状态，如图7-29所示。

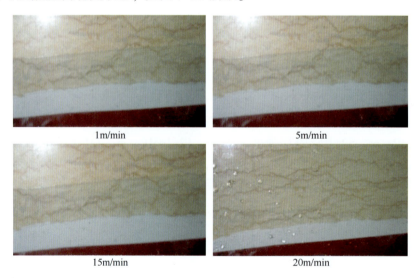

图7-29 下沉隔层稳定性实验（DQ）

（2）上浮隔层稳定性实验。

流速达20m/min（超过工程条件的最大模拟流速），布砂状态未改变且无上浮剂流出，表明上浮剂隔层也为稳定状态，如图7-30所示。

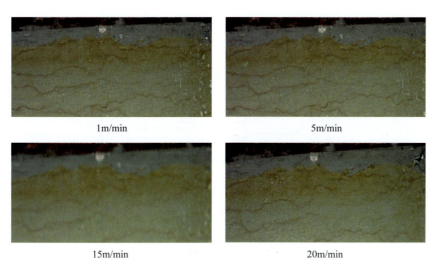

图 7-30 上浮隔层稳定性实验(DQ)

7.3 碳酸盐岩控缝高工艺技术

针对塔河油田底水油藏控缝高酸压工程需要,通过理论及现场试验形成"三优两配套"控缝高酸压工艺、覆膜砂控缝高工艺、停泵沉砂控缝高工艺。三种工艺延缓了底水上升速度。

7.3.1 "三优两配套"控缝高工艺

"三优两配套"控缝高工艺,即优化压裂液黏度,优化施工排量,优化施工规模;配套射孔导流,配套深部挤堵。

1) 优化压裂液黏度

常规酸压胍胶加量一般为 0.5%~0.6%,压裂液黏度为 324~431mPa·s,而理论分析结果显示(图 7-31),当压裂液黏度大于 200mPa·s 时,缝高扩展超过 40m。通过室内实验优选低黏度压裂液(胍胶浓度<0.4%),将缝高控制在 40m 以下(图 7-32)。

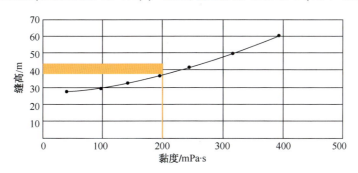

图 7-31 缝高与压裂液黏度的关系

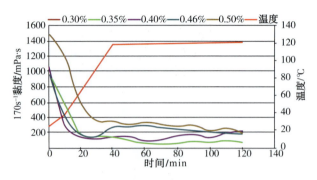

图 7-32　不同压裂液配方的流变性能

2）优化施工排量

酸压前置液排量 4~4.5m³/min、酸液排量 5~5.6m³/min 时,缝高可控制在 40m 以内(图 7-33 和图 7-34),酸蚀缝长在 100~121m。施工时,可结合储层的实际条件,优选合适的施工排量。

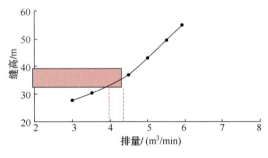

图 7-33　缝高与前置液排量的关系

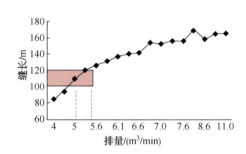

图 7-34　缝长与注酸排量的关系

3）优化施工规模

施工规模增加,裂缝高度增加。施工规模大于 1000m³ 时,缝高增长幅度变大(图 7-35)。

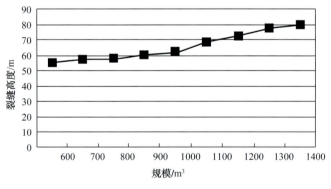

图 7-35　常规酸压施工规模

4）配套射孔导流

通过射孔控制破裂点位置,改变裂缝形态,控制裂缝高度。模拟计算结果如图 7-36 所示。

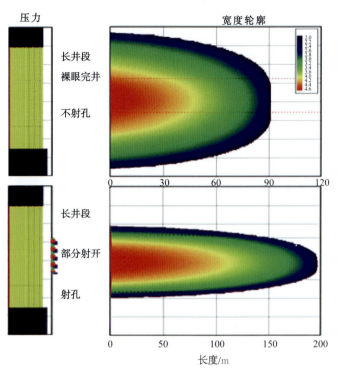

图 7-36　射孔与不射孔的缝高模拟

5）配套深部挤堵

通过注入高强度实心塞（50MPa 左右）控制缝高，避免缝高向底水发育段延伸（图 7-37）。

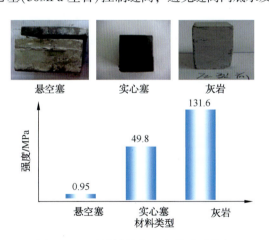

图 7-37　不同材料实心塞的耐压强度

7.3.2　覆膜砂控缝高工艺

采用酸压形成一定规模的裂缝后，用携带液携带覆膜砂进入裂缝，在裂缝的底部形成低渗透的人工隔层，限制携砂液的压力向下传递，改变缝内垂向流压分布，抑制下缝高扩展，促进裂缝在缝长方向扩展。施工过程中，须对覆膜砂加砂浓度、加砂时机及加砂量进行优化。

1) 加砂浓度优选

通过室内下沉剂下沉速度测试，优选稠化剂浓度为 0.1%~0.2%、临界砂浓度为 5%~10%时最佳，此时下沉速度为 10~20mm/s(图 7-38 和图 7-39)。

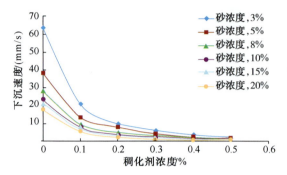

图 7-38　下沉速度与稠化剂浓度的关系

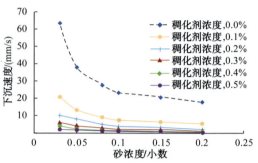

图 7-39　下沉速度与砂浓度的关系

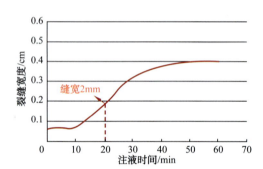

图 7-40　排量 4m³/min 时平均缝宽变化曲线

2) 加砂时机优化

根据 Gruesbeck 支撑剂桥架准则，当 $W<3R$ 时发生砂堵。加砂过早，裂缝宽度不够，容易砂堵；加砂太晚，前期形成的裂缝高度过大，影响控缝高效果。控缝高酸压前置液排量一般为 4m³/min，推荐泵注前置液 80~100m³ 后开始加砂(图 7-40)。

3) 加砂量优化

在其他施工参数相同的条件下，仅改变加砂量，利用酸压模拟计算不同加砂量对裂缝几何参数的影响。结果显示，控缝高效果与加砂量成正比，当加砂量超过 14t 后，缝高减小幅度变小，推荐加砂量为 8~14t(表 7-3)。

表 7-3　不同加砂量对裂缝几何参数的影响

前置液		携砂液		后置液	酸液		裂缝尺寸	
规模/m³	排量/(m³/min)	规模/m³	加砂量/t	规模/m³	规模/m³	排量/(m³/min)	规模/m³	裂缝长度/m
100	4.0	80	8	100	240	5.5	46.2	92.4
100	4.0	100	10	80	240	5.5	43.8	94.1
100	4.0	120	12	60	240	5.5	41.1	95.9
100	4.0	140	14	40	240	5.5	39.9	96.7
100	4.0	160	16	20	240	5.5	39.2	97.2

7.3.3 停泵沉砂控缝高工艺

对于溶洞型油藏，由于上、下储集体不连通，采用单一优化施工参数难以满足控缝要求，在此基础上进一步采用停泵沉砂控缝高工艺，实现控缝高目的。针对具有一定隔层、避水高度小的储层，采用低黏度滑溜水造缝，滑溜水携带陶粒进入地层后停泵，使其在缝底形成人工隔层，有效控制裂缝高度过度延伸。施工过程中，须对覆膜砂的加砂浓度、加砂时机和加砂量进行优化。

1) 停泵时间优化

停泵后砂粒在重力作用下下沉到裂缝底部，设计的停泵时间应允许砂粒充分沉降，形成高强度的隔层。裂缝完全闭合后，砂粒停止沉降，即停泵时间可按裂缝的闭合时间来确定。模拟结果表明，停泵时间30min的控缝高效果最佳，施工排量为4.5m³/min，控缝高效果最好（表7-4）。

表7-4 不同停泵时间对裂缝几何参数的影响

序号	储层厚度/m	应力差/MPa	排量/(m³/min)	停泵时间/min	缝高/m	缝长/m	缝高减小/m
1	20	1	3	0	75	177.5	
				30	42.7	110.6	32.3
2	20	3	4.5	0	65.7	231.4	
				60	41.6	124.7	24.1
3	20	5	6	0	51.3	228.8	
				15	48.2	221.5	3.1
4	30	1	4.5	0	64.6	174.6	
				15	44.3	117	19.5
5	30	3	6	0	66.2	223.4	
				30	41.9	116.5	14.3
6	30	5	3	0	39.8	196.2	
				60	37.2	187.5	2.6
7	50	1	6	0	64.1	161	
				60	61.2	134.9	2.9
8	50	3	3	0	55.6	146.9	
				15	52.1	94.5	3.5
9	50	5	4.5	0	53	153.1	
				30	52.4	406.2	0.6

2) 沉砂级数优化

利用压裂模拟软件，对加覆膜砂不停泵、加覆膜砂停泵一次及加覆膜砂停泵两次三种方法进行模拟计算（图7-41）。结果表明，一次停泵沉砂后形成的隔层强度较高，可控制裂缝向下延伸；两次沉砂与一次沉砂相比，对下缝高控制作用进一步增强，推荐使用停泵两次沉砂工艺。

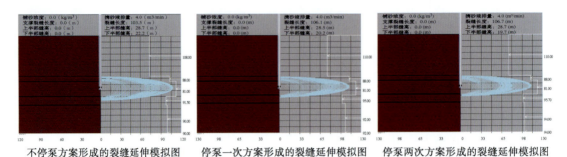

图 7-41 不同停泵方案对裂缝扩展的影响

7.4 碳酸盐岩控缝高现场应用

塔河油田控缝高酸压技术现场应用实施 154 井次，累计增油 71.3×10^4 t，有效率 90%，建产率 80%，效果显著，现场应用情况见表 7-5。

表 7-5 控缝高工艺现场应用情况

序 号	井 号	酸液体系	试油结论	压后初期日增油/t	压后累计增油/t	压前预测
1	TP146X	高温胶凝酸	油层	14.5	283.3	不推荐施工
2	TH12165	高温胶凝酸	油层	47.9	3641.1	推荐施工
3	TH12225CX	高温胶凝酸	低产油层	9.7	598.7	推荐施工
4	S72-6	覆膜砂控缝阻水技术试验	油层	47.4	27352.2	推荐施工
5	S72-15	停泵沉砂控缝高技术试验	油层	78.6	18322	推荐施工
6	TH12332	胶凝酸	油气层	71	10700.3	推荐施工
7	TH12194	胶凝酸	油气层	11.7	306.5	不推荐施工
8	TH12433	高温胶凝酸	水层	0	0	不推荐施工
9	TP233X	高温胶凝酸，覆膜砂	油气层	23.5	9580.5	推荐施工
10	TP46	高温胶凝酸，覆膜砂	油水层	15.8	3052.4	推荐施工

S72-15 井在正式压裂前采用低黏度滑溜水造缝，控制裂缝规模；滑溜水携带陶粒进入地层后停泵，使陶粒沉降在缝口附近形成人工隔层；配合"三优两配套"控缝高技术，控制裂缝高度过度延伸，施工曲线如图 7-42 所示。

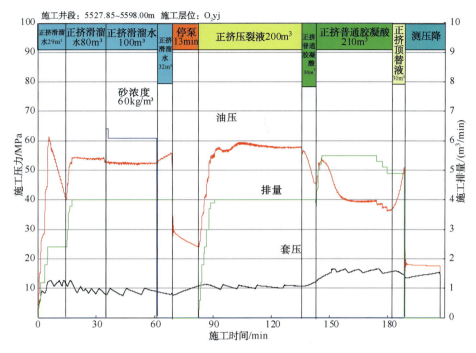

图 7-42　S72-15 井酸压施工曲线

S72-15 井生产测井(图 7-43)表明,酸压缝高为 11.5m,开井排液 33m³ 后见油气,日产油 25.9t,不含水,控缝高效果显著。

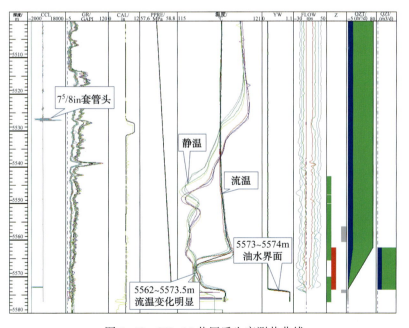

图 7-43　S72-15 井压后生产测井曲线

第8章 超深井酸压裂缝监测

裂缝诊断是评价储层改造效果的重要手段,本章通过酸压监测技术的对比及适应性分析,阐述适合于缝洞型油藏的酸压裂缝监测技术。重点对比分析间接法、近井直接法及远井直接法三类不同裂缝监测方法的适应范围及监测效果。

8.1 裂缝监测技术对比及其适应性

8.1.1 裂缝监测技术对比

裂缝监测与诊断技术主要分为三类:净压力拟合分析、试井分析及生产数据分析等间接方法;示踪剂、温度测井、生产测井、井筒成像测井及井径测井等近井裂缝直接测量法;测斜仪和微地震远井裂缝直接测量法。塔河油田碳酸盐岩油藏具有埋藏深、井间距离大等特点,前期主要采用净压力拟合、试井分析、生产分析、温度测井、生产测井及压前压后综合测井等诊断技术。

不同监测方法的技术原理各不相同,且可靠性存在差异。净压力拟合分析可获得压裂裂缝的尺寸和导流能力;试井和生产数据分析可从裂缝的长度、污染解除情况等方面对储层改造效果进行评价,但受数学解释模型及拟合经验的局限,获取参数的准确性难以保证;井温测井、生产测井等近井方法可以较为准确地得到缝高参数,但不能反映裂缝的延伸情况;微地震和测斜仪能够监测远离井筒区域的裂缝方位和裂缝参数,前者根据水力裂缝扩展过程中产生的声波信号计算裂缝参数,后者基于裂缝扩展引起的变形反演裂缝参数。远场测量技术的可靠性明显高于间接测量技术及近井直接测量技术(图8-1),各项裂缝诊断技术对比见表8-1。

8.1.2 净压力拟合分析酸压裂缝形态

净压力拟合方法获取裂缝参数方法的前提条件是获取准确的井底压力和地质模型。通过压降曲线分析得到井底闭合压力值,在该闭合压力下调整液体滤失系数等地层和流体参数,

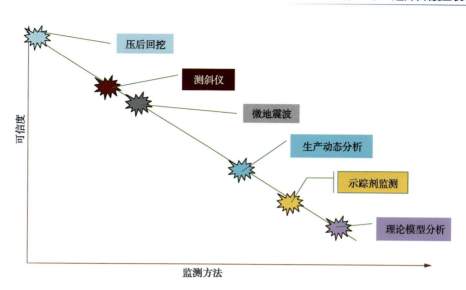

图 8-1 不同裂缝监测技术的可靠性对比

表 8-1 不同裂缝诊断技术对比

分类	方法	主要缺点	可获取裂缝参数					
			长度	高度	宽度	方位	倾角	导流能力
间接方法	净压力拟合	拟合根据储层描述结果进行	△	△	△	○	○	△
	不稳定试井	需要较准确的储层压力和压裂前的渗透率,结果受井控范围影响	△	○	△	○	○	△
	生产数据	需要较准确的储层压力和压裂前的渗透率,结果受井控范围影响	△	○	△	○	○	△
直接方法(近井)	示踪剂	纵向上的监测范围仅 1~2ft；若裂缝在纵向上不完全沿井眼延伸，则仅能获得裂缝的底界位置	○	△	△	△	△	○
	温度测井	储层岩石的热传导系数可能变化，影响结果；若裂缝在纵向上不完全沿井眼延伸，则仅能获得裂缝的底界位置	○	△	○	○	○	○
	井筒成像测井	仅用于裸眼，仅提供井眼附近的裂缝方位与高度	○	△	○	△	△	○
	井径测井	仅用于裸眼，结果受井眼冲蚀状况等影响较大	○	○	△	○	○	○
直接方法(远井)	地面测斜仪	随压裂层位的深度增加，可靠程度降低	△	△	○	▲	▲	○
	井下测斜仪	随测斜仪与措施井距离增加，可靠程度降低	▲	▲	△	△	△	○
	微地震	受岩石力学性质影响大，在疏松的高孔隙储层及白云岩储层中效果差	△	▲	○	▲	△	○

注：▲表示可靠程度较好，△表示可靠程度一般，○表示不能获得该参数。

实现对净压力的拟合。为减小利用地面压力计算井底压力时产生的误差，现场进行井底压力实时监测，提高分析数据的准确性。净压力拟合受经验及储层复杂性的影响，结果存在一定差异，且结果无法直接验证。通过净压力拟合方法，对14口井的施工曲线进行净压力拟合和压降曲线进行分析，间接得到裂缝长度、高度与拟合裂缝参数之间的对比关系，见表8-2。

表8-2 裂缝参数对比

井号	层位	层段/m	设计缝长/m	设计缝高/m	拟合缝长/m	拟合缝高/m
TP238	$O_{1-2}y$	6523.00~6600.00	100.3	57.1	95.2	66.1
TP39	O_2yj	6950.00~7110.00	120.1	72.9	125.0	79.0
TP126X	O_2yj	6285.28~6380.00	115.3	76.5	135.0	93.0
TP231	O_2yj	6294.27~6365.00	111.8	56.2	167.0	67.0
TP128	O_2yj	6341.00~6453.00	111.8	64.6	101.0	31.0
TP45	O_2yj	6721.00~6864.00	125.0	79.9	145.4	86.0
TP132X	O_2yj	6285.00~6392.00	100.1	57.6	151.0	67.0
TP136X	O_2yj	6160.00~6270.00	130.2	62.9	136.9	67.9
TP137X	$O_{1-2}y$	6353.95~6460.00	122.5	62.3	130.1	65.1
TP138X	O_2yj	6353.98~6476.00	149.8	72.5	151.0	87.1
TP139	O_2yj	6262.44~6355.00	125.0	62.8	154.0	99.0
TP142	O_2yj	6196.87~6270.00	120.4	45.5	111.0	41.1
TP146X	O_2yj	6203.34~6290.00	123.0	53.7	121.0	58.3
TP243	O_2yj	6598.00~6640.00	144.0	72.9	142.2	97.6

酸压后试井分析及生产动态数据的历史拟合技术可间接获取酸压裂缝长度。试井资料解释可得到油藏的有效渗透率、表皮系数及酸压裂缝半长等参数，结合油井酸压前后实际生产数据进行酸压效果分析评价。部分井压降/压恢测试曲线特征不明显，数据质量不高，难以直接解释出裂缝半长，以试井解释的渗透率为基础，通过油藏数值模拟方法拟合裂缝长度，表8-3为试井分析缝长解释结果对比。

表8-3 试井分析缝长解释结果对比

井名	酸压井段/m	渗透率/$10^{-3} \mu m^2$	试井解释缝长/m	生产动态拟合缝长/m	净压力拟合缝长/m
YB1-2X	5105~5190	147	—	150	129.6
TH12347	6315~6403	17.5	—	180	152.8
TH12175	5980~6040	18.5	20.4	130	139.9
TH12170	5861~6088	0.435	—	210	—
TK776H	6120~6331	3.97	182	90	—
TP234X	6665~6745	0.31	69.7	110	146.8

8.1.3 测井技术评价酸压裂缝高度

酸压裂缝高度评价方法相对成熟,主要采用井温测井、生产测井等监测技术识别酸压缝高扩展情况及段内改造的均匀程度。表8-4为产液/注入剖面测试诊断结果对比。

测井监测结果显示,酸压裂缝高度分布在10~57m,大部分酸压裂缝高度在20m左右,表现如下特点:

(1)裂缝高度远远低于酸压井段高度,裂缝仅在岩石强度"薄弱"的井段形成。

(2)长井段笼统酸压易产生纵向上相互分离的多裂缝形态,但各裂缝对产量贡献有明显差异,即以某一裂缝为主要产出段,"主裂缝"特征明显。

(3)主裂缝易在酸压井段的"底部"形成。

(4)净压力拟合分析得到的裂缝高度和测井解释得到的裂缝高度一致性较差。

表8-4 测井技术诊断结果对比

井 号	酸压井段/m	井段高度/m	监测方式	监测缝高/m	拟合缝高/m	拟合缝长/m
TH10246	5947~6010	63	吸水剖面测井	15	47.2	115.2
TH10124	5584~5680	96	井温测井	10	86.2	156
TH12360	6001~6120	119	井温测井	57	59.6	134.6
TK773X	5551~5620	69	产液剖面测井	18.1	34.7	97.9
TK1132	6107~6240	133	注入剖面测井	20	56.5	125.3
TH10248	5780~5840	60	井温测井	17	49.2	119.5
TH10115	5647~5765	118	注入剖面测井	27.4	—	—
TH10238	5636~5740	104	产液剖面测井	13	—	—
TH12524	6493~6540	47	井温测井	34	84.2	126.9
TH12526	6552~6630	78	井温测井	19.8	61.8	143.6
TP128	6341~6453	112	产液剖面测井	48.5	64.6	134.5
TH12519	6468~6608	140	产液剖面测井	31	52	143.5
TK861	5671~5740	69	产液剖面测井	13	40	111.7
TK772	5615~5685	70	产液剖面测井	35	35.7	117.5
TH12522	6534~6660	126	注入剖面测井	46	—	—

8.1.4 裂缝监测技术适应性评价

施工曲线净压力拟合、不稳定试井及生产数据等方法可间接得到酸压改造作用范围,但由于塔河油田缝洞型储层的复杂性及试井解释数学模型本身的局限性,尚未能实现相互印证。井温测井、生产测井及压前压后综合测井技术可以获取较为准确的缝高参数，为单井酸压改造效果评价提供参考，但该类技术不能反映储层内部裂缝扩展情况，对酸压改造裂缝扩展认识不清。总体而言，酸压改造裂缝长度参数的准确获取目前仍存在困难。

测斜仪和微地震两种远场测量方法是当前正在推广应用的裂缝诊断技术，其监测原理不同，应用范围也存在一定差异，两种远场测量方法的适用性对比见表8-5。综合来看，测斜仪和微地震裂缝监测基本能满足各油田中深井水力压裂裂缝监测的需求。

表8-5 直接裂缝监测技术对比

方法	原理	可测参数	监测方式	工艺复杂性	主要影响因素
测斜仪	地面和地层形变	缝长、缝高、方位和倾角	地面和井下配套使用	地面测斜仪布置要几十个小井眼，需用小型钻机，工作量大	裂缝方位随地层深度增加而降低，井间距增加也会导致测量精度下降
微地震	岩石破裂产生的微地震波	缝长、缝高、方位和倾角	地面和井下两种	相对简单，但需要邻井关井以消除背景噪声影响	井间距影响测量精度，在疏松高孔隙度的地层和白云岩地层中效果差

8.2 酸压过程中地面和井下变形场模型

8.2.1 倾斜场正演模型选取

为对地下水力压裂诱导裂缝所产生的地面与井下形变场进行模拟，首先需要有针对性地建立物理模型。Wright. CA等认为，变形场几乎不受储层岩石力学特性及应力场的影响，如一条定尺寸的南北向扩展的垂直裂缝，不管裂缝位于低弹性模量的硅藻岩、坚硬的碳酸盐岩或是疏松的砂岩中，在地面产生的变形模式都是一样的，其地面的起伏量取决于裂缝的体积、裂缝的中心深度及其几何形态。为此，在应用解析方法进行倾斜场的正演计算时，可以假定介质是各向同性的均匀介质。在这一假设前提下的主流模型有"平坦椭圆模型"、"矩形张裂缝模型"及"硬币模型"等。本节重点针对平坦椭圆模型和矩形张裂缝模型两种解析方法进行阐述。

1) 平坦椭圆模型

平坦椭圆裂缝模型（图8-2）是将裂缝看作无限均匀介质内具有一定倾角和倾向的椭圆，裂缝为张性破裂，且受到均匀的垂直于裂缝面的流体压力。

2) 矩形张裂缝模型

矩形张裂缝模型（图8-3）的基本假设前提是将裂缝抽象为地下均匀半无限空间内具有一定倾角和倾向的长方形，破裂为张性破裂，两位错面之间的错动为一常数。两种模型的参数需求及其适用范围见表8-6。

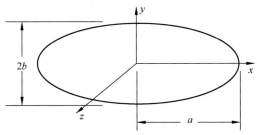
图 8-2 平坦椭圆裂缝模型

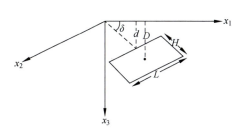
图 8-3 矩形张裂缝模型

表 8-6 平坦椭圆模型和矩形张裂缝模型对比

模型	模型应用条件	需要给定的参数	适用范围
平坦椭圆裂缝模型	将裂缝面抽象为一无限均匀介质中的椭圆,裂缝的破裂为张性破裂,裂缝面上各个点的压力是相同的	流体净压力、地层的剪切模量、泊松比、裂缝中心位置及几何参数	井下倾斜场的正演
矩形张裂缝模型	介质是半无限空间内均匀各向同性介质,裂缝面是矩形,破裂面上各个点的位错方式和位错幅度是一致的	裂缝破裂宽度、地层的杨氏模量、泊松比、裂缝中心位置及几何参数	地面及井下倾斜场的正演

8.2.2 地面及井下倾斜场正演模型

采用矩形张裂缝模型来近似表征水压过程中的诱导裂缝,在设定模型参数后,通过正演计算得到具有任意倾向和倾角的诱导裂缝在井下或地面所产生的倾斜场。矩形张裂缝的基本假设前提是把裂缝抽象为地下均匀半无限空间内具有一定倾角和倾向的长方形,破裂为张性破裂,两裂缝面之间的错动为一常数。

矩形张裂缝模型通过 Volterra 积分公式变换得到,根据 Volterra 公式可以计算在均匀半无限空间弹性介质中的点 (X_1,X_2,X_3) 处由位错为 b_j 的破裂面 Σ 所引起的位移:

$$u_i = \iint_\Sigma b_j \left[\delta_{jk}\lambda \frac{\partial U_{ij}}{\partial \xi_i} + \mu\left(\frac{\partial U_{ij}}{\partial \xi_k} + \frac{\partial U_{ik}}{\partial \xi_j}\right) \right] \nu_k \mathrm{d}s \tag{8-1}$$

式中 λ、μ ——拉梅常数;

u_i ——在点 (X_1,X_2,X_3) 处沿 i 方向的位移;

U_{ij} ——对 Σ 面上的点 (ξ_1,ξ_2,ξ_3) 施加单位幅度的 j 方向的力,而引起的观测点 (X_1,X_2,X_3) 处 i 方向的位移;

ν_k ——点 (ξ_1,ξ_2,ξ_3) 处垂直于破裂面的单位法向量。

在 Volterra 积分公式的基础上,将破裂面近似为矩形,并经过推导得出地下半无限空间内任一点处由矩形张裂缝所引起的位移和倾斜场的表达式。根据矩形张裂缝模型,通过计算机在给定裂缝参数(裂缝中心位置和裂缝的长、宽、高),以及必要的地层参数(杨氏模量、泊松比)的情况下,实现地面和地下任意一点倾斜场的计算。下面通过具体算例介绍这一正演模型的计算过程。

任意给定的一组裂缝模型及井下和地面测斜仪的空间位置如图 8-4 和图 8-5 所示,裂缝中心深度为1000m，裂缝走向为30°，倾角为85°，裂缝的长、高、宽分别为270m、125m、0.018m。采用矩形张裂缝分别对该裂缝产生的倾斜场进行正演计算，得到地面及井下倾斜场如图8-6和图8-7所示。

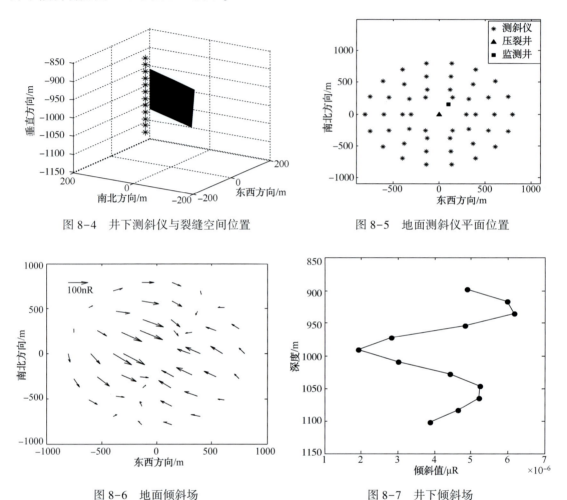

图 8-4　井下测斜仪与裂缝空间位置　　　　　图 8-5　地面测斜仪平面位置

图 8-6　地面倾斜场　　　　　　　　　　　图 8-7　井下倾斜场

为验证正演模型的正确性，采用Columbia No.20148T气井的注水压裂试验结果进行验证。在此次试验中，对268~345m深度的井段进行压裂，注入219m³的砂-CO_2-水的混合物，Paul(1983)的正演计算与观测结果如图8-8所示，其中得到的裂缝深度为221m，裂缝高度为229m，裂缝长度为131m，倾角16°，走向NE17°，裂缝宽度0.0073m，虚线表示Paul正演得到的倾斜场，实线为观测到的数据。

通过采用上述裂缝模型参数，用矩形张裂缝模型正演代码进行试算，得到的地面倾斜场如图8-9所示，与Paul(1983)的结果对比可见，在各观测点处的倾斜场矢量的方向和幅度上对应较好，说明矩形张裂缝正演模型的准确性。

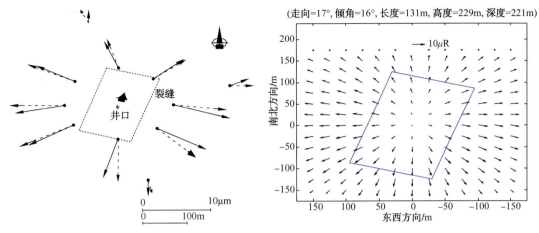

图 8-8　Paul 正演计算与观测结果　　图 8-9　采用矩形张裂缝模型计算的地面倾斜场

8.2.3　裂缝参数反演方法

模拟退火是 Kirkpatrick 等提出的一种基于蒙特卡洛法的启发式随机搜索算法，算法的思想来源于熔融的液体冷却结晶时的物理过程，当液态物质冷却的速度足够慢，以致使物质处于稳定平衡时，物质处于最低能态，而如果冷却速度过快，就有可能使物质进入亚低能态，这时物质结晶不完全，处于类似玻璃的亚稳态。基于上述物理过程，模拟退火算法在应用时将反演的每个模型参数都看作一个分子，而将目标函数看作物体的能量函数，通过缓慢减小一个模拟温度的控制参数来进行迭代反演，使得目标函数最终达到全局极小点。

利用测斜仪对倾斜场进行监测有两种方式，即地面监测和井下监测、两种监测方式对于不同裂缝参数的敏感程度不同，结合两种观测方式的特点，设计的裂缝参数反演流程如图 8-10 所示。

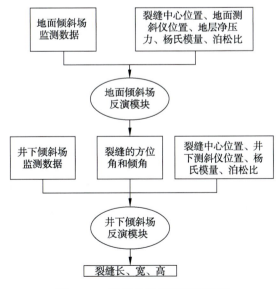

图 8-10　裂缝参数反演实现流程

为对上述反演模型进行验证，采用正演合成的地面及井下倾斜场数据对裂缝参数进行反演，将反演结果与裂缝参数的初始设定值进行对比，来检验反演方法的有效性。

这里采用的数据是利用矩形张裂缝模型正演合成得到的，在合成数据过程中，假定裂缝为纯张性破裂，裂缝中心深度1000m，裂缝走向NE30°，倾向300°，倾角85°，裂缝的长、高、宽分别为270m、125m、0.018m。此合成实验包含50个地面测斜仪及12个井下测斜仪监测到的数据，地面测斜仪主要布设在以裂缝深度的15%~75%为半径的范围内，井下测斜仪布设的深度范围是898~1101m，观测井、压裂井及地面测斜仪的位置如图8-11所示。

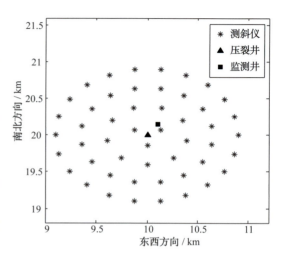

图8-11 地面测斜仪分布

根据上述裂缝参数及测斜仪位置信息，采用矩形张裂缝模型正演模拟地面和井下测点处的倾斜场如图8-12和图8-13所示，考虑到井下数据一般比地面数据的信噪比高，因此在地面数据和井下数据中分别加入20%和10%的高斯噪声，以此作为观测数据。

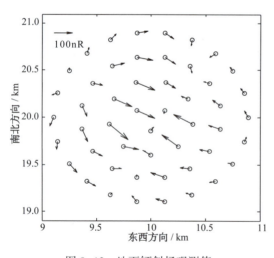

图8-12 地面倾斜场观测值

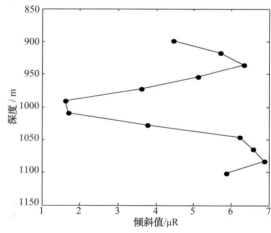

图8-13 井下倾斜场观测值

在利用模拟退火法进行裂缝参数反演时，设置初始温度为5℃，温度下降系数为0.94，利用地面观测数据反演得到裂缝的方位角和倾角分别为29.2°和84.6°，利用井下观测数据反演得到的裂缝的长、高、宽分别为253 m、110 m和0.023 m，可见利用模拟退火法反演出的裂缝参数与正演模型中设定的裂缝参数较为接近，由于高斯噪声的干扰，反演出的裂缝参数存在一定误差。整体而言，地面及井下倾斜场的理论计算值与观测值拟合程度较好，如图8-14和图8-15所示。

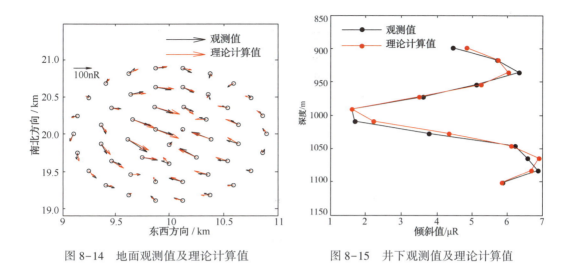

图 8-14 地面观测值及理论计算值　　图 8-15 井下观测值及理论计算值

8.3 测斜仪裂缝监测技术应用

压裂是将地下岩石分开,使两个裂缝面分离并最终形成具有一定宽度的裂缝。压裂裂缝引起岩石变形,变形场向各个方向辐射,引起地面的倾角变化,这种倾角的变化可通过布置在压裂井周围、精度极高的一组地面测斜仪来测量,通过反演获得裂缝的方位、倾角等参数。垂直裂缝在地面上沿裂缝走向形成一个沟槽,在沟槽两侧形成两个"凸起"(图8-16),沟槽两侧"凸起"的对称性反映了裂缝倾角的变化。不同的裂缝形态在地面上会产生不同的变形特征。

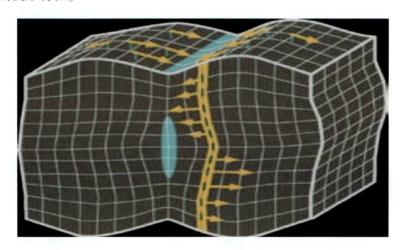

图 8-16 压裂裂缝引起岩石变形示意图

8.3.1 测斜仪裂缝监测原理

地面测斜仪是通过电缆将一组测斜仪布置在地面压裂井层位周围,来测量在裂缝位置

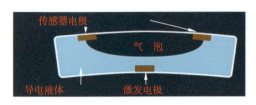

图 8-17 测斜仪变形测试原理

以上接近地面的多点处由于压裂引起岩石变形而导致的地层倾斜，经过地球物理反演，来确定大地变形场压裂参数的一种裂缝测试方法。压裂时会在储层中产生弹性形变，这些形变向各个方向辐射，引起地表和井下地层变形。形变引起仪器倾斜时，在充满可导电液体的玻璃腔室内的气泡产生移动，此时探测器上的两个电极之间的电阻发生变化，这种变化是由气泡的位置变化所导致的，其测试原理如图8-17所示。

测斜仪测量的是地层垂直方向上的变形即位移场的梯度。由于压裂引起的地表位移场极小，量级为万分之一英寸，很难直接测量，但位移场的梯度是容易被测斜仪记录到的，进而根据监测得到的位移场梯度，运用反演方法计算出裂缝的各个参数。根据 Wright 等的研究，地表变形主要由裂缝的方位、倾角、体积和裂缝中心深度决定，其中最敏感的参数是倾角，其次是方位角、体积和裂缝中心深度。

8.3.2 地面测斜仪分布设计

确定测斜仪井眼位置时，首先采用 GPS 绘制一张包括压裂井井位及压裂井邻井的地图，分别以压裂井预压层平均深度的 25%～75% 为半径，以压裂井预压层在地面垂直投影为圆心画圆，对于水平井则以压裂段在地面垂直投影为圆心画多个圆，测斜仪分布如图 8-18 所示。在井的东向、西向、南向、北向尽量随机布置相同数目的井眼，且井眼分布均匀。

在压裂前 3～5 天下入仪器，以便更好地稳定和采集背景信号。通过电缆把地面测斜仪下入观测井 φ108mmPVC 管中，并往管中下入沙子，使沙子刚好埋没测斜仪，这样地面倾斜信号通过沙子传给测斜仪。通过电池给仪器供电，仪器连接完成后，通过软件启动仪器，仪器工作正常后，封好 φ200mmPVC 管头。由于采用电池供电，仪器一直处于数据采集状态并把数据存储在仪器内的数据存储装置内，压裂完成后继续采集 4h 压后信号，然后关闭仪器并下载数据，测斜仪井眼结构如图 8-19 所示。

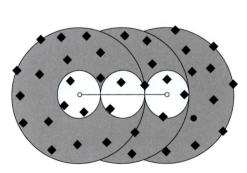

图 8-18 典型水平井地面测斜仪布置

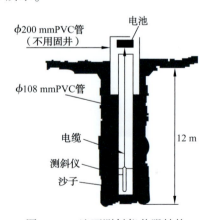

图 8-19 地面测斜仪井眼结构

另外还有一种测斜仪，同地面倾斜仪类似，只是测斜仪位于井下，利用钢丝电缆将线性排列的井下倾斜仪（通常5~8只测斜仪）放置在一口或多口邻井中，接近压裂层深度。由于倾斜仪分布于压裂处理层段深度，与地面倾斜仪相比，通常更加靠近裂缝（30~900m），所以能够比较准确地测绘裂缝尺寸，并且实时测定随时间变化的裂缝高度、长度和宽度。其布置要求为：①需要独立的裂缝方位判断（地面倾斜仪），即需要与地面倾斜仪配合使用；②在监测和起下设备时，监测井必须保证把井压稳，需要起出生产管柱，井要下桥塞封堵产层；③监测井井斜不能超过8°；④监测井到压裂井的距离不应大于裂缝长度的3倍。

本节以塔河油田 TH12378 井为例进行阐述。依据射孔深度、水平井井段长度和施工规模，综合目的层的情况，确定酸压目的层深度为 6209~6298m，施工液量 2000m³，施工排量 8~9m³/min，根据上述信息，地面测斜仪测点总共需要打井眼 56 个。

针对该井的实际情况，大型酸压目的层段在 6209~6298m，那么地面测斜仪的布置位置按深度 6250m 的 25%~75% 的半径范围随机布孔，即内半径为 1560m，外半径为 4690m，布孔方案如图 8-20 所示。

地面测斜仪观测点布置在以措施段中心位置为圆点 1560~4690m 环形范围内，在井的东向、西向、南向、北向尽量布置大致相同数量的井眼，随机的布置比对称的布置更好，不必精确地把井眼都布置在 25%~75% 线内。根据上述原则，现场初步确定了测斜仪地面测点的位置，如图 8-21 所示。

测斜仪监测到数据后，利用数学反演计算裂缝延伸方位和裂缝长度，输入参数见表 8-7，包括复测井口坐标、井眼轨迹、岩石力学参数、压裂启泵和停泵时间、排量、液量、GPS 数据、测斜仪监测数据等。

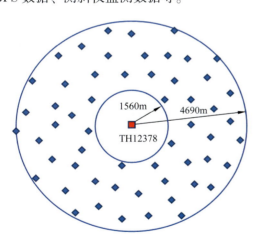

图 8-20 地面测斜仪布孔方案

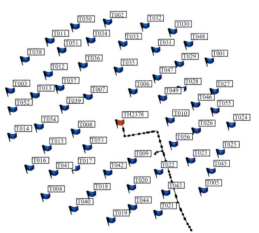

图 8-21 地面测斜仪测点布置图

表 8-7 输入参数

裂缝参数	数值	裂缝参数	数值
泊松比/无因次	0.25	复测井口坐标	(713***, 4584***)
净压力/MPa	7.862	启泵时间	15：20：00
裂缝中心深度/m	-6145	停泵时间	19：30：00
施工总液量/m³	2600		

8.3.3 实测数据查看及优化处理

在数据整理和筛选过程中，需要剔除外界影响数据，如第 47 测点实测数据（图 8-22），红色曲线代表该测点 y 方向的传感器实测数据，部分异常数据是由测点附近的车辆频繁经过造成的，那么在模拟过程中采用"平滑过滤"，将这些异常数据进行剔除。

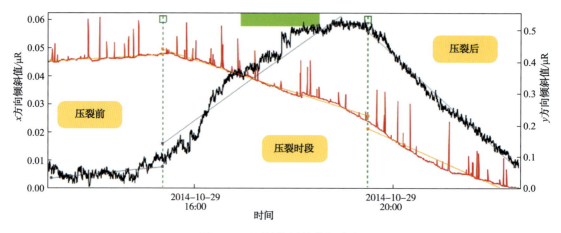

图 8-22　测斜仪原始数据读取

8.3.4 数据反演及模拟解释结果

逐段采用"三段分析法"即压前和压后的背景数据与压裂时段的数据进行对比和数学反演，最后进行蒙特卡罗统计分析，优化解释结果。在每一段的解释过程中，首先通过数据质量检查，剔除无效数据或质量欠佳数据，再采用"梯度法"进行数值反演，取得数据反演界面(图 8-23)。

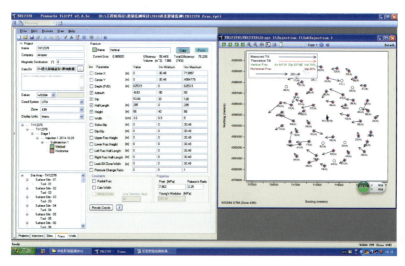

图 8-23　裂缝模拟运算

地面测斜仪监测能够获得的主要裂缝参数为裂缝方位和裂缝半长，其中裂缝半长通过模拟获得，裂缝方位及裂缝半长如图 8-24 和图 8-25 所示。

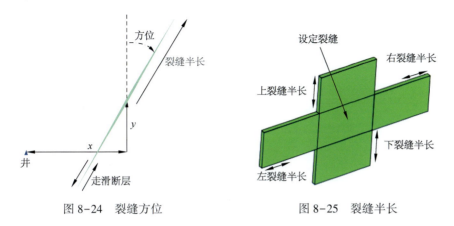

图 8-24　裂缝方位　　　　　图 8-25　裂缝半长

数据模拟原则为实测值和理论值在方向上大体一致，图 8-26 为直井垂直裂缝数据模拟示意图，其中黑色矢量代表测斜仪的实测值，红色矢量代表模拟的数值。通过上述基本原则，可以模拟出裂缝的主要参数。

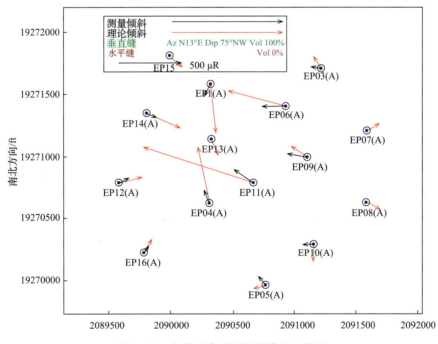

图 8-26　直井垂直裂缝数据模拟示意图

地面测斜仪的解释结果包括每一段的裂缝方位、裂缝半长、裂缝倾角。表 8-8 为 TH12378 井裂缝参数汇总表，图 8-27 为裂缝参数模拟结果，图 8-28 为测点矢量分布和裂缝方位。

表 8-8　TH12378 井裂缝参数汇总

裂缝参数	数　值	裂缝参数	数　值
动态裂缝半长/m	285	主裂缝液体比例/%	74
方位(NE)/(°)	351.2	次生缝液体比例/%	26
倾角/(°)	53.06		

Subinjection: TH12378\TH12378\Stage 1\Injection 1\SubInjection 1

	Error	Depth (meters)	Azimuth	Dip	Half-Length (meters)	Height (meters)	Width (cm)	Frac Volume (cu meters)	Frac Vol %
Original Data - Vertical	0.985000	6253.500	-8.830	53.060	285.000	86.000	3.600	1386.008	74
Original Data - Horizontal	0.985000	6253.500	-4.918	30.000	250.000	35.000	3.600	494.801	26
Result 1 - Vertical	0.985000	6253.500	-9.194	52.946	285.000	86.000	3.600	1386.008	74
Result 1 - Horizontal	0.985000	6253.500	-5.342	30.000	250.000	35.000	3.600	494.801	26
Result 2 - Vertical	0.985001	6253.500	-8.959	52.946	285.000	86.000	3.600	1386.008	74
Result 2 - Horizontal	0.985001	6253.500	-5.653	30.000	249.925	35.000	3.600	494.652	26

Apply Selected Row　☑ Only Show Columns with Non-Zero Data　☑ Color Changed Cells　(RED=limited value)

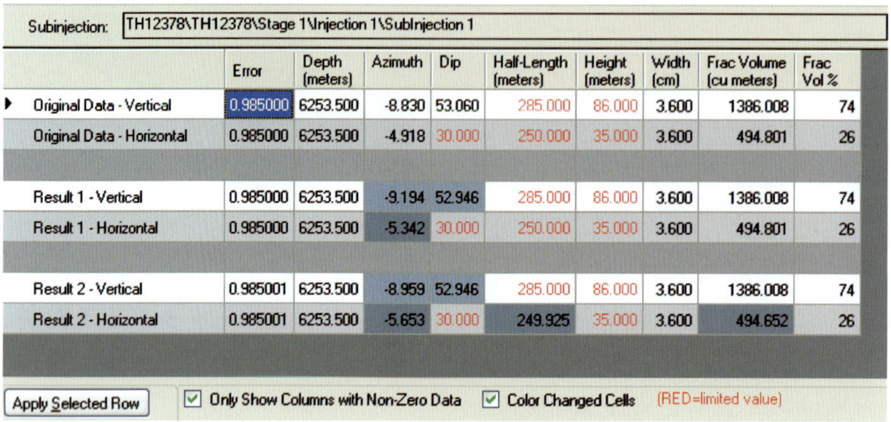

图 8-27　裂缝参数模拟结果

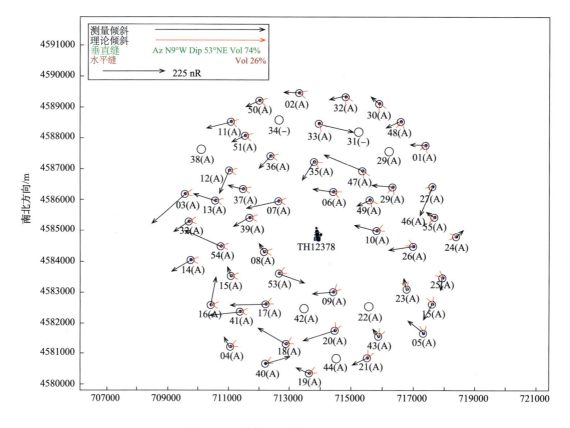

图 8-28　测点矢量分布和裂缝方位

通过局部放大显示，裂缝方位如图8-29所示，主裂缝三维空间展布如图8-30所示，其中绿色裂缝是重复酸压产生的主裂缝，褐色裂缝是重复酸压产生的次生复杂裂缝。由于前期酸压完井的影响，造成局部地应力场的变化，在一定程度上造成本次重复酸压中主裂缝的方位与初始地应力方位产生一定偏差，提高了裂缝的复杂性。

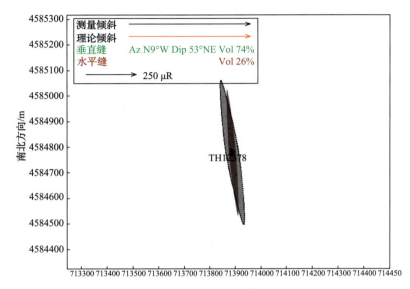

图8-29　裂缝方位

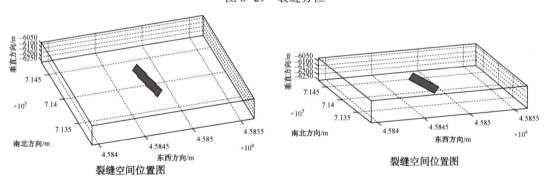

图8-30　酸压主裂缝三维空间展布

8.4　微地震监测技术应用

水力压裂施工时，裂缝内流体的流动及聚集引起应力周期性的积累和释放，使得井底压力大于岩石的抗张强度，导致岩石破裂，岩石破裂发射地震波，通过井底或地面布置的检波器接收，从而对破裂点进行定位，获取裂缝长度、宽度、高度及方位等信息，以此来评价人工裂缝的扩展形态及沟通储集体的情况。

8.4.1　微地震裂缝监测技术原理

微地震监测是指通过监测生产活动中所产生的微小地震事件（震级一般在里氏3级的

级别范围内），来分析地下岩体的受力变形状态，原理示意图如图8-31所示。

储层改造微地震事件是储层岩石在高压流体作用下破裂或压裂裂缝扩展过程中形成的，由于裂缝的产生形成了向岩体周围传播的地震波，检波器接收来自目标层位的微震波，波的数量不仅与检波器的灵敏度有关，还与压裂井和监测井之间的距离有关，将监测到的微震波利用反演方法得到一系列微地震震源点，这些震源点即可表征裂缝的位置、缝长、方位角、倾角等属性特征。

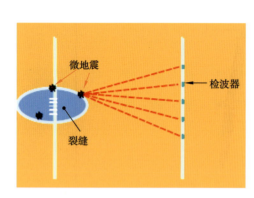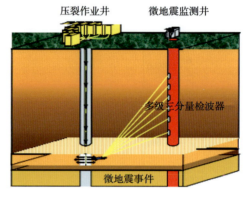

图8-31　井下微地震监测示意图

微地震监测技术的基础是声发射学和地震学。声发射是指材料内部应变能量快速释放而产生的瞬态弹性波现象。地下岩石因破裂而产生的声发射现象又称为微地震事件。凯塞尔效应是利用微地震监测技术估计地下岩层中地应力大小的理论基础。与地震勘探相反，微地震监测过程中，震源的位置、发射时刻、震源强度都是未知的，确定这些因素恰恰是微地震监测的首要任务。

进行压裂时，井底地层中压力升高，根据摩尔-库伦准则，孔隙压力升高，必会产生微地震，记录这些微地震并进行微地震源空间分布定位，可以描述人工裂缝轮廓，以及地下渗流场。

$$\tau \geq \tau_o + \mu(S_1 + S_2 - 2P_o) + \frac{1}{2}\mu(S_1 - S_2)\cos(2\phi) \tag{8-2}$$

式（8-2）中，左侧大于或等于右侧时发生微地震。当地层压力为 P_o 时，微地震事件会发生，但是由于激励强度弱而导致微地震信号频度很低；当地层压力 P_o 增大时，微地震易于沿已裂缝面发生（此时 $\tau_o = 0$），这为观测注水、压裂裂缝提供了依据。

微地震监测主要有以下优点：

（1）实时对裂缝进行监测，实时地反映裂缝的延伸方向、裂缝长度、裂缝宽度、裂缝高度，其他人工裂缝监测方法只能测出其中几种或一种，微地震监测能够更全面地反映裂缝信息。

（2）微地震压裂监测施工方便，不受环境因素影响。

（3）微地震监测相比放射性测试而言，对环境危害相对较小。

虽然微地震监测能够更好地反映压裂裂缝信息，但是其对仪器、电子设备要求极高，对压裂井和监测井井况、距离也有一定要求。

8.4.2　微地震监测选井条件

井间微地震水力裂缝监测技术采用电缆将井下三分量检波器以大级距的排列方式，多级布在压裂井旁的一口邻近井(监测井)井底的对应储层深度,通过监测压裂井裂缝端部岩石的张性破裂和滤失区的微裂隙的剪切滑动产生的微地震信号,获取裂缝方位、高度、长度及不对称性等方面的空间展布特征。根据目前监测技术水平和监测仪器的耐温承压能力,观测井应具备以下条件:

(1)与监测井井间距小于1000m,不同的地层、不同的检波器会导致不同的监测半径(检波器的最大检测距离),但一般不会超过1000m,如果监测井距离压裂井太远,则导致接收不到或接收到很少的微地震信号,从而影响微地震监测结果的准确性。

(2)两井间无大断裂存在,尽量减少微地震中的干扰信号,提高信噪比。

(3)受仪器耐温性能限制,井底井温低于150℃。

(4)光套管,由于仪器尺寸限制,需要起出监测井内的油管,监测仪器贴壁放置在监测井套管脚附近,井眼尺寸大于3⅜in。

(5)观测井监测期间不能生产,保证井口压力为零,井内液体不流动。

(6)管壁清洁,要求下监测仪器前,对井筒进行刮削作业,其中仪器下入井段为重点刮削井段,确保监听器与套管及地层的良好耦合。

(7)减少地面干扰,将井筒内液体置换为清水,隔绝地面噪声信号,井下监测仪器入井后,对地层信号进行监测,600m以内凡是能产生干扰信号的邻井在监测期间必须关停。

另外,监测井最好不存在井眼垮塌,垮塌段会造成速度异常,对后续震源定位存在较大影响。监测井最好是直井,目前微地震的斜井监测在国内还处于探索阶段,一般在直井中进行,斜井中的微地震监测较为复杂,对检波器的固定、数据处理也提出较高的要求。

8.4.3 微地震监测方案设计

1)监测井基本情况

根据微地震监测选井基本条件及大量酸压井基本数据分析和可行性评价,优选TK777井和S72-17井开展井下微地震裂缝监测,酸压目的层深度在5550.00m左右,观测井与酸压井井间距约600m,监测井基本参数见表8-9。

表8-9 监测井基本参数

参 数	TK777井监测		S72-17井监测		TH12378井监测	
	TK777	TK7-459H	S72-17	S72-4	TH12378	TH12343
井型	斜井	水平井	直井	直井	直井	直井
井深/m	5550	6138.38	5550	5551	6298	6297
酸压/仪器深度/m	5507~5550	5190~5300	5476~5550	5240~5350	6212~6298	4800~4910
观测井平距/m	594		569		693	
观测高差/m	250		200		1400	
观测距离/m	657		600		1573	

2)酸压裂缝监测难点与对策

塔河地区油井超深,以酸压改造方式为主,裂缝形成机理不同于水力压裂,目前业内尚未有此类酸压井的微地震裂缝监测实例,缺乏相关实践经验和解释理论。面临的主要难题有:

(1)酸压主要是靠酸蚀导流,会造成微地震信号比水力压裂信号能量小。

（2）酸压过程中无射孔工序，无法实现目标地层地震波速度模型校正。

（3）观测井井筒情况复杂，井筒处理准备难度较大，影响监测信号数据的获取。

（4）监测过程中，对于信噪比低的事件，自动识别程序难以识别。

（5）监测过程中，可能有个别事件明显偏离它的真实位置，以及个别事件的 P 波和 S 波初至时间的自动拾取结果不合理，对现场实时处理带来一定影响。

针对上述突出难点，超深井酸压裂缝监测方案设计思路如下：

（1）在施工生产过程中，尽可能避开或关闭一切干扰源，将外界的干扰降到最低，提高接收到的信息质量，避免给后续资料的处理带来不必要的麻烦。

（2）酸压前设计"空炮弹"，模拟射孔过程获取目标层速度模型，根据声波速度测井、自然伽马测井资料、录井资料及钻井地质设计中的地质分层信息，分析纵向上的岩性变化，合理划分速度界面，使误差降到最低，并在后续工作中修改并完善速度模型。

（3）根据监测井井筒条件，合理设计井筒处理方案和仪器下放位置。

（4）分析微地震信号过滤器参数的合理性，调整参数，降低自动识别门槛并进一步手动加以识别。

（5）应用不同的反演定位方法，测试各种方法在该区域实时处理及定位的有效性。

3）酸压微地震裂缝监测方案

微地震监测主要分为采集设计、数据处理及成果解释三个阶段，主要流程如图 8-32 所示。

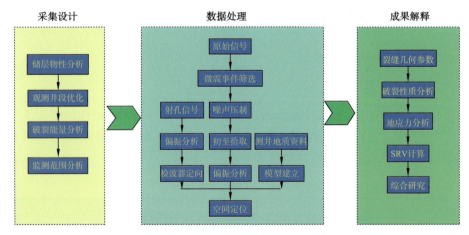

图 8-32 微地震裂缝监测工作流程图

（1）采样间隔。根据采样定理，应满足时间 $\Delta t \leqslant 1/2F_{max} \leqslant 1ms$（$\Delta t$ 为采样时间间隔，F_{max} 为最高反射频率 500Hz）。为满足微地震高频信号需要，确定采样间隔为 0.25ms。

（2）检波器间隔。根据定位原理和现有设备条件，检波器间距为 10m，根据各种微地震观测案例分析，10m 空间采样间隔合理。

（3）记录长度。由于受岩性、围岩应力、流体压力、地层局部构造等诸多因素影响，水力压裂产生的破裂时间、大小和位置是不受控制的。压裂期间微地震事件一直在发生，微地震监测只能被动地接收整个过程，压裂结束后继续监测半个小时。为处理数据方便，规定记录 10s 自动形成一个数据文件，仪器参数见表 8-10。

表 8-10　压裂微地震监测仪器参数

地面仪器型号	Wavelab	记录格式	Segy
采样间隔/ms	0.25	检波器级数/级	12
主频率/Hz	500	记录长度/s	10
井下仪器型号	Slimwave	增益/dB	40

8.4.4　TK777X 井微地震监测

1）微地震事件的监测

以压裂井 TK777X 井口为坐标原点，建立压裂井 TK777X 井轨迹和监测井 TK7-459H 井轨迹的统一压裂监测坐标系，如图 8-33 和图 8-34 所示，确立检波器位置与压裂段的相对坐标。

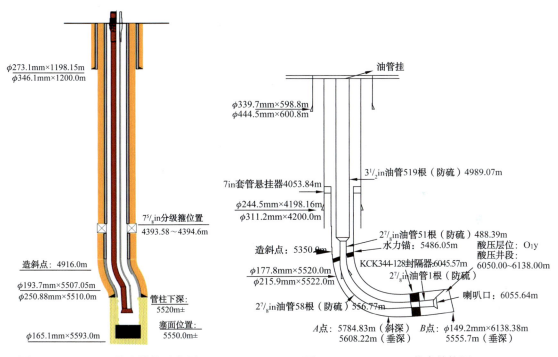

图 8-33　TK777X 井身结构示意图　　图 8-34　TK7-459H 井身结构图

根据 TK7-459H 井的目前井况及现有条件，采用 12 级 Slimwave 三分量检波器接收，检波器级间距定为 10m，根据监测井情况，初步建议设计 TK7-459H 井的水泥塞深度为 5318m，考虑到检波器下井安全，并且检波器的位置尽可能地靠近压裂目的层上下，所以 12 级三分量检波器实际下放测深位置在测深 5190.00~5300.00m，间距 10m，检波器和压裂段的距离在 627~650m，压裂井和监测井的相对轨迹图如图 8-35 所示。

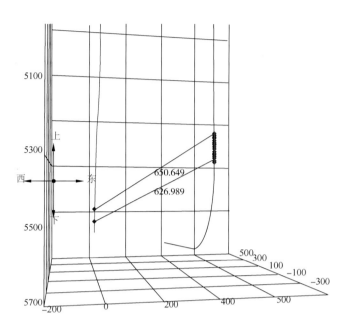

图 8-35 压裂井和监测井相对轨迹图

依据压裂井和监测井的声波测井曲线,对压裂段地层分层,建立 P 波、S 波二维层状速度模型(图 8-36)。由于 TK777X 井为裸眼酸压,不进行射孔,为了对井中三分量检波器进行方位定向,需要额外设计一个校正炮,对实际情况分析后,决定在其直井段最下方进行空炮弹射孔,用其信号来对监测井三分量仪器定向,且对速度模型进行校正,设计空炮弹的下放深度为 5520~5523m,空炮弹药量 295g,校正炮与检波器排列之间的距离为 614~657m,检波器多波联合定位如图 8-37 所示。

依据校正炮 P 波信号,多次调整速度模型,使破裂事件定位在校正炮点。获得校正炮信号的主要目的包括两个方面:一是获得检波器的方位和更正原来对检波器的原始设置;二是验证速度模型的合理性并进行必要的优化和修正。

2) 背景噪声

在压裂实时监测开始前,对监测井进行背景噪声监测,对监测到的背景噪声信号进行分析,得出合理的滤波方案,提高信噪比。

3) 事件去噪、拾取初至

在压裂监测初期,不断查看微地震信号的波形特征,分析微地震信号,筛选模块参数,修改压制噪声模块参数。必要时,修改模块参数的设置,原则上筛选模块能够基本检测到实时的压裂破裂事件,同时又不丢失能量级较低的压裂破裂事件。

检查压裂初期获得的较清晰微地震事件的定位结果,一般应位于压裂段射孔位置附近,如多个事件明显偏离可能的真实位置,那么就有必要检测每个事件点 P 波和 S 波初至时间的自动拾取结果的合理性,并进行必要的人工修正,若修正后的定位结果满足要求,则可能需要调整 P 波和 S 波初至自动拾取的参数设置,降低自动拾取时的误差。

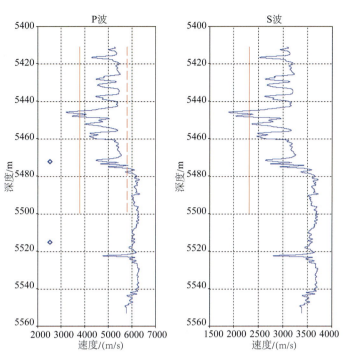

图 8-36　TK7-459H 声波速度

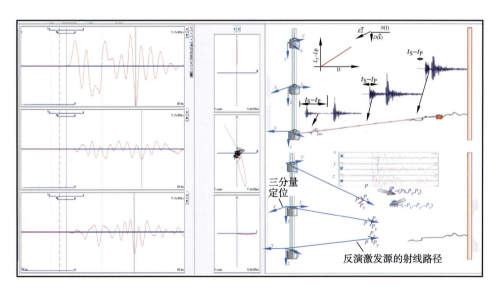

图 8-37　检波器多波联合定位

在上述检查后，一般还需要检验速度模型的合理性。若速度模型存在较大误差，则可能需要调整速度模型。现场实时监测中调整速度模型的难度往往较大，实时监测中还可以通过优化相关定位设置的方式实现尽可能合理的现场实时监测，当这种误差局限在某个或某几个检波器时，定位计算中可以"屏蔽"这几个检波器，使它们不参与定位计算，图 8-38 表示经过噪声压制处理后的有效破裂事件。

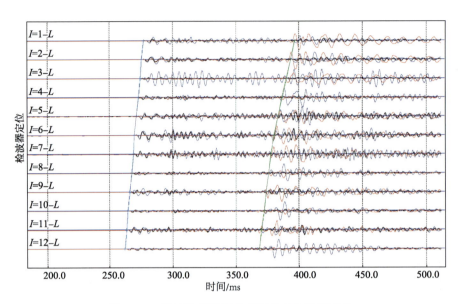

图 8-38 经过噪声压制处理后的有效破裂事件

4）微地震事件定位

对所有微地震事件重新处理后的结果如图 8-39 所示，标识圈内事件为高信噪比事件定位结果，展示的裂缝网络和现场结果一致，方位为南北向、长 155m、宽 66m，北翼裂缝较发育。标识圈内事件为所有可定位事件，共 113 个，展示的裂缝网络走向为北东 6.7°、长 293m、宽 78m，北翼裂缝较为发育，网格属性见表 8-11，裂缝面拟合如图 8-40 所示。从微地震事件的深度范围分析，裂缝高度在 5475~5560m 范围内，略大于压裂裸眼井段的厚度，其微地震事件俯视图和东西向剖面图如图 8-41 所示。

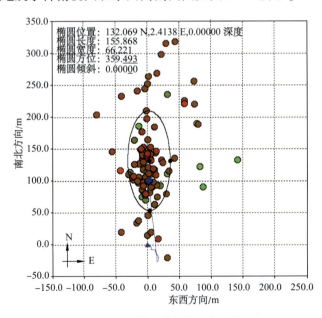

图 8-39 微地震事件定位结果

表 8-11　TK777X 裂缝网络属性

参　　数	裂缝网络长/m	裂缝网络宽/m	裂缝网络高/m	裂缝网络走向	事件数目
监测结果	293	78	85	北偏东 6.7°	113

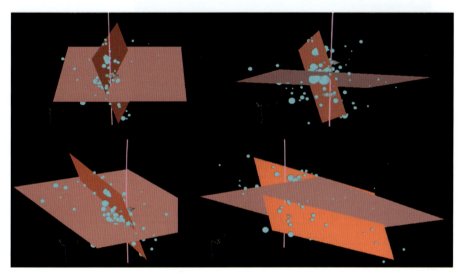

图 8-40　破裂面拟合

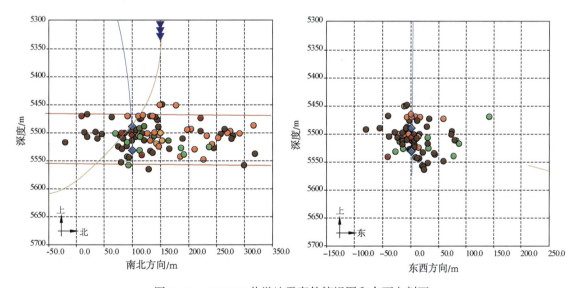

图 8-41　TK777X 井微地震事件俯视图和东西向剖面

TK777X 井在压裂时微地震事件的产生从正挤冻胶 100m³ 阶段开始，到正挤滑溜水阶段结束，其中在正挤普通胶凝酸 225m³ 阶段微地震事件最多，酸压注入各阶段的微地震事件如图 8-42 所示。

5）监测效果评价

通过对 TK777X 井酸压施工进行微地震井中监测，压裂形成的裂缝网络基本达到了酸压施工设计的要求。

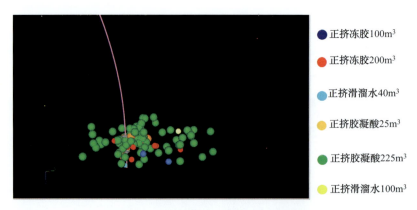

图 8-42 酸压注入各阶段微地震事件

（1）塔河超深井酸压成功监测到微地震事件，显示微地震监测方法是可行的。

（2）人工造缝的裂缝网络延伸方向为北东 6.7°、总长度 293m、宽 78m、高度约为 85m，裂缝网络北翼延伸较长，南翼延伸短且约 70m。

（3）南翼的微地震事件集中在井口 50m，超过 50m 的微地震事件能量较小，为应力传递引起的震动，非液体压力致岩石破裂，综合分析判断为人工造缝时未与 TK777X 井西南方向的断层沟通。

8.4.5　S72-17 井微地震监测

S72-17 井为酸压井，S72-4 井为观测井，两井水平距离 569m 且均为直井，井身结构如图 8-43 和图 8-44 所示。

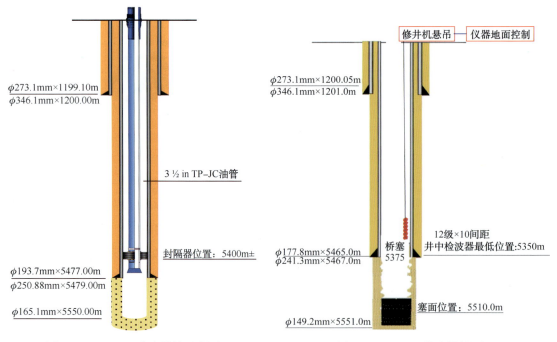

图 8-43　S72-17 井身结构示意图　　　　图 8-44　S72-4 井身结构图

微地震监测的事件点为裂缝（组）发育过程中由于张开、闭合、错动及破碎等变化引起的微小地震事件，是裂缝内部发生振动的位置，不完全代表裂缝前缘。微地震事件的能量差异较大，信噪比从低到高可分为不可识别、可识别不可处理及可识别可处理三个级别，微地震监测主要针对后两种事件。

1）事件全貌

微地震事件的整体深度未超出压裂段底部，基本位于裸眼井段高度内，事件全貌侧视图如图 8-45（a）所示。在 S72-17 井较远处发育一组较小裂缝，S72-17 井附近发育一组北东向裂缝及一组东东南向裂缝（图 8-45）。

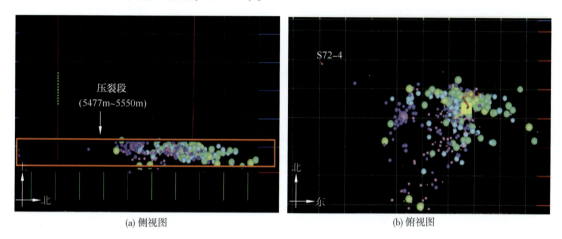

图 8-45　微地震事件全貌侧视和俯视图

2）阶段分析

酸压措施针对奥陶系一间房组顶部，泵注过程分四个阶段。为细化酸压工艺的效果评价，将措施细分为四个较小的时间段，分别命名为 SEC-1、SEC-2、SEC-3、SEC-4，时间分段及压裂曲线如图 8-46 所示。

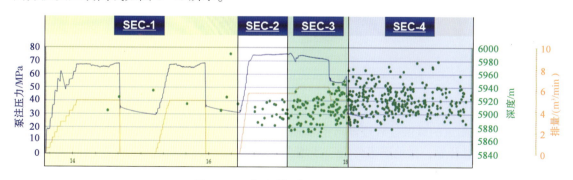

图 8-46　酸压时间分段及压裂曲线

（1）SEC-1 充填阶段资料解释。在 SEC-1 阶段的微地震事件主要集中在 S72-17 井附近，数量不多，能量较弱，事件分布俯视图和侧视图分别如图 8-47 和图 8-48 所示。由于在充填阶段裂隙以张开为主，加之滑溜水滤失高，导致 SEC-1 阶段微地震事件能量整体较弱，大部分由于信噪比过低，仅能识别而无法有效拾取和后续定位反演处理。

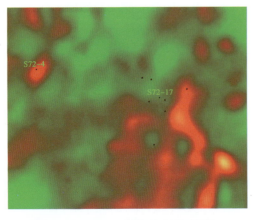

图 8-47　SEC-1 事件分布图（俯视）

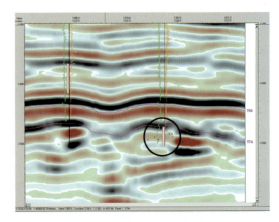

图 8-48　SEC-1 事件分布图（侧视）

（2）SEC-2 冻胶阶段资料解释。在 SEC-2 阶段，随着冻胶的注入，地层压力继续上升，离 S72-17 井较远的地表明河充填处，由于泥质充填物相对较软，率先发生破裂，形成沿明河东岸（偏 S72-17 井一侧）展布能量中等的裂缝组，事件分布俯视图和侧视图分别如图 8-49 和图 8-50 所示。SEC-2 阶段的微地震事件主要为泥质充填物的破裂，整体能量中等，事件之间的能量差异相对较小。

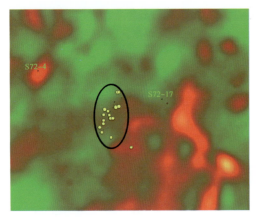

图 8-49　SEC-2 事件分布图（俯视）

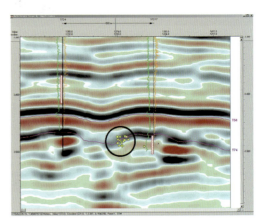

图 8-50　SEC-2 事件分布图（侧视）

（3）SEC-3 酸化阶段资料解释。第三阶段为注酸阶段，明河东岸的泥质裂缝组继续活动，S72-17 井附近的碳酸盐岩逐渐产生较强能量且可被定位的微地震事件，从 SEC-3 阶段降压、降排量开始，微地震事件进一步增多、增强，形成整体走向北偏东的裂缝组，事件分布俯视图和侧视图分别如图 8-51 和图 8-52 所示。在碳酸盐岩中，微地震事件的能量差异较大，加酸后开始缓慢增强。在压力和流量下降期，较高能量的微地震事件逐渐活跃，主裂缝组的形态开始显现。

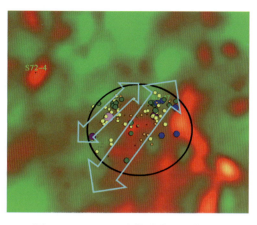 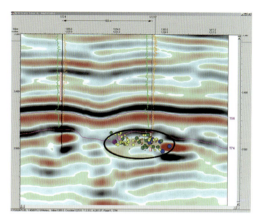

图 8-51　SEC-3 事件分布图(俯视)　　　　图 8-52　SEC-3 事件分布图(侧视)

（4）SEC-4 停泵阶段资料解释。停泵后泥质充填的裂缝组基本停止活动，S72-17 井附近碳酸盐岩裂缝组事件大幅度增多、增强，北偏东的主裂缝组和东东南的天然裂缝组较为明显地显示出整体形态，事件分布的俯视图和侧视图分别如图 8-53 和图 8-54 所示。相对于泥质充填的微地震事件发育特点，碳酸盐岩在酸压过程中，具有明显的滞后性。在压裂液造缝阶段，能量始终较弱，大部分事件难以准确拾取，在挤酸和停泵后，由于酸蚀作用，产生了大量强能量的微地震事件。

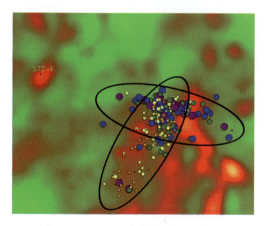 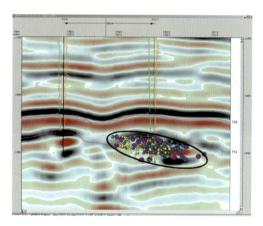

图 8-53　SEC-4 事件分布图(俯视)　　　　图 8-54　SEC-4 事件分布图(侧视)

3）融合显示

根据本工区最新的地震资料解释成果，S72-4 井和 S72-17 井分别位于明河充填的两岸，明河主要为泥质填充(图 8-55)。从连井(S72-4 井和 S72-17 井)地震剖面可以看出，在两井中间存在地表明河(泥质)充填带，在 S72-4 井的观测段下方为速度较高的"双峰灰岩"标志层。

微地震事件主要集中在 S72-17 措施井周围，主裂缝组走向北偏东，伴有一组东东南原生裂隙，在地表明河东岸发育一组能量较弱裂隙带(图 8-56)。

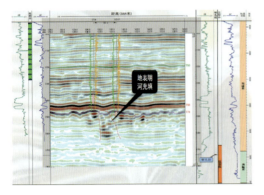 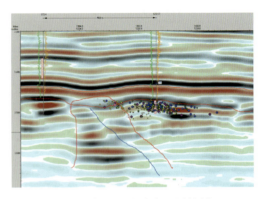

图 8-55　井附近地震（侧视）属性剖面（1）　　　图 8-56　井附近地震（侧视）属性剖面（2）

4）裂缝组解释

按照裂缝组形成的顺序，将明河充填泥质裂缝组定义为 Frac-1，将北东向主裂缝组定义为 Frac-2-1 及 Frac-2，将天然裂缝组定义为 Frac-3，其微地震事件密度及裂缝组分布如图 8-57 所示，裂缝组如图 8-58 所示。

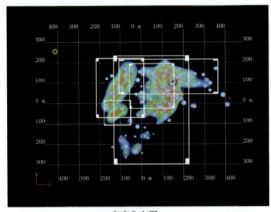 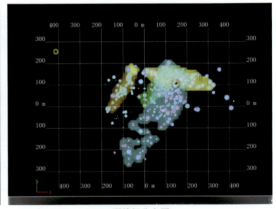

密度分布图　　　　　　　　　　　　　　　裂缝组分布图

图 8-57　微地震事件密度分布图和裂缝组分布图

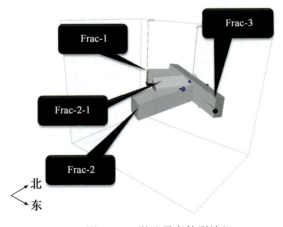

图 8-58　微地震事件裂缝组

三组裂缝组统计数据见表 8-12。

表 8-12 裂缝组产状统计

缝 名	有效事件	缝组长/m	缝组高/m	缝组宽/m	倾角/(°)
Frac-1	47	232.248	53.882	45.464	N33E
Frac-2-1	50	339.26	110.765	59.749	N37E
Frac-2	60	473.738	143.642	105.943	N26E
Frac-3	78	485.608	96.345	76.683	E13S

5）监测认识

（1）本次酸压共计形成 3 组裂缝组，即 S72-17 井和 S72-4 井中部地表明河东岸的泥质裂缝组 Frac-1；S72-17 井偏南侧，走向北偏东的碳酸盐岩主裂缝组 Frac-2 及其附属的 Frac-2-1；S72-17 井近似对称走向为东东南的碳酸盐岩天然裂缝组 Frac-3。

（2）SEC-1 阶段控缝高效果明显，近井处未监测出超出酸压底界的微地震事件，远井处受地层起伏影响，有约为 35m 的底部越界。

（3）页岩气及煤层气储层在压裂过程中，微地震事件与压裂曲线的相关性较高，但碳酸盐岩储层具有明显的"滞后性"。在酸压初期，微地震事件能量较弱，难以进行定位反演，在挤酸和停泵过程中，随着酸岩反应进行，微地震事件增多、增强，具备较强的可定位性。

8.4.6 微地震监测技术发展浅析

目前，随着页岩气/页岩油的成功开采，全球掀起了页岩勘探革命，微地震作为最有效的监测工具之一，正发挥越来越大的作用。同时，由于页岩储层存在各向异性，常规定位技术监测裂缝形态存在较大误差。我国最早在大庆油田、华北油田、中原油田、华北油田及长庆油田等采用微地震监测技术，对近百口井进行了实际观测，明确了压裂裂缝的真实延伸情况及其复杂性，这些在指导油田开发中的井网部署、压裂优化设计及压裂后的效果评估等方面起到了重要作用。

微地震实际上是地球介质的一种声发射现象。岩石变形时，局部地区应力集中，发生突然的破坏，从而向周围发射出弹性波，这就是岩石的声发射现象。自 20 世纪 50 年代初以来，人们对岩石的声发射现象做了大量的实验观测和系统的理论研究，这些研究为今后微地震监测技术在油气工业中获得广泛应用奠定了理论和实验基础。目前，国外油气工业中微地震监测技术正由实验研究阶段逐步向商业应用阶段过渡。

微地震定位监测技术最核心的处理技术是定位。地震定位法经历了几何作图定位到计算机定位，定位精度也在不断提高。最初的几何作图定位法包括和达法、高桥法、石川法等，这些定位方法简单且精度较低。1912 年，德国地震学家 Geiger 提出了使用最小二乘法求解参数方程来获取地震参数的经典定位方法，这也是最初的基于直达波初至与地层模型的反演方法，然而简单的经典定位法计算量大、易受复杂地壳结构的影响，定位精度有限。直到 20 世纪 70 年代，随着 HYOP71 的出现，才被广泛应用，随后人们又提出一系列改进的反演定位方法，并在国内外获得了广泛应用。1993 年，Malcom 首次提出了基于遗传算法的地震定位方法。2010年，Zimmer又提出了综合利用首波与直达波进行震源反演的方法来提高震源定位在垂直方向的精度。以上定位方法的思路基本上都是基于模型的正、反迭代反演，利用拾取的直达P波、S波初至反演震源位置或发震时刻，使得模拟的初至与实际拾取的初至误差达到最小，这种方法是目前应用最为广泛的一种方法，称为直接定位法。相比较国外，国内在该领域还处于初步研发阶段，如中国科学技术大学张海江教授提出了各向异性双差定位技术。随着油气工程开发的不断推进，需要更精确的微地震定位方法与模块，对储层改造提供可靠的解释。

由于微地震监测数据受地层衰减、噪声等影响，导致微地震事件难以识别，初至拾取较为困难，如何不进行初至拾取而对微地震震源位置进行定位已经成为这些年国际上研究的热点。Gajewski提出了利用能量聚焦的方法，针对地面微地震监测方法对微弱微地震事件进行叠加，根据叠加能量的最大值确定震源位置。这种方法在计算微地震信号旅行时的过程中需要利用事先建立的速度模型，同时在不知道有效事件出现时间的情况下，它所采用的方法是取时窗在整个时间记录上滑动，在每个时间都进行叠加，震源位置确定在具有最大叠加能量处。针对井间微地震监测，Drew将空间假设的震源计算到检波器的射线路径以及走时，利用类似相移的算法将各级检波器上的信号反推到发震时刻，进行震源定位，再结合能量比法自动识别。Khadhraoui利用能量比法的自动识别响应与震源分布相关的空间目标函数，结合Geiger算法反演误差函数将最小的空间点作为震源位置。

参 考 文 献

- [1] 刘彝. 变黏酸[J]. 能源科学进展, 2008, 4(1), 44-54.
- [2] 罗慧娟, 代加林, 赵立强. 一种新型的碳酸盐岩酸化液体——变黏酸[J]. 内蒙古石油化工, 2006, 30(11): 48-49.
- [3] 裴少婧, 金志鹏. TH变黏酸酸液体系的研究和应用[J]. 河南科学, 2004, 22(6): 786-788.
- [4] 沈建国, 王素兵. 四川压裂酸化技术新发展[J]. 天然气工业, 2001, 21(5): 70-73.
- [5] 张烨, 黄燕飞, 赵文娜, 等. 变黏酸工艺酸压技术研究与实践[J]. 西部探矿工程, 2009, 21(11): 68-70.
- [6] 张烨, 赵文娜. 塔河油田变黏酸酸压工艺应用研究[J]. 新疆石油天然气, 2008, 4(1): 71-73.
- [7] 曲占庆, 齐宁, 王在强, 等. 低渗透油层酸化改造新进展[J]. 油气地质与采收率, 2006, 13(6): 93-96.
- [8] 杨兵等. 一种耐高温-冻胶酸的制备和性能评价[J]. 内蒙古石油化工, 2010, 36(13): 1-3.
- [9] 伊向艺. 靖边气田白云岩储层交联酸酸压技术实践[J]. 油气地质与采收率, 2008, 15(6): 92-94.
- [10] 蒋建方, 杨玉凤, 张智勇. 交联酸酸化技术发展综述[J]. 油气井测试, 2007, 16(6): 68-71.
- [11] 吴月先, 马发明, 赵业荣, 等. 酸化与加砂压裂协同作业技术及其优势[J]. 石油钻探技术, 2009, 37(1): 69-72.
- [12] 王海涛. 交联酸携砂酸压在白云岩气藏改造中的应用[J]. 油气井测试, 2010, 19(5): 58-61.
- [13] 曲占庆, 曲冠政, 齐宁, 等. 黏弹性表面活性剂自转向酸液体系研究进展[J]. 油气地质与采收率, 2011, 18(5): 89-92.
- [14] 曲占庆, 曲冠政, 齐宁, 等. 黏弹性表面活性剂自转向酸液体系研究进展[J]. 油气地质与采收率, 2011, 18(5): 89-96.
- [15] 曲占庆, 齐宁, 王在强, 等. 低渗透油藏酸化改造新进展[J]. 油气地质与采收率, 2006, 13(6): 93-96.
- [16] 赵俊生, 何冶, 谭茂军, 等. 清洁转向酸在磨溪嘉二高压气藏水平井完井酸化中的应用[J]. 2007, 30(1): 72-74.
- [17] 艾昆, 李谦定, 袁志平, 等. 清洁转向酸酸压技术在塔河油田的应用[J]. 石油钻采工艺, 2008, 30(4): 71-74.
- [18] 耿宇迪, 张烨, 赵文娜, 等. 转向酸酸液体系室内研究及在塔河油田的应用[J]. 油田化学, 2010, 27(3): 255-259.
- [19] 刘林森. 塔中1号气田碳酸盐岩储层酸蚀裂缝导流能力的研究[J]. 承德石油高等专科学校学报, 2010, 12(4): 1-5.
- [20] 李小刚, 杨兆中, 胡学明, 等. 酸压裂缝中酸液流动反应行为研究综述[J]. 钻井液与完井液, 2008, 25(6): 70-73.
- [21] Golfier F, Bazin B, Zarcone C, et al. Acidizing Carbonate Reservoirs: Numerical Modelling of Wormhole Propagation and Comparison to Experiments[C]. SPE European Formation Damage Conference. Society of Petroleum Engineers, 2001.
- [22] 周志芳, 王锦国. 裂隙介质水动力学[M]. 北京: 中国水利水电出版社, 2004.
- [23] 王鸿勋, 张士诚. 水力压裂设计数值计算方法[M]. 北京: 石油工业出版社, 1998.
- [24] 侯松恒, 施松杉. 碳酸盐岩酸化压裂CO_2量的计算[J]. 断块油气田, 2013, 20(5): 656-658.
- [25] 黄万书, 胡永全, 赵金洲. 酸压拟三维压降分析模型[J]. 断块油气田, 2009, 16(1): 75-77.
- [26] Hoefner M L, Fogler H S. Reaction Rate vs Transport Limited Dissolution During Carbonate Acidizing: Ap-

plication of Network Model[R]. Univ. of Michigan, 1986.

[27] Hoefner M L, Fogler H S. Pore Evolution and Channel Formation During Flow and Reaction in Porous Media [J] AIChE Journal, 1988, 34(1): 45-54.

[28] Fredd C N, Fogler H S. Optimum Conditions for Wormhole Formation in Carbonate Porous Media [J]. SPE Journal, 1999, 4(3): 196-205.

[29] Huang T P, Hill A D, Schechter R S. Reaction rate and fluid loss: The keys to wormhole initiation and propagation in carbonate acidizing[J]. SPE Journal, 2000, 5(3): 287-292.

[30] Huang T, Zhu D, Hill A D. Prediction of Wormhole Population Density in Carbonate Matrix Acidizing[C]. SPE European Formation Damage Conference. Society of Petroleum Engineers, 1999.

[31] Buijse M A. Understanding wormholing mechanisms can improve acid treatments in carbonate formations[J]. SPE Production and Facilities, 2000, 15(3): 168-175.

[32] Gdanski R. A Fundamentally New Model of Acid Wormholing in Carbonates[C]. SPE European Formation Damage Conference. Society of Petroleum Engineers, 1999.

[33] Liu X, Ormond A, Bartko K, et al. A geochemical reaction-transport simulator for matrix acidizing analysis and design[J]. Journal of Petroleum Science and Engineering, 1997, 17(1): 181-196.

[34] Golfier F, Zarcone C, Bazin B, et al. On the ability of a Darcy-scale model to capture wormhole formation during the dissolution of a porous medium[J]. Journal of fluid mechanics, 2002, 457: 213-254.

[35] Schechter R S, Gidley J L. The change in pore size distribution from surface reactions in porous media[J]. AIChE Journal, 1969, 15(3): 339-350.

[36] Daccord G, Lenormand R. Fractal patterns from chemical dissolution[J]. Nature, 1987, 325(6099): 41-43.

[37] Daccord G, Touboul E, Lenormand R. Carbonate acidizing: toward a quantitative model of the wormholing phenomenon[J]. SPE production engineering, 1989, 4(1): 63-68.

[38] Hung K M, Hill A D, Sepehrnoori K. A mechanistic model of wormhole growth in carbonate matrix acidizing and acid fracturing[J]. J. Petrol. Technol, 1989, 41(1): 59-66.

[39] Wang Y, Hill A D, Schechter R S. The Optimum Injection Rate for Matrix Acidizing of Carbonate Formations[C]. SPE Annual Technical Conference and Exhibition. Society of Petroleum Engineers, 1993.

[40] Hill A D, Zhu D, Wang Y. The Effect of Wormholing on the Fluid Loss Coefficient in Acid Fracturing[J]. SPE Production and Facilities, 1995, 10(4): 257-264.

[41] Panga M K R, Balakotaiah V, Ziauddin M. Modeling Simulation and Comparison of Models for Wormhole Formation During Matrix Stimulation of Carbonates[C]. SPE Annual Technical Conference and Exhibition. Society of Petroleum Engineers, 2002.

[42] Ratnakar R R, Kalia N, Balakotaiah V. Modeling, analysis and simulation of wormhole formation in carbonate rocks with in situ cross-linked acids[J]. Chemical Engineering Science, 2013, 90: 179-199.

[43] Maheshwari P, Ratnakar R R, Kalia N, et al. 3-D simulation and analysis of reactive dissolution and wormhole formation in carbonate rocks[J]. Chemical Engineering Science, 2013, 90: 258-274.

[44] Maheshwari P, Balakotaiah V. 3D Simulation of Carbonate Acidization with HCl: Comparison with Experiments[C]. SPE Production and Operations Symposium. Society of Petroleum Engineers, 2013.

[45] Kalia N, Balakotaiah V. Effect of medium heterogeneities on reactive dissolution of carbonates[J]. Chemical Engineering Science, 2009, 64(2): 376-390.

[46] Ming L, Zhang S, Jianye M. Fractal nature of acid-etched wormholes and the influence of acid type on wormholes[J]. Petroleum Exploration and Development, 2012, 39(5): 630-635.

[47] Liu M, Zhang S, Mou J. Effect of normally distributed porosities on dissolution pattern in carbonate acidizing [J]. Journal of Petroleum Science and Engineering, 2012, 94: 28-39.

[48] 柳明, 张士诚, 牟建业. 酸蚀蚓孔的分形性和酸液类型对蚓孔的影响[J]. 石油勘探与开发, 2012, 39 (10): 591-596.

[49] 柳明, 张士诚, 牟建业. 碳酸盐岩酸化径向蚓孔扩展形态研究[J]. 油气地质与采收率, 2012, 19 (3): 106-110.

[50] 柳明, 张士诚, 牟建业, 等. 碳酸盐岩油藏非均质性对蚓孔扩展的影响[J]. 特种油气藏, 2012, 19 (10): 46-150.

[51] 鲁庆华, 任康乐, 周凤玺. 基于偏最小二乘法实现非线性回归分析[J]. 甘肃科技, 2005, 21(11): 20~56.

[52] 黄小燕, 耿新宇. 改进人工神经网络方法在天然气产量预测中的应用[J]. 中国民航飞行学院学报, 2004, 15(1): 35~45.

[53] 王涛, 陈祥光, 李宇峰, 等. 油田产量多变量预测模型的优化[J]. 计算机仿真, 2011, 23(2): 40-52.

[54] 杜卫平. 重复压裂选井选层人工神经网络方法[J]. 钻采工艺, 2003, 10(3): 5-15.

[55] 陈星宇, 杨兆中, 李小刚, 等. 酸蚀裂缝导流能力实验及预测模型研究综述[J]. 断块油气田, 2012, 19(5): 618-621.

[56] 郭静, 李力, 彭辉. 川东石炭系影响白云岩酸蚀裂缝导流能力因素的试验研究[J]. 钻采工艺, 2003, 26(3): 39-41.

[57] 李沁, 伊向艺, 卢渊, 等. 储层岩石矿物成分对酸蚀裂缝导流能力的影响[J]. 西南石油大学学报, 2013, 35(2): 102-108.

[58] 王静波, 赵立强, 方泽本, 等. 多级交替注入酸压优化新方法研究[J]. 天然气勘探与开发, 2011, 34(3): 41-43.

[59] 叶俊华, 邢林庄, 李玉军. 多级注入闭合酸化技术技术研究[J]. 油气田地面工程, 2009, 28(5): 20-21.

[60] Coulter A W, Crowe C W, Barrett N D. Alternate stages of rad fluid and acid provide improved leak-off control for fracture acidizing[C]. SPE 6124.

[61] 周健, 陈勉, 金衍. 缝性储层水力裂缝扩展机理试验研究[J]. 石油学报, 2007, 12(28): 15-25.

[62] 周健, 陈勉, 金衍. 多裂缝储层水力裂缝扩展机理试验[J]. 中国石油大学学报(自然科学版) 2008, 8(32): 18-32.

[63] 陈勉, 周健, 金衍, 等. 随机裂缝性储层压裂特征实验研究[J]. 石油学报, 2008, 5(29): 32-50.

[64] 金衍, 陈勉, 周健. 岩性突变体对水力裂缝延伸影响的实验研究[J]. 石油学报, 2008, 3(29): 21-30.

[65] 周瑞忠, 周小平, 缪圆冰. 具有自适应影响半径的无单元法[J]. 2001, 18(6): 18-23.

[66] 沈明. 应用无单元法模拟岩体水力劈裂[D]. 杭州: 浙江大学, 2006.

[67] 郭大立. 控制裂缝高度压裂工艺技术实验研究及现场应用[J]. 石油学报, 2002, 23(3): 15-40.

[68] 胡永全, 谢朝阳. 海拉尔盆地人工隔层控缝高压裂技术研究[J]. 西南石油大学学报, 2009, 3(15): 12-18.

[69] 周文高. 人工隔层控制压裂裂缝高度研究及软件研制[D]. 成都: 西南石油大学, 2007.

[70] 王泽东. 塔河油田酸压控缝高度技术研究[D]. 成都: 西南石油大学, 2014.

[71] 胡永全, 任书泉. 水力压裂裂缝高度控制分析[J]. 大庆石油地质与开发, 1996, 15(2): 55-58.

[72] 胡永全, 赵金洲, 林涛, 等. 上浮剂隔层控制裂缝高度延伸实验研究[J]. 西南石油大学学报,

2010,32(2):79-81.

[73] 胡永全,赵金洲.人工隔层性质对控缝高压裂效果的影响研究[J].钻采工艺,2008,5(12):30-41.

[74] 胡杨明,胡永全.裂缝高度影响因素分析及控缝高对策技术研究[J].重庆科技学院,2009,11(1):28-31.

[75] 胡国亮.塔河油田酸压工艺技术研究[J].西部探矿工程,2004,11:86-88.

[76] 周文高,胡永全,赵金洲.控制压裂缝高技术研究及影响因素分析[J].断块油气藏,2006,13(4):70-72.

[77] 刘新全,刘新生,赵炜.水层或衰竭层上方产层压裂缝高的控制技术[J].国外油田工程,2001.17(9):7-10.

[78] 马收,唐汝众,宋长久.人工转向剂控制缝高试验研究及现场应用[J].石油地质与工程,2006,20(6):70-74.

[79] 俞然刚,任文明.转向剂形成水力压裂人工隔层的机理分析[J].钻井液与完井液,2007,24(6):66-68.

[80] 俞然刚,闫相祯.转向剂形成人工应力遮挡的实验研究及有限元分析[J].实验力学,2007,22(2):166-168.

[81] 卢修峰,刘凤琴.压裂裂缝垂向延伸的人工控制技术[J].石油钻采工艺,1995,17(1):82-89.

[82] 李年银,赵立强,刘平礼.裂缝高度延伸机理及控缝高酸压技术研究[J].特种油气藏,2006,13(2):61-63.

[83] 丁咚.水力压裂人工隔层控缝高优化设计研究[M].成都:西南石油大学,2008.

[84] 胡阳明.厚油气层人工隔层控缝高压裂研究[M].成都:西南石油大学,2009.

[85] 曲艳如.水力压裂垂直裂缝形态及缝高控制数值模拟研究[M].北京:中国石油大学,2004.